한 권으로 끝내는
피부
미용사
실기

한 권으로 끝내는
피부 미용사 실기

2013년 1월 20일 초판 1쇄 발행
2016년 9월 6일 초판 2쇄 인쇄
2016년 9월 20일 초판 2쇄 발행

펴낸곳 (주)교학사
펴낸이 양철우
주 소 서울시 금천구 가산디지털1로 42(공장), 서울시 마포구 마포대로14길 4(사무소)
전 화 02-707-5310(편집), 02-707-5147(영업)
팩 스 02-707-5316(편집), 02-839-2728(영업)
등 록 1962년 6월 26일 〈18-7〉
홈페이지 www.kyohak.co.kr

Copyright ⓒ KYOHAKSA. 이 책에 수록된 내용의 복사, 전재를 일체 금합니다.

파본은 바꾸어 드립니다.

Preface

미용을 통해 삶의 질을 높이는 것은 현대인의 생활에서 중요한 요소 중의 하나입니다. 이는 아름다움이라는 미(美)와 스킬이라는 기능(技能)을 통해 이룰 수 있습니다. 아름다움을 통해 행복을 안겨주는 미용 서비스는 고객에게 만족감을 주어야 하는 본질을 포함하고 있습니다.

한국인력관리공단에서 정의한 피부미용 업무는 공중위생 분야로서 국민의 건강과 직결되어 있는 중요한 분야이며 향후 국가의 산업구조가 제조업에서 서비스업 중심으로 전환되는 차원에서 그 수요가 점차 증가하되고 있습니다. 분야별로 세분화 및 전문화되고 있는 미용의 세계적인 추세에 맞춰 피부미용을 자격제도화함으로써 피부미용 분야에 전문 인력을 양성하여 국민의 보건과 건강을 보호하기 위하여 자격제도를 제정하였습니다.
또한 피부미용사(Esthetician)의 수행직무는 얼굴 및 신체의 피부를 아름답게 유지·보호·개선 관리하기 위하여 각 부위와 유형에 적절한 관리법과 기기 및 제품을 사용하여 피부미용을 수행하는 것으로 한국산업인력관리공단에서는 정의하고 있습니다.

기타 국가 자격증 취득의 분야에 비하여 전문화가 체계적으로 되어있지 않은 피부미용의 전문성을 고려하여 정부에서는 미용사 국가자격증을 미용사(일반)과 미용사(피부)로 구분하여 2008년 10월 5일 제1회 미용사(피부) 국가자격시험을 시행하였습니다. 그동안 한국산업인력관리공단에서는 필기 및 실기시험의 재료 및 기준에 대하여 수험자의 편의를 위하여 여러 자료를 공개하여 왔습니다. 2012년 하반기(7월2일)부터 1과제에 마스크 및 마무리가 추가됨에 따라 마스크 작업에 필요한 여러 기준에 대한 수험서의 필요성이 요구되었습니다. 미용관련 대학교수, 학원 피부강사, 시험 준비생 등 전반적으로 피부미용사와 관련된 일에 종사하고 있는 여러 분들에게 보다 쉽고 정확한 기준과 예시를 제공하기 위하여 한국산업인력관리공단의 실기 감독관을 역임했던 현직 대학교수님들과 협회대표님들이 교재 작업을 수행하였습니다.

이 교재를 통해서 국가 피부미용사 실기 자격증을 취득함과 함께 국내외 미용대회의 실기 기준 등의 기초자료로서 도움이 되고자 합니다.

끝으로 본 교재를 펴내는 작업에 많은 도움을 주신 교학사 여러분들게 지면을 통해 감사를 전합니다.

2012. 10. 08
저자 일동

Contants

1. 실기 규정 … 5
- 기본정보 … 6
- 시험 정보 … 7
- 시험 출제 기준 … 8
- 수험생 유의사항 … 10
- 시험을 준비하면서 점검해야 할 참고 사항 … 12
- 수험자 지참 공구 목록 … 13
- 검정 장소 시설 목록 … 16

2. 실기 테크닉 실무 … 17

▶ 얼굴 관리 … 18
- 관리계획표 작성 … 19
- 클렌징 … 34
- 눈썹 정리 … 48
- 딥 클렌징 … 50
- 손을 이용한 관리(매뉴얼테크닉) … 79
- 마스크 및 마무리 … 93

▶ 팔·다리 관리 … 119
- 팔·다리 관리 … 121
- 제모관리 … 140

▶ 림프관리 … 143
- 출제 기준 … 144
- 림프관리 이론 … 145
- 림프 관리 실기 … 149

3. 산업 공단 F&Q 질문사항 … 157

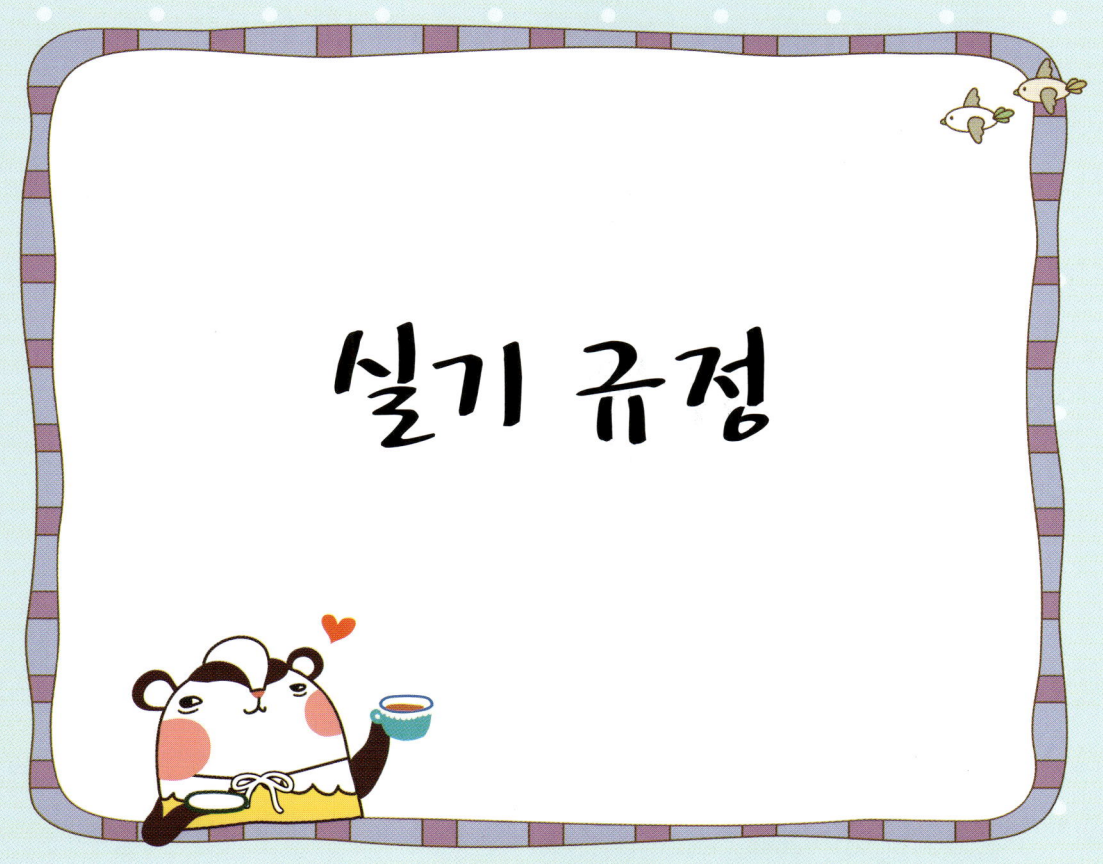

실기 규정

- 기본정보
- 시험 정보
- 시험 출제 기준
- 수험생 유의사항
- 시험을 준비하면서 점검해야 할 참고 사항
- 수험자 지참 공구 목록
- 검정 장소 시설 목록

기본정보

자격명 : 미용사(피부)
영문명 : ESTHETICIAN

★ 개요
피부미용 업무는 공중위생 분야로서 국민의 건강과 직결되어 있는 중요한 분야로 향후 국가의 산업구조가 제조업에서 서비스업 중심으로 전환되는 차원에서 수요가 증대되고 있다.
머리, 피부미용, 화장 등 분야별로 세분화 및 전문화되고 있는 미용의 세계적인 추세에 맞추어 피부미용을 자격제도화함으로써 피부미용 분야 전문 인력을 양성하여 국민의 보건과 건강을 보호하기 위하여 자격제도를 제정

★ 수행직무
얼굴 및 신체의 피부를 아름답게 유지·보호·개선 관리하기 위하여 각 부위와 유형에 적절한 관리법과 기기 및 제품을 사용하여 피부미용을 수행

★ 실시기관 홈페이지
http://t.q-net.or.kr

★ 실시기관명
한국기술자격검정원

★ 진로 및 전망
피부미용사, 미용강사, 화장품 관련 연구기관, 피부미용업 창업, 유학 등

★ 종목별 검정현황

종목별	연도	실 기		
		응시	합격	합격률(%)
미용사(피부)	2011	45,345	20,004	44.1 (%)
	2010	55,518	24,862	44.8 (%)
	2009	63,649	32,379	50.9 (%)
	2008	41,119	23,173	56.4 (%)
	소 계	205,631	100,418	48.8 (%)

시험정보

⊛ 출제기준
2011년부터 새로운 출제기준이 적용되었습니다.
실기시험의 경우는 현재 공개되어 있는 실기시험과 동일하게 출제되며, 변경된 출제기준을 적용한 실기시험 문제는 시행 전 6~3개월 전에 공지되므로, 새로운 실기문제가 공개되지 않은 경우에는 이전의 시험과 동일하다고 생각하면 됩니다. (새 출제기준을 적용한 실기시험 문제는 추후 공지할 예정입니다.)

⊛ 취득방법
1) 시행처 – 한국기술자격검정원
2) 훈련기관 – 대학 및 전문대학 미용관련학과, 노동부 관할 직업훈련학교, 시·군·구 관할 여성발전(훈련)센터, 기타 학원 등
3) 시험과목 – 실기시험 : 피부미용실무
4) 검정방법 – 실기 : 작업형(2~3시간)
5) 합격기준 – 100점 만점에 60점 이상
6) 응시자격 – 제한 없음

◼ 출제 기준 실기

| 직무분야 | 위생 | 자격종목 | 미용사(피부) | 적용기간 | 2011. 1. 1. – 2014. 12. 31. |

- **직무내용** : 얼굴 및 신체의 피부를 아름답게 유지·보호·개선·관리하기 위하여 각 부위와 유형에 적절한 관리법과 기기 및 제품을 사용하여 피부미용을 수행하는 직무
- **수행준거** : 1. 피부미용 실무를 위한 준비 및 위생사항 점검을 수행할 수 있다.
  2. 피부의 타입에 따른 클렌징 및 딥클렌징을 할 수 있다.
  3. 피부의 타입별 분석표를 작성할 수 있다.
  4. 눈썹정리 및 왁싱 작업을 수행할 수 있다.
  5. 손을 이용한 얼굴 및 신체 각 부위(팔, 다리 등)관리를 수행할 수 있다.

| 실기검정방법 | 작업형 | 시험시간 | 2–3시간정도 |

실기 과목명	주요항목	세부항목	세세항목
피부미용실무	1. 얼굴관리	1. 준비 및 위생관련 작업하기	1. 위생적인 준비물 관리를 할 수 있어야 한다. 2. 피부미용사로서의 위생과 준비상태를 바르게 할 수 있어야 한다.
		2. 클렌징하기	1. 클렌징 제품선택을 할 수 있어야 한다. 2. 클렌징을 할 수 있어야 한다. 3. 코튼, 스팀타월 등 사용할 수 있어야 한다. 4. 토너 정돈을 할 수 있어야 한다.
		3. 분석표 작성하기	1. 피부 분석 능력 평가를 할 수 있어야 한다. 2. 피부 분석 용어 및 적용을 할 수 있어야 한다.
		4. 눈썹 정리하기	1. 눈썹 정리를 할 수 있어야 한다.
		5. 딥클렌징하기	1. 딥클렌징 제품 선택을 할 수 있어야 한다. 2. 제품에 따른 사용방법에 맞게 할 수 있어야 한다.
		6. 손을 이용한 얼굴 관리하기	1. 기본 관리를 할 수 있어야 한다.
		7. 팩하기·마스크 하기	1. 팩·마스크를 선택 할 수 있어야 한다. 2. 팩·마스크를 할 수 있어야 한다.
	2. 신체 각 부위 (팔, 다리 등) 관리	1. 준비 및 위생관련 작업하기	1. 위생적인 준비물 관리를 할 수 있어야 한다. 2. 피부미용사로서의 위생과 준비상태를 바르게 할 수 있어야 한다.
		2. 클렌징하기	1. 클렌징 제품선택을 할 수 있어야 한다. 2. 클렌징을 할 수 있어야 한다. 3. 스팀타월 등을 사용 할 수 있어야 한다.
		3. 손을 이용한 신체 각 부위(팔, 다리 등)관리하기	1. 신체 각 부위(팔, 다리 등)관리를 할 수 있어야 한다.
		4. 제모하기	1. 신체 각 부위별 제모를 할 수 있어야 한다.
		5. 림프를 이용한 피부관리하기	1. 림프드레니지를 할 수 있어야 한다.

🔲 미용사(피부) 실기시험 변경사항

✪ 주요 변경사항

적용시기 : 2012년 상반기(1월1일, 상시실기 검정 제1회)부터

	실　　　기
복장관련 사항	※ 관련 내용 상세히 규정하여 알리오니 참고하시기 바랍니다. – 양말을 안신은 경우(맨발)는 감점 – 반팔 위생복(가운)의 팔부위에서 안쪽 옷(티셔츠)이 밖으로 나오면 감점 – 젤리화, 크록스화, 벨크로형(찍찍이) 형태의 실내화 등을 신은 경우 감점 – 반팔 위생복(가운)의 팔부위에서 안쪽 옷(티셔츠)이 밖으로 나오면 감점 – 양말 및 신발의 상표, 유색 테두리는 허용

적용시기 : 2012년 상반기(1월1일, 상시실기 검정 제1회)부터

	변경 전	변경 후
복장관련 사항	눈썹정리(양쪽 눈썹에 작업)	눈썹정리(한쪽 눈썹에만 작업할 것)
	팩 및 마무리	팩 (마무리는 추가된 마스크 후에 작업함)
		마스크 및 마무리 (과제 추가)
수험자 준비물	(추가)	고무볼 석고 마스크 고무모델링 마스크 베이스크림 (마스크 작업에 필요한 지참준비물 추가)

■ 수험자 유의사항(전 과제 공통)

1. 수험자는 반드시 위생복(상의는 흰색 반팔 가운, 하의는 흰색 긴바지로 모든 복식은 흰색으로 통일합니다. 단, 머리 장식품(핀 등)을 사용 시에는 검은색 착용), 마스크 및 실내화(색상은 흰색 통일)를 착용하여야 하며, 복장 등에 소속을 나타내거나 암시하는 표시가 없어야 하고 눈에 띄어 표식이 될 수 있는 악세사리의 착용을 금지합니다.

2. 수험자는 시험 중에 필요한 물품(습포, 왁스 등)을 가져오거나 관리상 필요한 이동을 제외하고 지정된 자리를 이탈하거나 다른 수험자와 대화 등을 할 수 없으며, 질문이 있는 경우는 손을 들고 감독 위원이 올 때까지 기다리시오.

3. 사용되는 해면과 코튼은 반드시 새 것을 사용하고 과제 시작 전 사용에 적합한 상태를 유지하도록 미리 준비하시오.

4. 시험 시 사용되는 타월은 대형과 중형은 지참 재료상의 지정된 수량만큼만 사용하고, 소형은 필요시 더 사용할 수 있습니다.

5. 수험자는 작업에 필요한 습포를 시험 시작 전 미리 준비(온습포는 과제당 6매까지 온장고에 보관할 수 있으며, 비닐백(지퍼백 등)에 비번호 기재 후 보관하여야 합니다.

6. 모델은 반드시 화장(파운데이션, 마스카라, 아이라인, 아이섀도우, 눈썹 및 입술 화장(립스틱 사용 등)이 되어 있어야 합니다.(남자모델의 경우도 동일)

7. 관리 대상부위를 제외한 나머지 부위는 노출이 없도록 수건 등으로 덮어두시오.(단, 팔은 노출이 가능합니다.)

8. 팩과 딥클렌징 제품을 제외한 화장품은 어느 한 피부 타입에만 특화되지 않고 모든 피부 타입에 사용해도 괜찮은 타입(올 스킨타입 혹은 범용)을 사용하시오.

9. 위생복을 입지 않은 경우, 모델의 가운을 지참하지 않은 경우, 주요 화장품을 덜어서 온 경우는 시험 대상에서 제외합니다.

10. 다음의 경우에는 득점과 관계없이 채점 대상에서 제외합니다.
    ① 시험 전 과정을 응시하지 않은 경우
    ② 시험 도중 시험실을 무단 이탈하는 경우
    ③ 부정한 방법으로 타인의 도움을 받거나 타인의 시험을 방해하는 경우
    ④ 무단으로 모델을 수험자간에 교환하는 경우
    ⑤ 기타 국가자격 검정 규정에 위배되는 부정행위 등을 하는 경우

11. 제시된 작업시간 안에 세부 작업을 끝내며, 각 과제의 마지막 작업 시에는 주변정리를 함께 끝내야 합니다. 각 세부 작업 시험시간을 초과하는 경우는 해당되는 세부 작업을 0점 처리합니다.

12. 복장규정에 어긋나는 경우, 관리 범위를 지키지 않는 경우(관리 범위 중 일부를 하지 않거나 범위를 벗어나는 것 모두 해당), 작업 순서를 지키지 않는 경우, 눈썹을 사전에 모두 정리를 해서 오는 경우 등은 감점의 대상이 되며, 지압 및 강한 두드림 등 안마 행위를 하는 경우 및 눈썹과 체모가 없는 경우는 해당 작업을 0점 처리합니다.

■ 미용사(피부)수험자 복장 감점 적용범위

구분	기준	내용	감점적용	비고
위생복 (가운)	반팔 흰색	민소매형(민소매 + 반팔티 포함)	V	가운의 목깃, 허리 부분 길이, 디자인 등은 검점사항 아님
		긴팔(걷는 것도 포함)	V	
		반팔가운이지만 속티가 길게 나온 경우	V	
		하얀색 바탕에 검정무늬(단추 등 포함)	V	비표식 개념
(하의)	흰색 긴 바지	검정, 회색, 아이보리, 베이지 등의 유색 하의	V	하의의 종류, 재질 및 디자인은 구분하지 않음
		긴바지가 아닌 하의 (반바지, 스타킹, 트레이닝, 레깅스 등)	V	
		색줄 혹은 색무늬 있는 하의	V	
		기타 흰색 외 색상	V	
마스크	흰색	청색(하늘색 포함)	V	청색은 비표식 개념 (수험자 재료목록 기재사항)
		미착용	V	
		흰색 외 색상	V	
신발	흰색 실내화	실내화가 아닌 신발(일반 운동화, 구두 등 실외에서 착용하는 신발 등)	V	신발 앞 혹은 뒤가 터져 있는 경우 샌달 혹은 슬리퍼 형으로 간주
		샌달 형	V	
		슬리퍼 형	V	
		뒤가 터져 있는 간호사 신발	V	
		선명하고 확실하게 구분되는 두꺼운 줄 및 무늬가 있는 신발	V	
		기타 흰색 외 색상	V	
티셔츠	흰색	흰색을 제외한 유색 티셔츠(가운 밖으로 노출이 되는 경우)	V	비표식 개념
		목 전체를 덮는 폴라티	V	
양말	흰색	흰색 외 색상(표시가 나는 유색 스타킹 등도 포함) *표시가 나지 않는 스타킹은 감점 제외 *양말은 안신은 경우(맨발)는 감점	V	복식은 흰색으로 통일하도록 되어 있으며, 유색은 비표식 개념
기타	검은색	검은색을 제외한 머리 띠 및 머리망, 머리핀 등의 머리 고정 용품 *검은색 고정용품에 큐빅 등이 있는 경우는 감점 제외 *반지, 귀걸이 등은 악세사리로 하여 위생점수에서 반영하면 됨	V	머리용은 검은색으로 통일하도록 되어 있으며, 흰색은 규정위반

🔷 시험을 준비하면서 점검해야 할 참고 사항

⭐ 올바른 수험자 복장상태

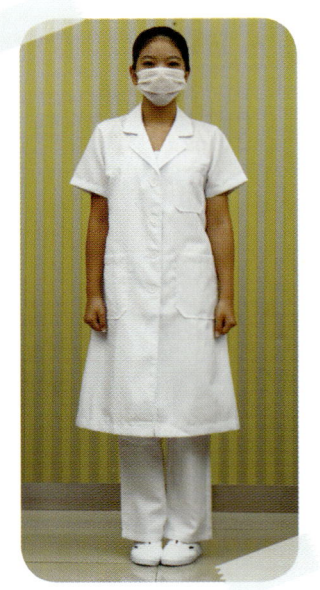 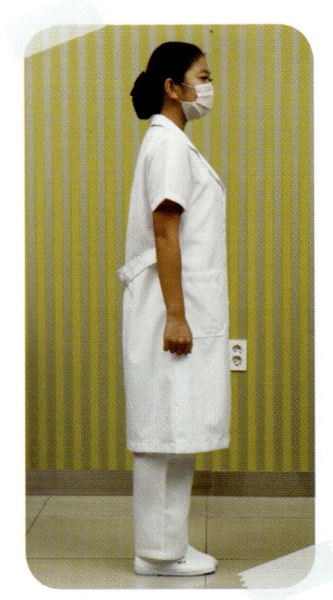

⭐ 올바르지 못한 수험자 복장 상태

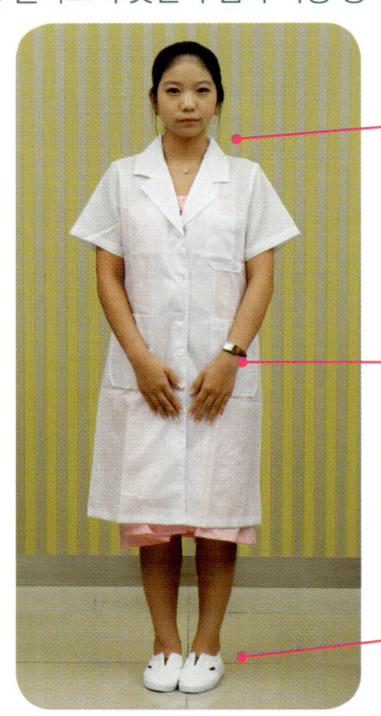

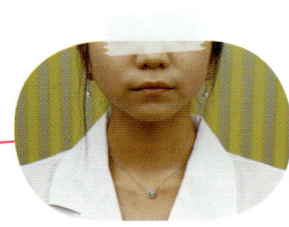

* 목걸이, 귀걸이
* 머리 단정

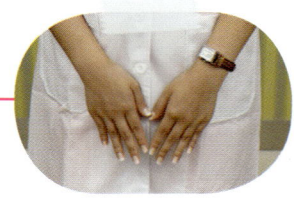

* 팔찌, 시계
* 가운안 흰색 복장

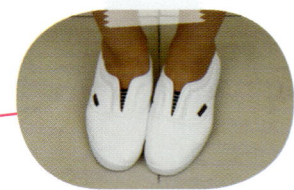

* 맨발
* 끈 달린 실내화

■ 수험자 지참 공구 목록

일련번호	지참 공구명	규격	단위	수량	비고
1	위생복	상의 반팔 가운, 하의 긴 바지	벌	1	모든 복식은 흰색 통일
2	실내화	흰색	켤레	1	실내화만 허용
3	마스크	흰색	개	1	
4	대형타월	100×180cm, 흰색	장	2	배드용, 모델용
5	중형타월	65×130cm, 흰색	장	1	
6	소형타월	35×80cm, 흰색	장	5장 이상	습포, 건포용
7	헤어터번(터번)	벨크로(찍찍이)형	개	1	분홍색 or 흰색
8	여성 모델용 가운 및 겉가운	밴드(고무줄, 벨크로)형 일반형(겉가운)	벌	1	분홍색 or 흰색
9	남성 모델용 옷	박스형 반바지 & T-셔츠	벌	1	하의 – 베이지 or 남색 상의 – 흰색
10	모델용 슬리퍼		켤레	1	
11	필기도구	볼펜	자루	1	검은색 or 청색
12	알코올 및 분무기		개	1	필요량
13	일반솜		봉	1	탈지면, 필요량
14	비닐봉지, 비닐팩	소형	장	각 1	쓰레기처리용, 습포보관용 (두터운 비닐백)
15	미용솜		통	1	화장솜
16	면봉		봉	1	필요량
17	티슈		통	1	필요량
18	붓		개	2	클렌징, 팩용
19	해면		세트	1	필요량
20	스파튤라		개	3	클렌징, 팩용
21	보울(bowl)		개	3	클렌징, 팩 등
22	가위	소형	개	1	눈썹 정리, 제모
23	족집게		개	1	눈썹 정리, 제모
24	브러쉬		개	1	눈썹 정리, 제모
25	눈썹칼	safety razer	개	1	눈썹 정리

일련번호	지참 공구명	규격	단위	수량	비고
26	거즈		장	1	
27	아이패드		개	2	거즈, 화장솜 가능
28	나무 스파튤라		개	1	제모용
29	부직포	7×20cm	장	1	제모용
30	장갑	라텍스	켤레	1	제모용
31	종이컵	100ml	개	1	제모용
32	보관통	컵형	개	2	스파튤라, 붓 등
33	보관통	뚜껑달린 통	개	2	알코올 솜 등
34	해면볼	소형	개	1	
35	바구니		개	2	정리용 사각
36	트레이(쟁반)	소형	개	1	습포용
37	효소		개	1	파우더형
38	고마쥐		개	1	크림형 or 젤 형
39	AHA	함량 10% 이하	개	1	액체형
40	스크럽제		개	1	크림형 or 젤 형
41	팩	크림타입	세트	1	정상, 건성, 지성
42	스킨토너(화장수)		개	1	모든 피부용
43	크림, 오일	매뉴얼테크닉용	개	1	모든피부용
44	탈컴 파우더		개	1	제모용
45	진정로션 혹은 젤		개	1	제모용
46	영양크림		개	1	모든 피부용
47	아이 및 립크림		개	1	모든 피부용(공동 사용가능)
48	포인트 메이크업 리무버	아이, 립	개	1	모든 피부용
49	클렌징 제품	얼굴 등	개	1	모든 피부용
50	고무볼	중형	개	1	마스크
51	석고 마스크	파우더타입	개	1	1인 사용량
52	고무모델링 마스크	파우더타입	개	1	1인 사용량

일련번호	지참 공구명	규격	단위	수량	비고
53	베이스크림	크림타입	개	1	마스크용
54	모델		명	1	

* 타월류의 경우는 비슷한 크기이면 무방합니다.
* 기타 필요한 재료의 지참은 가능합니다.
* 팩과 딥클렌징용 제품을 제외한 다른 모든 화장품은 모든 피부용을 지참하십시오.
* 바구니의 경우 웨건크기보다 크면 사용할 수 없습니다.
* 부직포는 지정된 길이에 맞게 미리 잘라서 오시면 됩니다.
* 재료에 관련된 자세한 사항은 홈페이지(www.hrdkorea.or.kr) 공지사항 및 FAQ 안내사항, 큐넷(www.q-net.or.kr)의 수험자 지참재료 목록 등을 참고로 하십시오.

▣ 검정 장소 시설 목록

일련번호	장비 및 시설명	규격	단위	수량	비고
1	베드	1인용	개	1	1인당
2	탈의실		개소	적정수	모델용
3	냉난방시설		대	적정수	실당
4	wax warmer	can type	대	1	7인당
5	온장고	중형이상	대	1	7인당
6	의자	베드와 높이 맞는것	개	1	1인당
7	작업대	웨건 or 책상	개	1	1인당
8	전기시설		개소	1	실당
9	수도시설		개소	적정수	없을시 간이시설
10	대기실		실	적정수	모델 대기실
11	바인더		개	1	1인당
12	시계	벽걸이용	개	1	실당
13	조명시설		실		밝은조명

실기 테크닉 실무

- 얼굴 관리
- 팔·다리 관리
- 림프 관리

얼굴 관리

01

- 관리계획표 작성
- 클렌징
- 눈썹 정리
- 딥클렌징
- 손을 이용한 관리(매뉴얼 테크닉)
- 팩

관리계획표 작성

국가기술자격 실기시험문제

| 자격종목 | 미용사(피부) | 과제명 | 피부관리 |

◎ 수험자 유의사항(전 과제 공통)

1. 수험자는 반드시 위생복(상의는 흰색 반팔 가운, 하의는 흰색 긴바지로 모든 복식은 흰색으로 통일합니다. 단, 머리 장식품(핀 등)을 사용 시에는 검은 색 착용), 마스크 및 실내화(색상은 흰색 통일)를 착용하여야 하며, 복장 등에 소속을 나타내거나 암시하는 표시가 없어야 하고 눈에 띄어 표식이 될 수 있는 악세사리의 착용을 금지합니다.
2. 수험자는 시험 중에 필요한 물품(습포, 왁스 등)을 가져오거나 관리상 필요한 이동을 제외하고 지정된 자리를 이탈하거나 다른 수험자와 대화 등을 할 수 없으며, 질문이 있는 경우는 손을 들고 감독위원이 올 때까지 기다리시오.
3. 사용되는 해면과 코튼은 반드시 새 것을 사용하고 과제 시작 전 사용에 적합한 상태를 유지하도록 미리 준비하시오.
4. 시험 시 사용되는 타월은 대형과 중형은 지참재료상의 지정된 수량만큼만 사용하고, 소형은 필요시 더 사용할 수 있습니다.
5. 수험자는 작업에 필요한 습포를 시험 시작 전 미리 준비(온습포는 과제당 6매까지 온장고에 보관할 수 있으며, 비닐백(지퍼백 등)에 비번호 기재 후 보관하여야 합니다.
6. 모델은 반드시 화장(파운데이션, 마스카라, 아이라인, 아이새도우, 눈썹 및 입술화장(립스틱 사용 등)이 되어 있어야 합니다.(남자모델의 경우도 동일)
7. 관리 대상부위를 제외한 나머지 부위는 노출이 없도록 수건 등으로 덮어두시오.(단, 팔은 노출이 가능합니다.)
8. 팩과 딥클렌징 제품을 제외한 화장품은 어느 한 피부타입에만 특화되지 않고 모든 피부타입에 사용해도 괜찮은 타입(올 스킨타입 혹은 범용)을 사용하시오.
9. 위생복을 입지 않은 경우, 모델의 가운을 지참하지 않은 경우, 주요 화장품을 덜어서 온 경우는 시험 대상에서 제외합니다.
10. 다음의 경우에는 득점과 관계없이 채점대상에서 제외합니다.
    ① 시험 전 과정을 응시하지 않은 경우
    ② 시험 도중 시험실을 무단 이탈하는 경우
    ③ 부정한 방법으로 타인의 도움을 받거나 타인의 시험을 방해하는 경우
    ④ 무단으로 모델을 수험자간에 교환하는 경우
    ⑤ 기타 국가자격검정 규정에 위배되는 부정행위 등을 하는 경우
11. 제시된 작업시간 안에 세부 작업을 끝내며, 각 과제의 마지막 작업 시에는 주변정리를 함께 끝내야 합니다. 각 세부 작업 시험시간을 초과하는 경우는 해당되는 세부 작업을 0점 처리합니다.
12. 복장규정에 어긋나는 경우, 관리 범위를 지키지 않는 경우(관리 범위 중 일부를 하지 않거나 범위를 벗어나는 것 모두 해당), 작업순서를 지키지 않는 경우, 눈썹을 사전에 모두 정리를 해서 오는 경우 등은 감점의 대상이 되며, 지압 및 강한 두드림 등 안마행위를 하는 경우 및 눈썹과 체모가 없는 경우는 해당 작업을 0점 처리합니다.

국가기술자격 실기시험문제

자격종목	미용사(피부)	과제명	얼굴관리

비번호 :

※시험시간 : [○ 표준시간 : 2시간 15분]
- 1과제 : 1시간 25분(준비작업시간 및 위생 점검시간 제외)
- 2과제 : 35분(준비작업시간 제외)
- 3과제 : 15분(준비작업시간 제외)

1. 요구사항

※ 다음과 같이 준비 작업을 하시오.

가. 클렌징 작업 전, 과제에 사용되는 화장품 및 사용 재료를 관리에 편리하도록 작업대에 정리하시오.
나. 베드는 대형 수건을 미리 세팅하고, 재료 및 도구의 준비, 개인 및 기구 소독을 하시오.
다. 모델을 관리에 적합하게 준비(복장, 헤어터번, 노출관리 등)하고 누워 있도록 한 후 감독위원의 준비 및 위생 점검을 위해 대기하시오.

※ 아래 과정에 따라 모델에게 피부미용 작업을 하시오.

순서	작업명	요구내용	시간	비고
1	관리계획표 작성	제시된 피부타입 및 제품을 적용한 피부 관리 계획을 작성하시오.	10분	
2	클렌징	지참한 제품을 이용하여 포인트 메이크업을 지우고 관리범위를 클렌징 한 후, 코튼 또는 해면을 이용하여 제품을 제거하고, 피부를 정돈하시오.	15분	도포 후 문지르기는 2~3분 정도 유지하시오.
3	눈썹정리	족집게와 가위, 눈썹칼을 이용하여 얼굴형에 맞는 눈썹모양을 만들고, 보기에 아름답게 눈썹을 정리하시오.	5분	눈썹을 뽑을 때 감독확인 하에 작업하시오. (한쪽 눈썹에만 작업하시오.)
4	딥클렌징	스크럽, AHA, 고마쥐, 효소의 4가지 타입 중 지정된 제품을 이용하여 얼굴에 딥클렌징 한 후, 피부를 정돈하시오.	10분	제시된 지정타입만 사용하시오.

| 자격종목 | 미용사(피부) | 과제명 | 얼굴관리 |

순서	작업명	요구내용	시간	비고
5	손을 이용한 관리 (매뉴얼테크닉)	화장품(크림 혹은 오일타입)을 관리부위에 도포하고, 적절한 동작을 사용하여 관리한 후, 피부를 정돈하시오.	15분	
6	팩	팩을 위한 기본 전처리를 실시한 후, 제시된 피부타입에 적합한 제품을 선택하여 관리부위에 적당량을 도포하고, 일정시간 경과 뒤 팩을 제거한 후, 피부를 정돈하시오.	10분	팩을 도포한 부위는 코튼으로 덮지 마시오.
7	마스크 및 마무리	마스크를 위한 기본 전처리를 실시한 후, 지정된 제품을 선택하여 관리부위에 작업하고, 일정시간 경과 뒤 마스크를 제거한 다음 피부를 정돈한 후 최종마무리와 주변 정리를 하시오.	20분	제시된 지정마스크만 사용하시오.

2. 수험자 유의사항

1) 지참 재료 중 바구니는 왜건의 크기(가로×세로)보다 큰 것은 사용할 수 없습니다.
2) 관리계획표는 제시되어진 조건에 맞는 내용으로 시험에서의 작업에 의거하여 작성하시오.
3) 필기도구는 흑색(혹은 청색) 볼펜만을 사용하여 작성하시오.
4) 눈썹정리 시 족집게를 이용하여 눈썹을 뽑을 때는 감독위원의 입회하에 실시하되, 감독위원의 지시를 따르시오.
 (작업을 하고 있다가 감독위원이 지시하면 족집게를 사용하며, 작업을 하지 않고 기다리지 마시오.)
5) 팩은 요구되는 피부타입에 따라 제품을 선택하여 사용하고, 붓 또는 스파튤라를 사용하여 관리 부위에 도포하시오.
6) 마스크의 작업 부위는 얼굴에서 목 경계부위까지로 작업 시 코와 입에 호흡을 할 수 있도록 해야 합니다.
7) 얼굴 관리 중 클렌징, 손을 이용한 관리, 팩 작업에서의 관리범위는 얼굴부터 데콜테(가슴(breast)은 제외)까지를 말하며, 겨드랑이 안쪽 부위는 제외됩니다.
8) 모든 작업은 총 작업시간의 90% 이상을 사용하시오.(단, 관리계획표 작성은 제외)

얼굴 관리 시 관리 범위

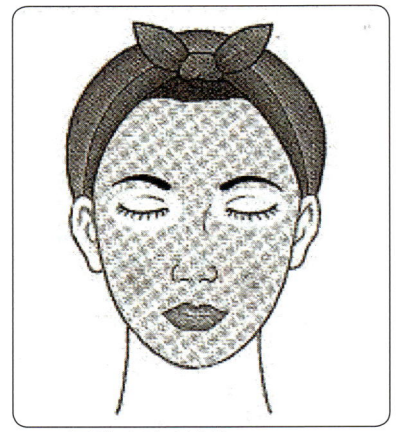

▲ 딥클렌징 관리 범위

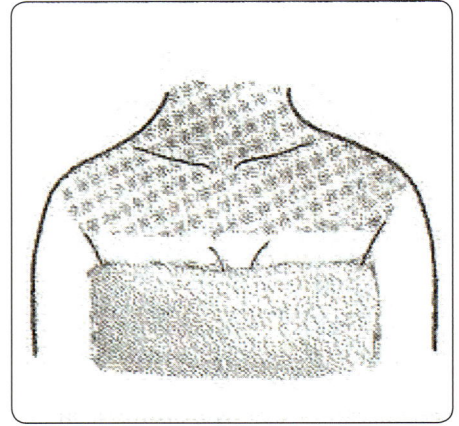

▲ 손을 이용한 관리 범위

화장 예시

▲ Natural Make-UP

《《남성의 경우 사진과 비슷한 톤으로 메이크업 하면 됨》》

얼굴 관리를 위한 준비물(웨건)

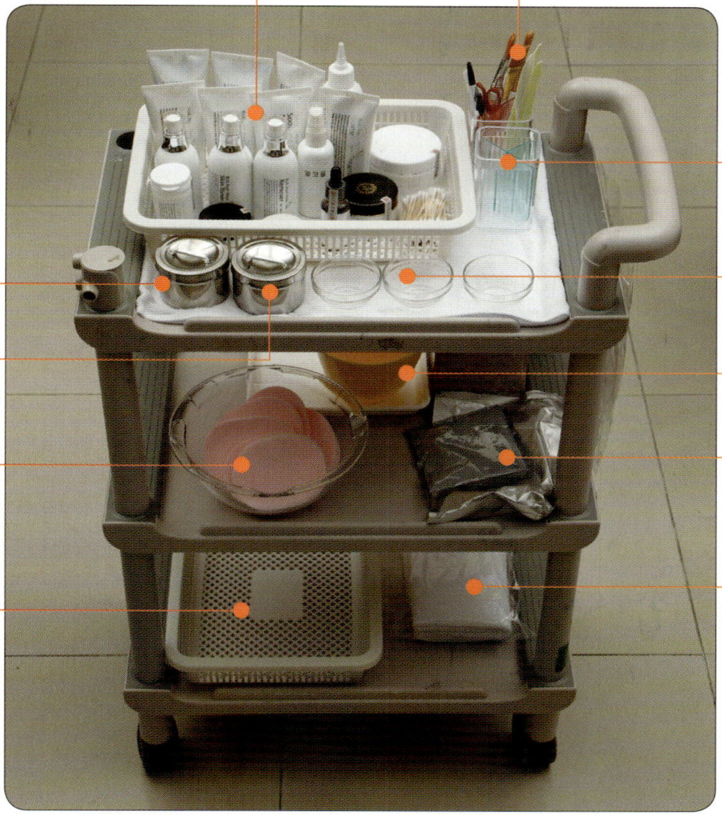

포인트 메이크업 리무버, 클렌징 제품, 스킨토너, 효소, AHA, 고마쥐, 스크럽제, 팩, 크림, 오일, 진정젤, 아이 및 립크림, 영양크림, 면봉, 알코올 및 분무기, 물

팩붓, 스파튤라, 볼펜, 가위, 족집게, 브러쉬, 눈썹칼

- 솜통
- 소독통
- 해면볼, 해면
- 바구니

- 보관통(컵형)
- 보울
- 트레이(쟁반), 고무볼, 티슈
- 석고마스크, 고무모델링마스크
- 습포

관리계획표 작성

국가기술자격 실기시험문제

자격종목	미용사(피부)	세부과제명	관리계획표 작성

비번호 :

※ 시험시간 : [○ 표준시간 : 2시간 15분]
  - 1과제 세부과제 : 10분

※ 아래 예시에서 주어진 조건에 맞는 관리계획표를 작성하시오

1. 얼굴의 피부 타입은 팩 사용의 부위별 피부 타입을 기준으로 결정하시오.
   (단, T-존과 U-존의 피부 타입만으로 판단하며, 피부의 유·수분 함량을 기준으로 한 타입(건성, 중성(정상), 지성, 복합성)만으로 구분하시오.

2. 팩 사용을 위한 부위별 피부 상태(타입)
   ○ T-존 :

   ○ U-존 :

   ○ 목 부위 :

3. 딥클렌징 사용제품 :

4. 마스크

※ 기타 유의사항

   1) 관리계획표상의 클렌징, 매뉴얼테크닉용 화장품은 본인이 시험장에서 사용하는 제품의 제형을 기준으로 하시오.

관리계획 차트 (Care Plan Chart)

비번호		형별		시험일자 20 . . . (부)		
관리목적 및 기대효과	관리목적 :					
	기대효과 :					
클렌징		☐ 오일	☐ 크림	☐ 밀크/로션	☐ 젤	
딥클렌징		☐ 고마쥐(gommage)	☐ 효소(enzyme)	☐ AHA	☐ 스크럽	
매뉴얼테크닉 제품타입		☐ 오일	☐ 크림			
손을 이용한 관리형태		☐ 일반	☐ 림프			
팩		T 존 : ☐ 건성타입 팩	☐ 정상타입 팩	☐ 지성타입 팩		
		U 존 : ☐ 건성타입 팩	☐ 정상타입 팩	☐ 지성타입 팩		
		목부위 : ☐ 건성타입 팩	☐ 정상타입 팩	☐ 지성타입 팩		
마스크		☐ 석고 마스크	☐ 고무모델링 마스크			
고객 관리 계획	1주 :					
	2주 :					
	3주 :					
	4주 :					
자가관리 조언 (홈케어)	제품을 사용한 관리 :					
	기타 :					

※ 관리계획표는 요구하는 피부타입에 맞추어 시험장에서의 관리를 기준으로 하시오.
※ 고객관리계획은 향후 주단위의 관리 계획을, 자가관리 조언은 가정에서의 제품 사용을 위주로 간단하고 명료하게 작성하며 수정 시 두 줄로 긋고 다시 씁니다.
※ 체크하는 부분은 주가 되는 하나만 선택하시오.
※ 고객관리 계획에서 마스크에 대한 사항은 제외하시오.

피부 타입별 특징

타 입	특 징
건 성	▶모공이 대체적으로 크지 않은 편이다. ▶볼과 눈, 입 주위가 건조하고 잔주름이 있다. ▶피부 톤이 전체적으로 밝으면서 고른 편이다. ▶모공이 대체적으로 작아 피부결은 고와보이지만 윤기는 없다. ▶세안 후 얼굴이 전체적으로 당긴다. ▶피부결이 가늘고 모공이 작아 외관상 피부가 좋다 ▶피부가 탄력이 없고 갈라지거나 튼 곳을 볼 수 있다 ▶피부결이 곱고 모공은 비교적 섬세한 편이다 ▶피부저항력이 약하고 쉽게 민감해진다 ▶세안 후 피부가 당기는 느낌이 들거나 부분적으로 각질이 일어나고 버짐이 생긴다 ▶눈가나 입꼬리에 잔주름이 쉽게 접히고 화장이 잘 받지 않는다 ▶피부가 거칠고 당김 현상이 있다 ▶미세한 각질이 분포되어 있다 ▶잔주름이 쉽게 생기고 모공이 클 수도 있다 ▶피부당김이 내부에서부터 심하게 느껴진다
정 상	▶겨울철엔 당기고, 여름철엔 피지 분비가 늘어나는 등 계절에 따라 피부 상태가 변하기도 한다. ▶가끔씩 피부 트러블이 생기는데, 특히 환절기에 많이 발생한다. ▶세안 후에는 눈 주위나 볼 부위가 약간 당긴다. ▶같은 연령대에 비교해 피부결이 섬세하고 고운편이다. ▶한 번 화장하면 잘 지워지지 않고 오래 가는 편이다. ▶피지가 적절하게 분비되고 피부보습상태가 지속적으로 촉촉함 ▶20대 초반까지 많이 볼 수 있는 피부유형 ▶피부의 촉감이 매끄럽고 부드러우며 육안으로 보아 윤기와 광택이 있다 ▶각질층 수분 함유량이 12% 이상이다 ▶염증이나 과색소 침착이 없다 ▶태닝 후 피부색의 회복이 비교적 빠르게 진행 된다 ▶피지분비와 보습상태가 정상적으로 균형을 이룬다 ▶피부가 유연하고 탄력적이다 ▶피부색이 분홍빛을 띠며 투명해 보인다 ▶표피의 각화가 정상적으로 이루어진다 ▶피부가 건강하고 외부환경에 민감하게 반응하지 않는다
지 성	▶피부톤이 전체적으로 어둡고 피부 두께가 두껍게 느껴진다. ▶전반적으로 모공이 큰 편이다. ▶여드름이나 뾰루지 같은 피부 트러블이 자주 발생한다. ▶화장을 하면 잘 지워진다. ▶얼굴 전체적으로 번들거림이 나타난다. ▶모공이 넓고 청결해 보이지 않는다 ▶각질층이 비후하여 피부가 두껍게 보인다 ▶외부자극에 대한 저항력이 강하다 ▶모공이 막힐 경우 면포 등 여드름이 생길 수 있다 ▶모공이 크며 기름기가 많고 면포 등 여드름이 발생

관리계획표 작성 예시

(1) 정상피부(Normal skin)

※제시
- T존 부위 : 피부결이 곱고 잡티가 없다(정상).
- U존 부위 : 잔주름이나 굵은 주름이 많이 보이지 않고 촉촉하다(정상).
- 목 부위 : 피부표면이 매끄러우며 피부색이 맑다(정상)
- 딥클렌징 : 스크럽

관리계획 차트(Care Plan Chart)		
비번호	시험일자 20 . . . (부)	
관리목적 및 기대효과	관리목적 : 현재 피부상태를 유지하는 관리로 색소침착방지와 유·수분의 밸런스가 잘 이루어지게 한다.	
	기대효과 : 보습, 보호를 통해 색소침착, 주름예방, 촉촉하고 건강한 피부유지가 가능하다.	
클렌징	크림 √ 밀크/로션	
딥클렌징	고마쥐(Gommage) 효소(Enzyme) AHA √ 스크럽	
매뉴얼 테크닉 제품 타입	√ 크림	
손을 이용한 관리형태	√ 림프	
팩	T존 : 건성타입 √ 정상타입 지성타입 팩	
	U존 : 건성타입 √ 정상타입 지성타입 팩	
	목부위 : 건성타입 √ 정상타입 지성타입 팩	
마스크	√ 고 마스크 고무모델링 마스크	
고객관리 계획	1주차 : 클렌징로션 – 딥클렌징(T존 : 스크럽, U존 : 효소) – 매뉴얼테크닉 – 팩(콜라겐, 알로에팩) – 유·수분 크림	
	2주 차 : 클렌징로션 – 딥클렌징 – 매뉴얼테크닉 – 팩(콜라겐, 알로에팩) – 유·수분 크림	
	3주 차 : 클렌징로션 – 딥클렌징 – 매뉴얼테크닉 – 팩(비타민C팩) – 유·수분 크림	
	4주 차 : 클렌징로션 – 딥클렌징 – 매뉴얼테크닉 – 팩(알로에베라팩) – 수분크림과 피지조절 크림(T존)	
자가관리 조언(홈케어)	제품을 사용한 관리 : 아침 : 미온수로 세안 – 유연화장수 – 에센스, 아이크림, 데이크림, 자외선차단제사용 저녁 : 클렌징로션 – 유연화장수 – 에센스, 나이트크림, 아이크림, 피지조절크림(T존), 탄력크림(목)	
	기타 : 주 1회정도 딥클렌징을 하고 보습마스크로 관리한다. 자외선 차단화장품 사용, 비타민 섭취, 충분한 수분섭취, 숙면	

(2) 지성피부(Oily Skin)

※제시
- T존 부위 : 화장이 잘 지워지며 면포가 있다(지성).
- U존 부위 : 예민하지 않고 모공이 불규칙하게 크다(지성).
- 목 부위 : 유분감이 많고 깊은 주름이 있다(지성).
- 딥클렌징 : AHA

비번호	시험일자 20 . . . (부)				
관리목적 및 기대효과	관리목적 : 과각화된 각질제거를 위한 딥클렌징을 통한 관리와 모공 및 피부 트러블을 예방하는 관리				
	기대효과 : 피지관리와 세정을 통해 피부 트러블을 줄이고 맑은 피부를 갖게하는 효과가 있다.				
클렌징	크림	√ 크/로션			
딥클렌징	고마쥐(Gommage)	효소(Enzyme)	√ AHA	스크럽	
매뉴얼 테크닉 제품 타입	√ 크림				
손을 이용한 관리형태	√	림프			
팩	T존 :	건성타입	정상타입	√ 지성타입 팩	
	U존 :	건성타입	정상타입	√ 지성타입 팩	
	목부위 :	건성타입	정상타입	√ 지성타입 팩	
마스크	고 마스크	√ 고무모델링 마스크			
고객관리 계획	1주차 : 클렌징젤 - 딥클렌징(AHA) - 매뉴얼테크닉 - 머드팩 - 피지조절크림				
	2주 차 : 클렌징젤 - 딥클렌징(고마쥐) - 매뉴얼테크닉 - 퓨리파잉팩 - 수분크림				
	3주 차 : 클렌징젤 - 딥클렌징(AHA) - 매뉴얼테크닉 - 클레이팩 - 피지조절크림				
	4주 차 : 클렌징젤 - 딥클렌징(효 소) - 매뉴얼테크닉 - 티트리팩 - 수분크림				
자가관리 조언(홈케어)	제품을 사용한 관리 :				
	아침 : 클렌징 젤 - 수렴화장수 - 오일프리 수분크림 - 자외선 차단제				
	저녁 : 클렌징 젤 - 수렴화장수 - 아이크림, 피지조절크림				
	기타 : 주1회 딥클렌징을 하며 주2회정도는 보습과 피지조절 마스크를 사용한다. 짙은 화장과 기름진 음식의 섭취를 피하고 충분한 수면과 규칙적인 운동, 비타민 섭취를 하며 오일프리 화장품을 사용한다.				

(3) 건성피부(Dry Skin)

※제시
- T존 부위 : 피부결이 고우며 각질이 있다(건성).
- U존 부위 : 피부두께가 얇고 피지선의 기능이 저하되어 있다(건성).
- 목 부위 : 모공이 작고 잔주름이 잘 형성된다(건성).
- 딥클렌징 : 고마쥐

관리계획 차트(Care Plan Chart)

비번호	시험일자 20 . . .(부)				
관리목적 및 기대효과	관리목적 : 보습위주의 관리와 피지분비가 원활하도록 적당한 유분을 공급하여 피부의 각질현상을 없애고 잔주름의 형성을 막는다.				
	기대효과 : 유·수분의 충분한 공급으로 피부에 탄력을 주며 주름개선 및 노화예방과 촉촉한 피부를 가능하게 한다.				
클렌징	크림	√ 밀크/로션			
딥클렌징	√ 고마쥐(Gommage)	효소(Enzyme)	AHA	스크럽	
매뉴얼 테크닉 제품 타입	√ 크림				
손을 이용한 관리형태	√ 림프				
팩	T존 : √ 건성타입	정상타입	지성타입 팩		
	U존 : √ 건성타입	정상타입	지성타입 팩		
	목부위 : √ 건성타입	정상타입	지성타입 팩		
마스크	√ 석고 마스크	고무모델링 마스크			
고객관리 계획	1주차 : 클렌징로션 – 딥클렌징(효소) – 매뉴얼테크닉 – 콜라겐팩 – 보습앰플				
	2주차 : 클렌징로션 – 딥클렌징(효소) – 매뉴얼테크닉 – 히아루론산팩 – 보습크림				
	3주차 : 클렌징로션 – 딥클렌징(효소) – 매뉴얼테크닉 – 알로에팩 – 보습크림				
	4주차 : 클렌징로션 – 딥클렌징(고마쥐) – 매뉴얼테크닉 – 세라마이드팩 – 영양과 수분크림				
자가관리 조언(홈케어)	제품을 사용한 관리 : 아침 : 미온수로 세안 – 유연화장수 – 보습앰플과 보습크림 – 데이크림, 아이크림 – 자외선차단제 저녁 : 클렌징로션 – 화장수 정돈 – 보습앰플 – 에센스 – 아이크림 – 나이트크림				
	기타 : 월3회 정도 고마쥐 딥클렌징제를 실시하고 주2회정도는 스팀타월의 사용으로 모공을 열어 보습마스크를 사용한다. 자외선 차단기능의 화장품 사용과 충분한 수분섭취를 한다.				

(4) 복합성피부(T 존 : 지성, U존 : 건성, 목 : 정상)

※제시
- T존 부위 : 모공이 넓고 세안 후 당김현상이 없다(지 성).
- U존 부위 : 피부표면이 거칠고 푸석푸석하며 탄력이 없다(건 성).
- 목 부위 : 유·수분의 적절한 조화로 피부가 촉촉함을 유지한다(정 상).
- 딥클렌징 : 효소

비번호	시험일자 20 . . . (부)
관리목적 및 기대효과	관리목적 : T존부위는 피지분비가 많은 지성타입으로 과각화된 각질제거와 모공관리를 하며 U존 부위는 유분과 수분의 공급에 의한 피부탄력을 주는 것을 목적으로 한다.
	기대효과 : T존 부위는 피지조절 및 맑은 피부를 가능하게 하며 U존 부위는 유·수분의 충분한 공급에 의해 촉촉한 피부를 가능하게 한다.
클렌징	크림 ✓ 밀크/로션
딥클렌징	고마쥐(Commage) ✓ 효소(Enzyme) AHA 스크럽
매뉴얼 테크닉 제품 타입	✓ 크림
손을 이용한 관리형태	✓ 림프
팩	T존 : 건성타입 정상타입 ✓ 지성타입 팩
	U존 : ✓ 건성타입 정상타입 지성타입 팩
	목부위 : 건성타입 ✓ 정상타입 지성타입 팩
마스크	석고마스크 ✓ 고무모델링 마스크
고객관리 계획	1주차 : 클렌징 – 딥클렌징(고마쥐) – 팩(T존: 피지흡착용팩 ,U 존: 히아루론산팩) – 수분크림
	2주 차 : 클렌징 – 딥클렌징(T존 : 스크럽, U존 : 효소) – 매뉴얼테크닉 – 청정(T존), 콜라겐팩(U존과 목) – 수분크림 , U 존은 영양크림
	3주 차 : 클렌징 – 딥클렌징(T존 : 아하, U 존 : 효소) – 매뉴얼테크닉 – 보습팩– 영양크림
	4주 차 : 클렌징로션 – 딥클렌징(T존 : 아하, U 존 : 효소) – 매뉴얼테크닉 – 팩(T존 : 머드팩, U존 과 목 : 비타민C팩) – 수분크림
자가관리 조언(홈케어)	제품을 사용한 관리 :
	아침 : 클렌징 – 화장수로 정돈 – 피지조절앰플 – 복합성용데이크림 – 자외선차단제
	저녁 : 클렌징 – 화장수로 정돈 – 보습앰플 – 복합성나이트크림
	기타 : 주 1회정도 딥클렌징을 한다. 주 2회정도는 T존 부위는 피지조절 마스크를 U존 부위는 보습과 영양팩을 사용한다.

(5) 복합성피부(T 존 : 지성, U존 : 정상, 목 : 건성)

※제시
- T존 부위 : 모공이 넓고 번들거린다 (지성).
- U존 부위 : 피부가 매끄럽고 색소와 잡티가 없이 맑다(정상).
- 목 부위 : 잔주름이 많으며 피부에 얇은 각질이 보인다 (건성).
- 딥클렌징 : 스크럽

관리계획 차트(Care Plan Chart)	
비번호	시험일자 20 . . . (부)
관리목적 및 기대효과	관리목적 : T존 부위는 과각화된 각질의 제거와 모공관리를 목적으로 하며 U존 부위는 현재상태의 유지관리, 목부위는 보습과 영양을 주는 것을 목적으로 한다.
	기대효과 : T존은 피지조절과 청정관리를 U존 부위는 탄력과 보습의 유지, 목부위는 촉촉하고 부드러움을 갖는 기대효과가 있다.
클렌징	크림 √ 밀크/로션
딥클렌징	고마쥐(Gommage) 효소(Enzyme) AHA √ 스크럽
매뉴얼 테크닉 제품 타입	√ 크림
손을 이용한 관리형태	√ 림프
팩	T존 : 건성타입 정상타입 √ 지성타입 팩
	U존 : 건성타입 √ 정상타입 지성타입 팩
	목부위 : √ 건성타입 정상타입 지성타입 팩
마스크	√ 석고마스크 고무모델링 마스크
고객관리 계획	1주차 : 클렌징로션 – 딥클렌징(T존, U존 : 효소) – 매뉴얼테크닉 – 팩(T존 : 클레이팩, U존, 목 : 보습팩) – 수분크림 , T 존은 피지조절크림
	2주 차 : 클렌징로션 – 딥클렌징(T존 : 아하, U존 : 효소) – 매뉴얼테크닉 – 팩(T존 : 청정, U존 과 목 : 아줄렌) – 수분크림
	3주 차 : 클렌징로션 – 딥클렌징 (T/U 존 : 효소) – 매뉴얼테크닉 – 팩(T존 , U존, 목 : 프리타입의 팩) – 수분크림 , T 존은 피지조절크림
	4주 차 : 클렌징로션 – 딥클렌징 (T/U 존 : 고마쥐) – 매뉴얼테크닉 – 팩(T존 : 머드팩, U존, 목 : 비타민 C팩) – 수분크림
자기관리 조언(홈케어)	제품을 사용한 관리 : 아침 : 미온수에 의한 세안 – 보습토너 – 데이크림 – 수분크림 – 자외선차단크림 저녁 : 복합성피부용의 클렌징로션 – 화장수 – T존은 피지조절크림 , U존은 수분크림 , 목은 콜라겐 성분의 크림
	기타 : 주 1회정도 딥클렌징을 한다. 주 2회정도는 T존 부위는 피지조절 마스크를 목 부위는 보습과 영양 팩을 사용한다 .

(6) 복합성피부(T존 : 지성, U존 : 건성, 목 : 정상)

※제시
- T존 부위 : 모공이 넓고 세안 후 당김현상이 없다(지 성).
- U존 부위 : 피부표면이 거칠고 푸석푸석하며 탄력이 없다(건 성).
- 목 부위 : 유·수분의 적절한 조화로 피부가 촉촉함을 유지한다(정 상).
- 딥클렌징 : 효소

관리계획 차트(Care Plan Chart)	
비번호	시험일자 20 . . .(부)
관리목적 및 기대효과	관리목적 : T존부위는 피지분비가 많은 지성타입으로 각과화된 각질제거와 모공관리를 하며 U존 부위는 유분과 수분의 공급에 의한 피부탄력을 주는 것을 목적으로 한다. 기대효과 : T존 부위는 피지조절 및 맑은 피부를 가능하게 하며 U존 부위는 유·수분의 충분한 공급에 의해 촉촉한 피부를 가능하게 한다.
클렌징	크림 ✓ 크/로션
딥클렌징	고마쥐(Gommage) ✓ 효소(Enzyme) AHA 스크럽
매뉴얼 테크닉 제품 타입	✓ 크림
손을 이용한 관리형태	✓ 림프
팩	T존 : 건성타입 정상타입 ✓ 지성타입 팩 U존 : ✓ 건성타입 정상타입 지성타입 팩 목부위 : 건성타입 ✓ 정상타입 지성타입 팩
마스크	석고 마스크 ✓ 고무모델링 마스크
고객관리 계획	1주차 : 클렌징 – 딥클렌징(고마쥐) – 팩(T존 : 피지흡착용팩 ,U 존 : 히아루론산팩) – 수분크림 2주차 : 클렌징 – 딥클렌징(T존 : 스크럽, U존 : 효소) – 매뉴얼테크닉 – 팩(T존 : 청정팩, U존과 목 : 콜라겐 팩) – 수분크림 ,U 존은 영양크림 3주차 : 클렌징 – 딥클렌징(T존 : AHA, U존 : 효소) – 매뉴얼테크닉 – 팩(보습팩) – 영양크림비타민 C팩) – 수분크림 4주차 : 클렌징로션 – 딥클렌징(T존 : 아하, U존 : 효소) – 매뉴얼테크닉 – 팩(T존 : 머드팩, U존 과 목 : 비타민 C팩) – 수분크림
자가관리 조언(홈케어)	제품을 사용한 관리 : 아침 : 클렌징 – 화장수로 정돈 – 피지조절앰플 – 복합성용데이크림 – 자외선차단제 저녁 : 클렌징 – 화장수로 정돈 – 보습앰플 – 복합성나이트크림 기타 : 주 1회정도 딥클렌징을 한다. 주 2회정도는 T존 부위는 피지조절 마스크를 U존 부위는 보습과 영양 팩을 사용한다.

메모

02 클렌징

1. 포인트 메이크업 실기 테크닉

손을 소독한다.

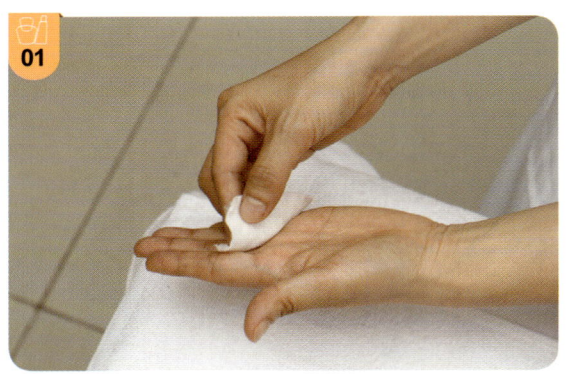

아이리무버 제품을 솜에 도포한다.

아이리무버 제품이 묻어 있는 솜을 눈과 입 부위에 덮어준다.

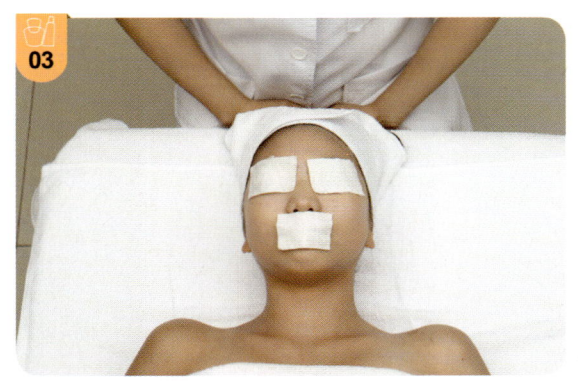

지긋이 눈 전체 면을 눌러주면서 닦아준다.

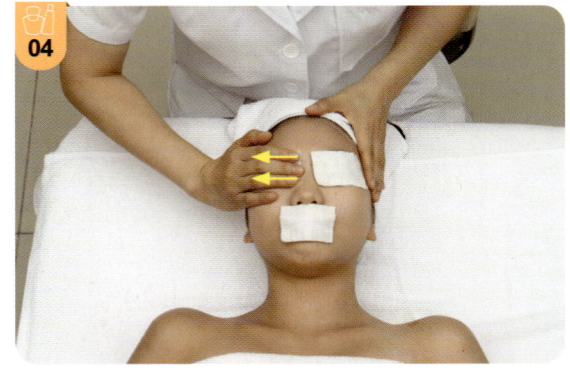

눈 부위를 3단계로 나누어 닦아준다.

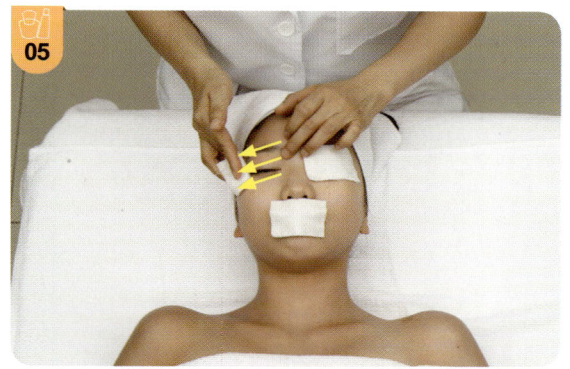

면봉으로 미세한 면을 닦아준다.

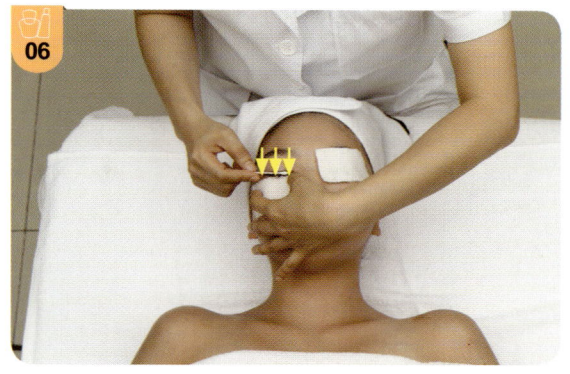

깨끗한 솜 부위로 전체 면을 골고루 닦아준다.

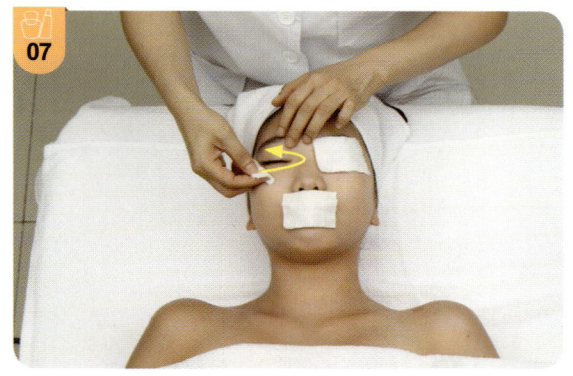

입술 면을 지긋이 눌러주면서 닦아준다.

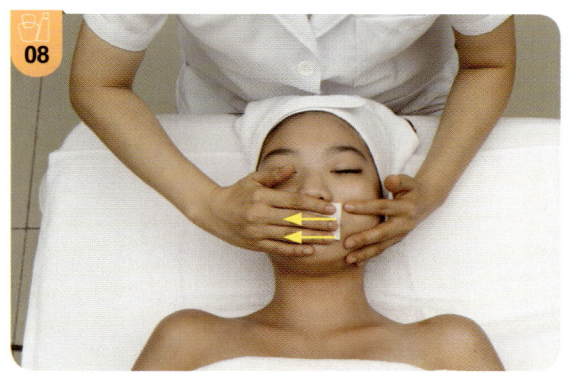

솜으로 입술 면을 3단계로 나누어 닦아준다.

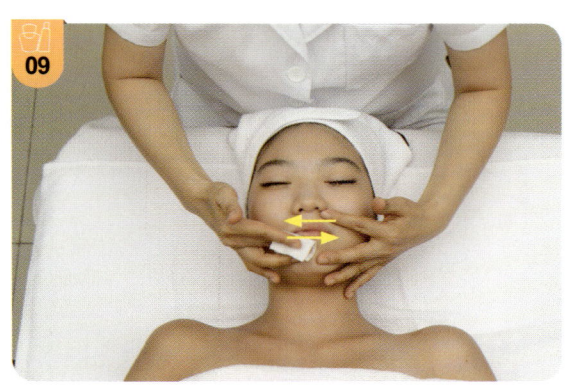

깨끗한 솜 부위로 입술 전체 면을 골고루 닦아준다.

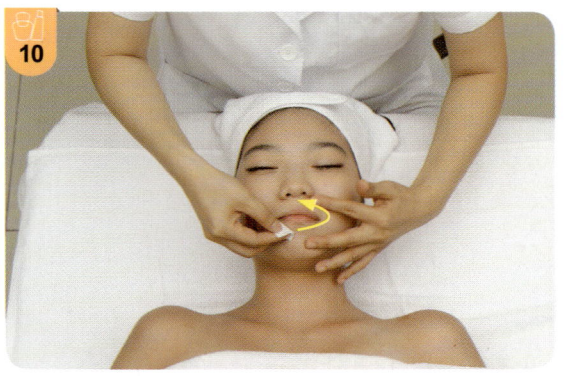

2. 클렌징 실기 테크닉

적당한 양의 제품을 덜어준다.

부분 별로 제품을 피부에 도포한다.

데콜테 부위를 펴 바른다.

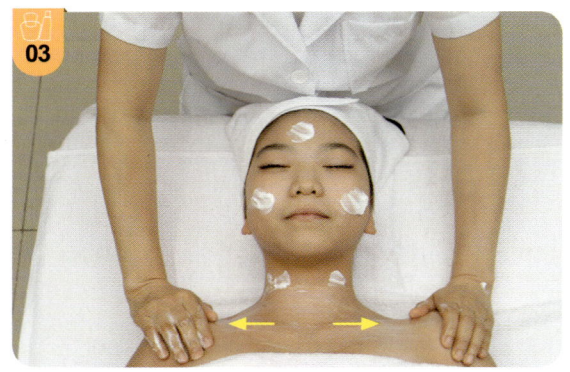

목 부위에 펴서 바른다.

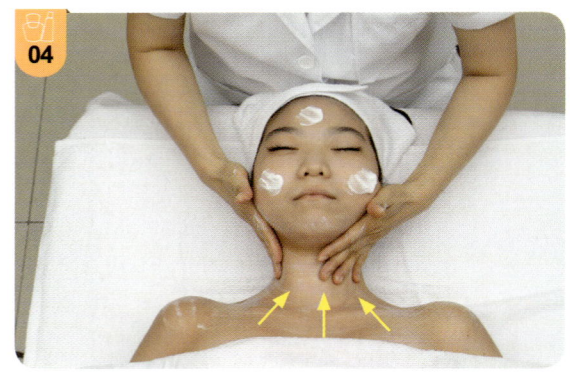

얼굴과 턱 부위를 펴서 바른다.

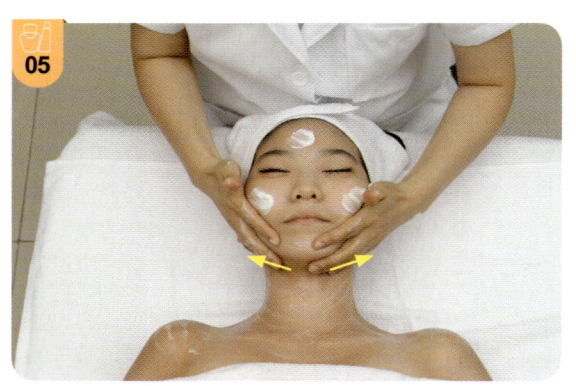

볼 부위를 펴서 바른다.

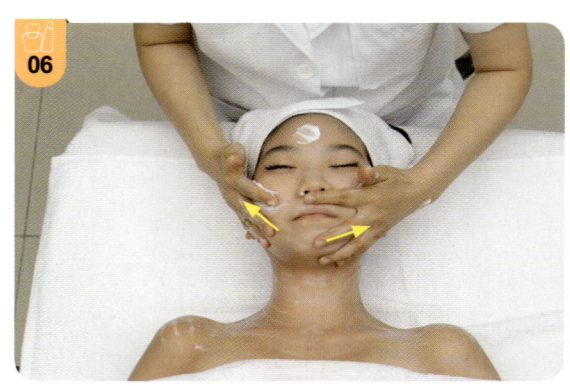

코 부위를 펴서 바른다.

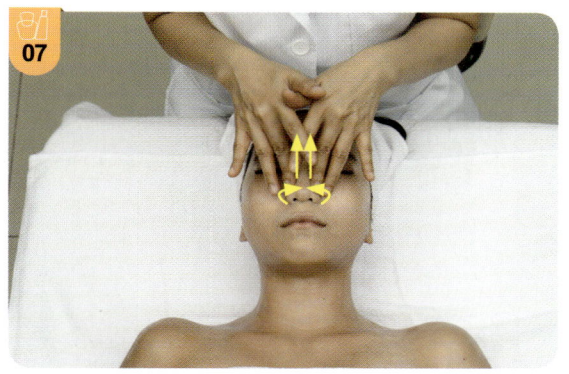

이마 부위를 펴 바서 바른다.

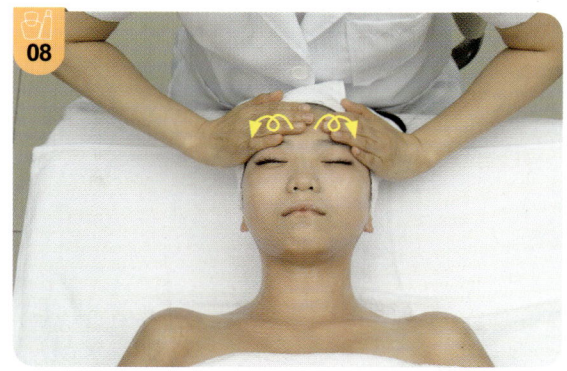

측면 부위를 따라 펴서 바른다.

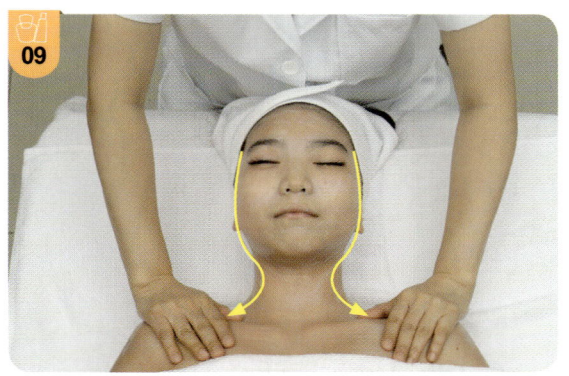

데콜테를 쓸어준다.

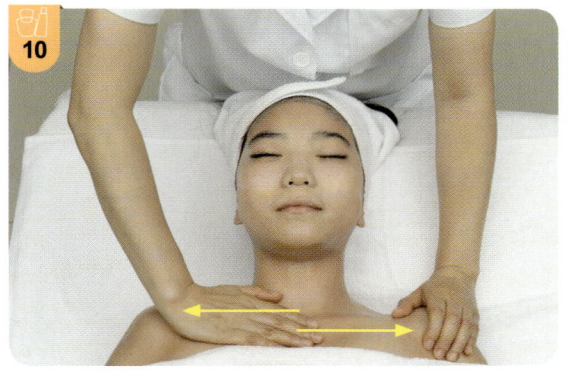

목 부위를 쓸어 올려준다.

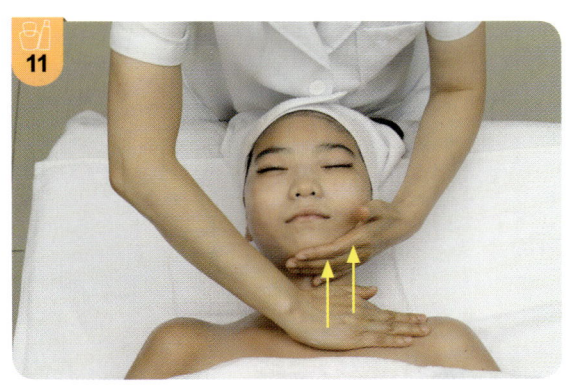

턱선을 쓸어준다.

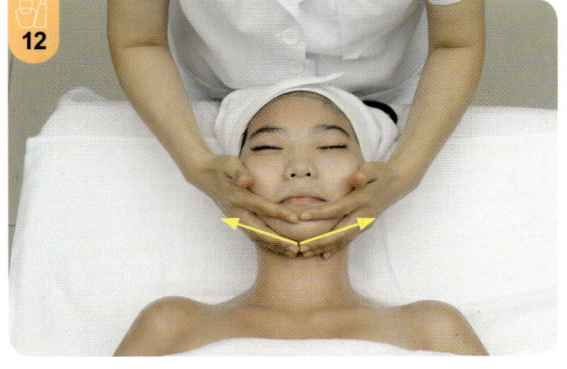

하악면 부위를 가볍게 밖으로 러빙해준다.

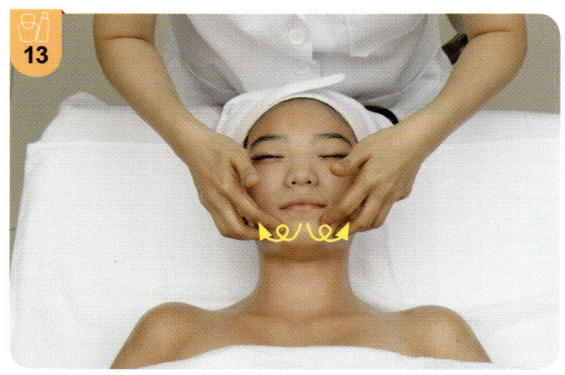

입술 부위를 가볍게 밖으로 바른다.

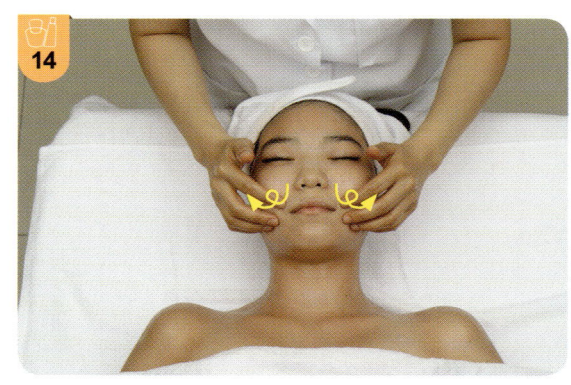

볼 부위를 가볍게 밖으로 바른다.

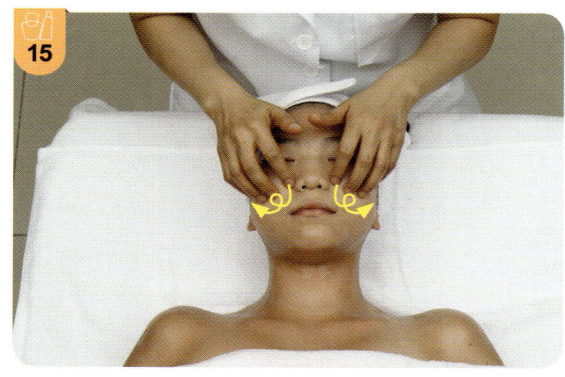

코 부위를 가볍게 서 바른다.

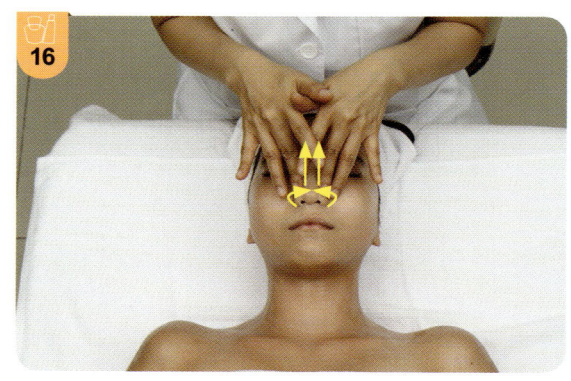

이마 부위를 가볍게 바른다.

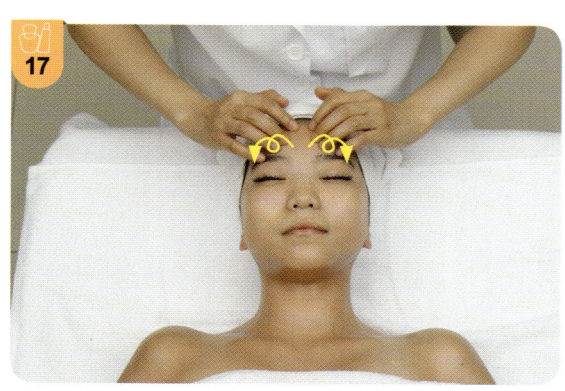

이마 부위를 손바닥 면으로 쓸어준다.

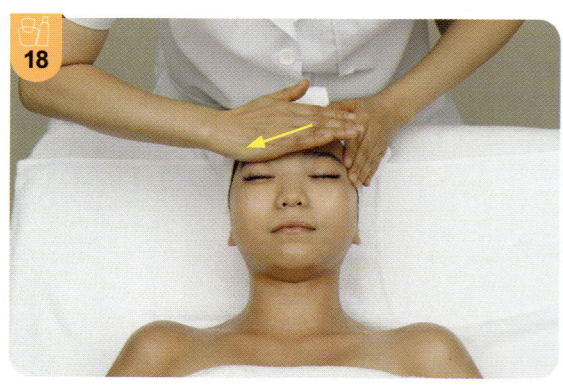

태양혈에서 마무리한다.

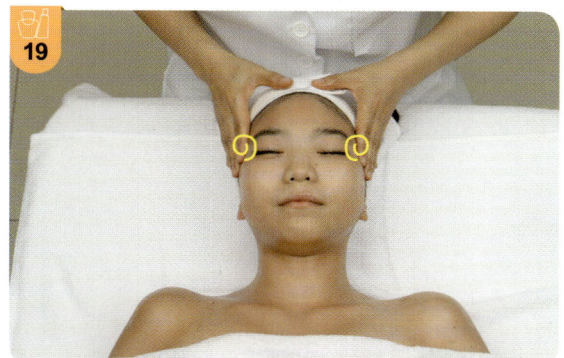

3. 해면법 실기 테크닉

티슈로 코 위의 전체 면을 가볍게 눌러준다.

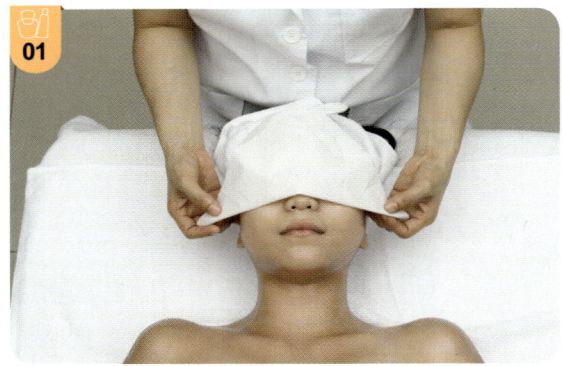

티슈로 코 아래 전체면을 가볍게 눌러준다.

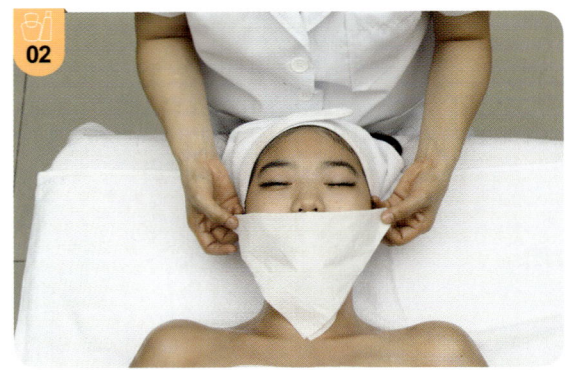

얼굴의 오른쪽 측면을 가볍게 눌러준다.

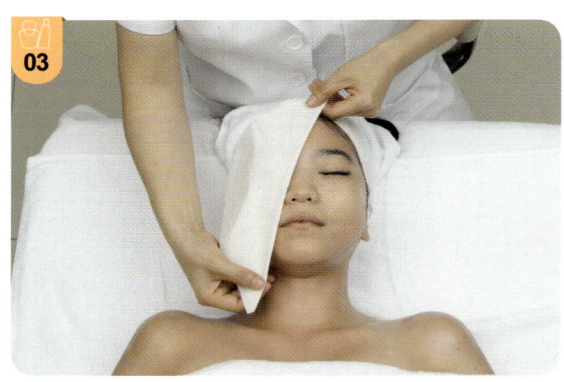

얼굴의 왼쪽 측면을 가볍게 눌러준다.

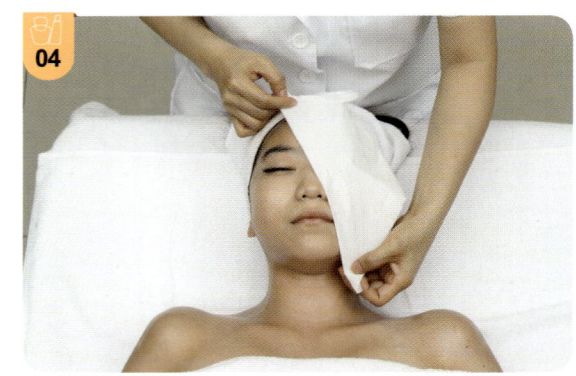

데콜테 오른쪽 면을 가볍게 눌러준다.

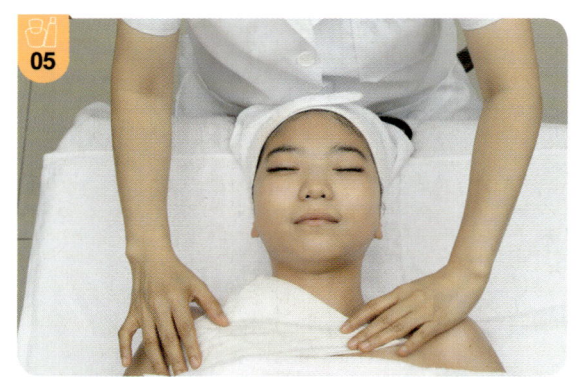

데콜테 왼쪽 면을 가볍게 눌러준다.

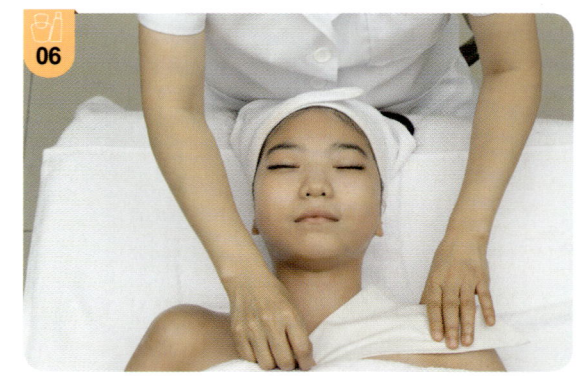

해면으로 태양혈 부위를 가볍게 눌러준다.

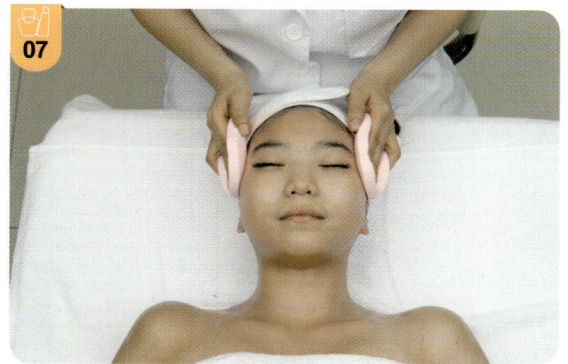

눈두덩 부위를 가볍게 눌러서 닦는다.

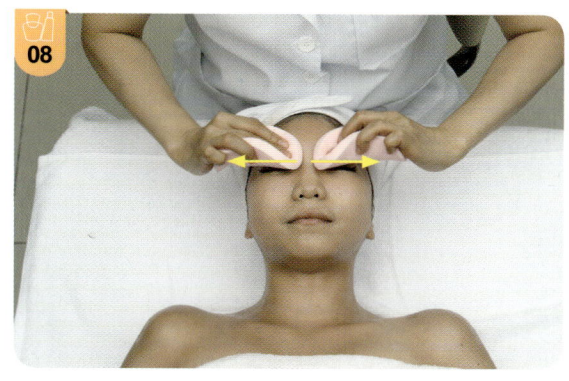

눈 아래 면을 가볍게 눌러서 닦는다.

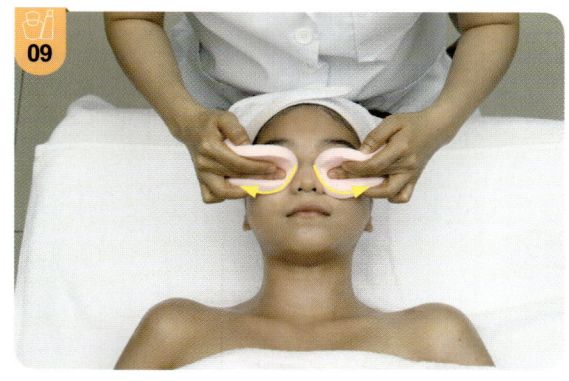

눈썹 부위를 가볍게 눌러서 닦는다.

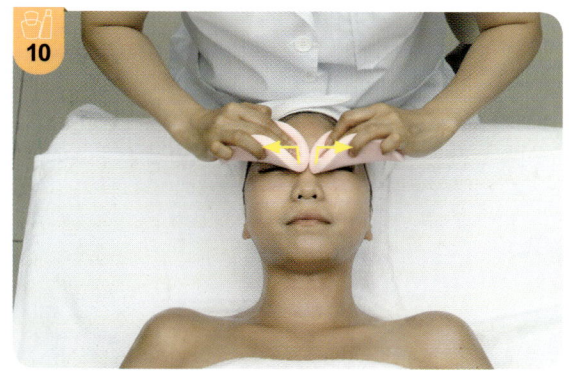

이마 부위를 가볍게 눌러서 닦는다.

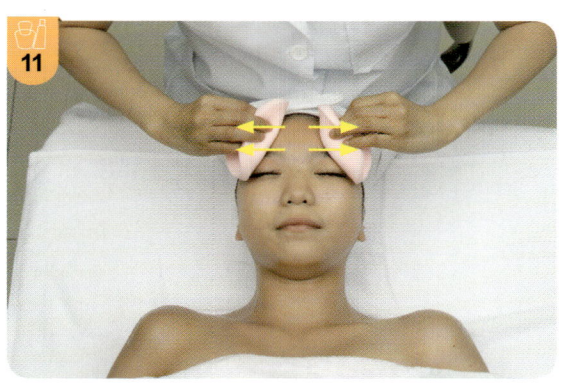

코 부위를 가볍게 닦으면서 쓸어내린다.

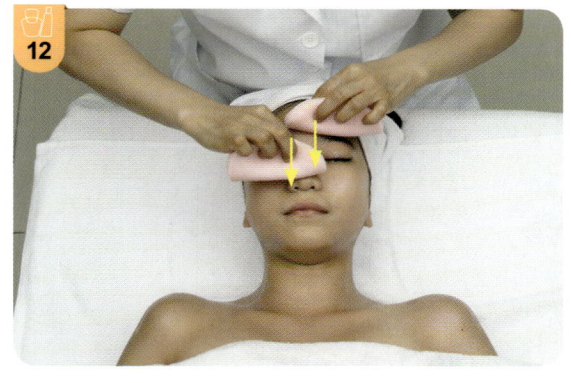

볼 부위를 가볍게 닦으면서 쓸어준다.

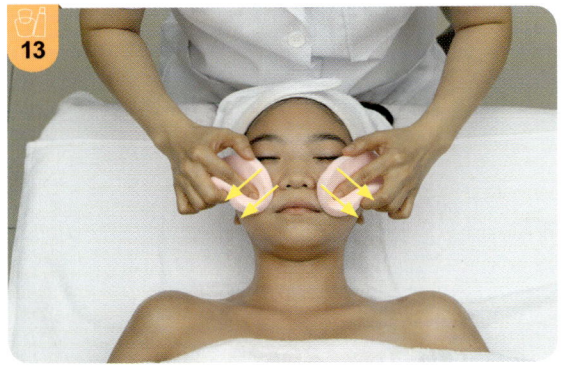

입술 부위를 가볍게 닦으면서 쓸어준다.

목 부위를 가볍게 닦으면서 쓸어준다.

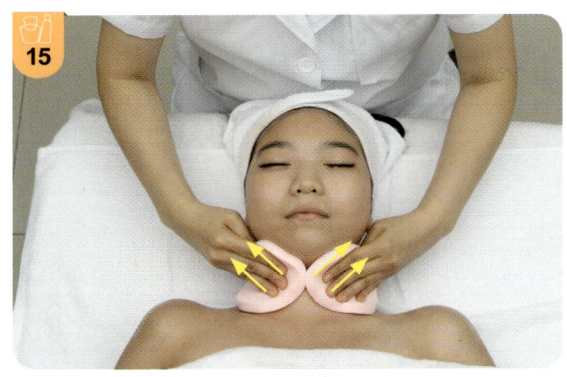

데콜테 부위를 가볍게 닦으면서 쓸어준다.

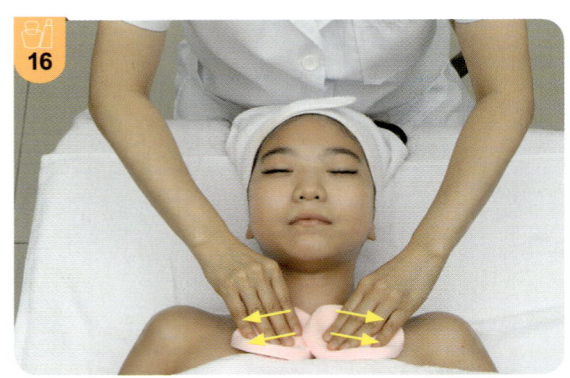

데콜테 부위를 정리한다.

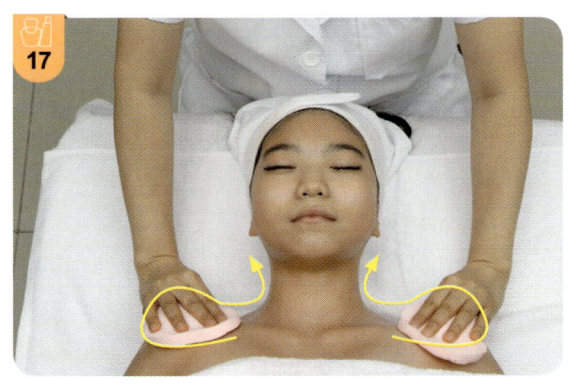

측면 부위를 정리한다.

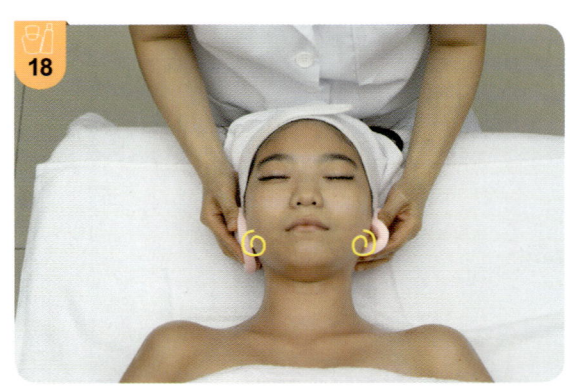

이마 부위를 정리한다.

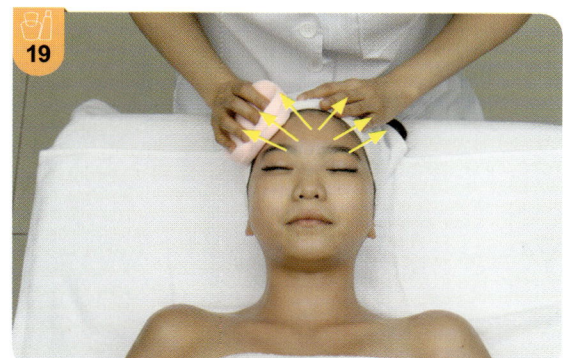

4. 습포법 실기 테크닉

습포 온도를 손으로 알맞게 조절한다.

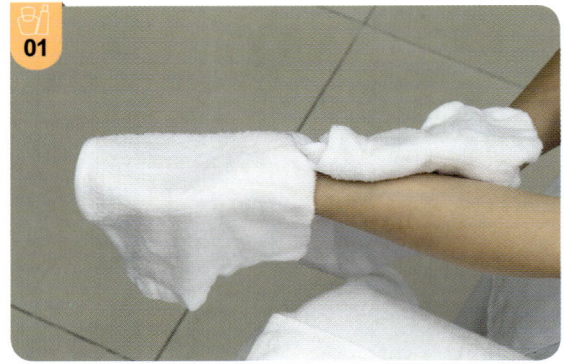

얼굴 위로 습포를 올린다.

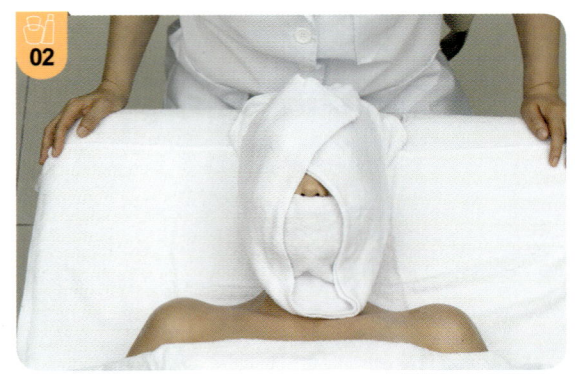

태양혈 부위를 눌러준다.

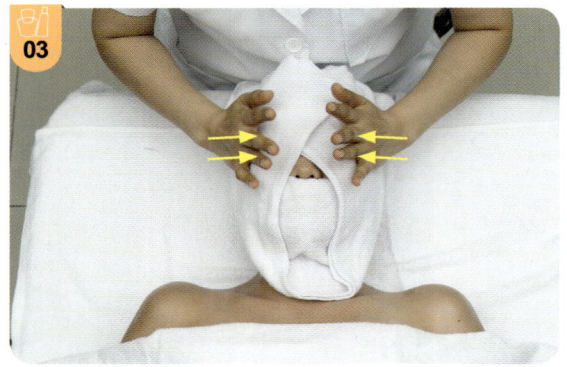

볼 부위를 눌러준다.

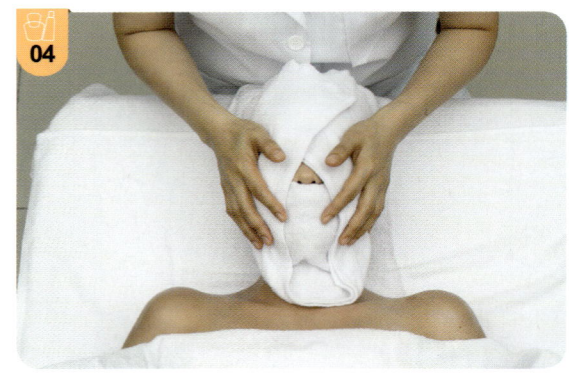

이마 부위를 눌러준다.

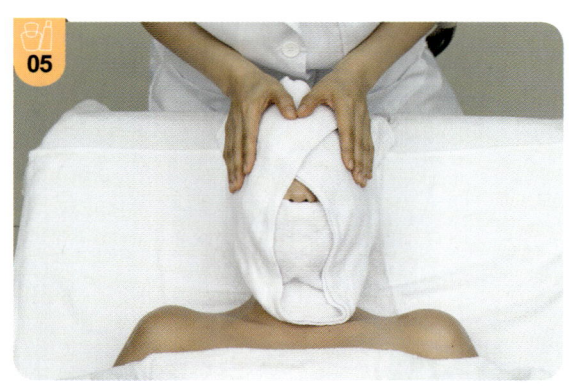

이마와 턱 부위를 눌러준다.

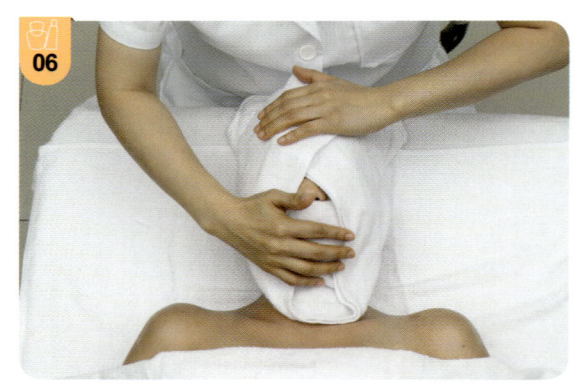

6번과 반대 부위 눌러준다.

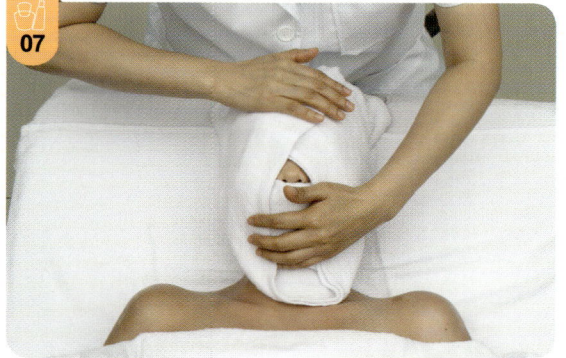

눈 부위를 닦아준다.

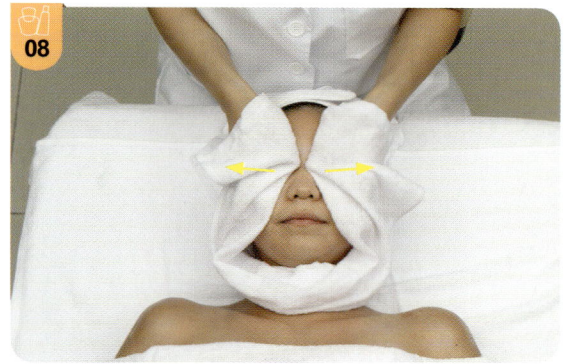

이마 부위를 닦아준다.

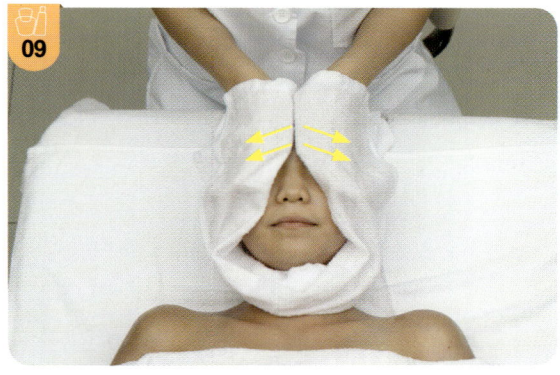

턱 부위를 닦아준다.

얼굴의 한쪽 면 전체를 닦아준다.

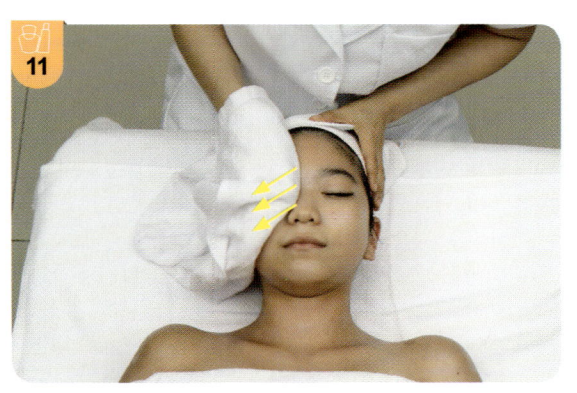

얼굴의 다른쪽 면도 전체를 닦아준다.

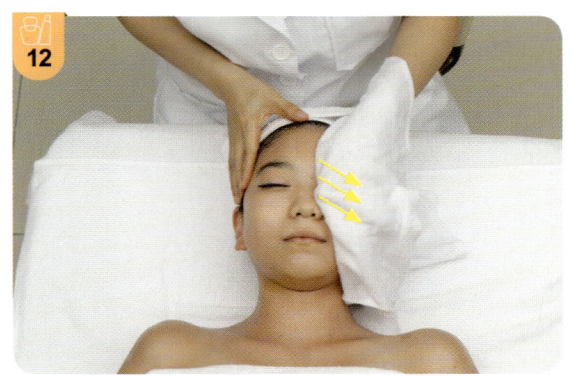

목 부위 및 데콜테 부위를 닦아준다.

머리 전체면를 닦아준다.

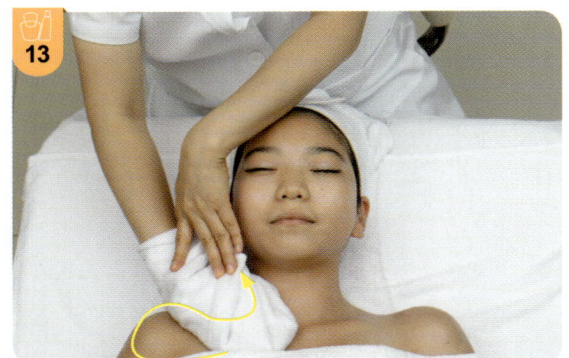
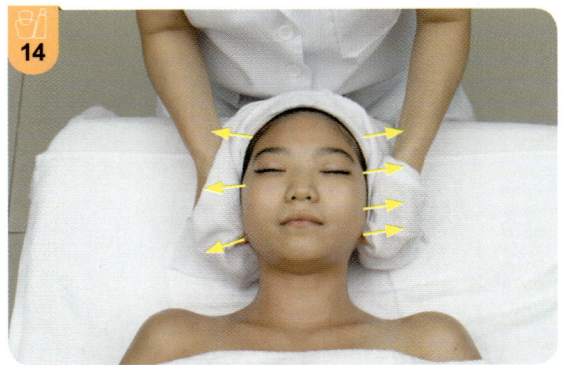

5. 토너 실기 테크닉

면패드에 토너를 도포한다.

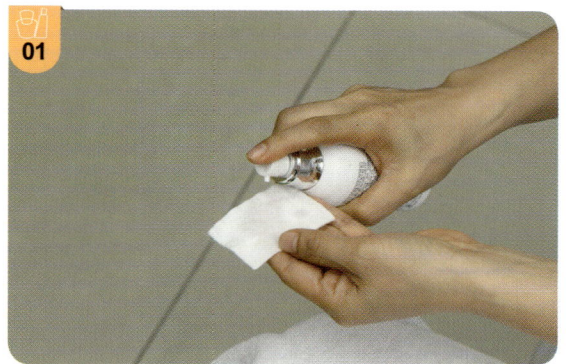

볼 부위를 닦아준다.

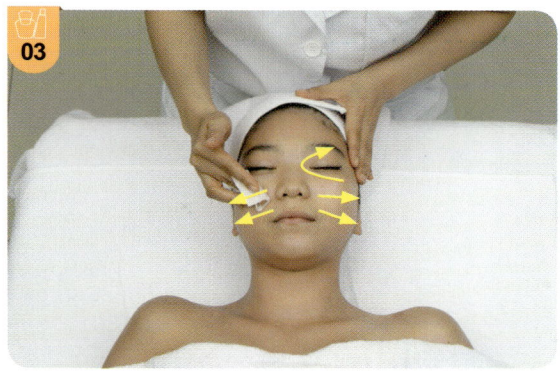

목 부위를 닦아준다.

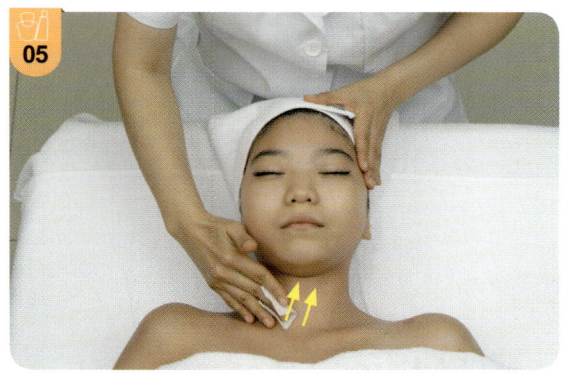

눈 부위를 3단계로 닦아준다.

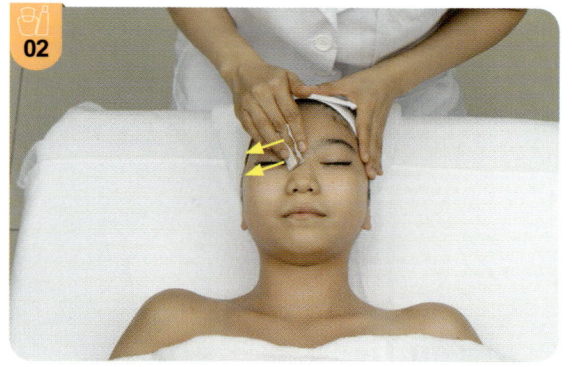

이마 부위를 닦아준다.

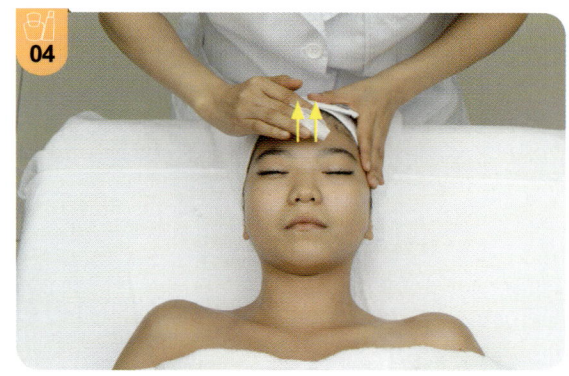

데콜테 부위를 닦아준다.

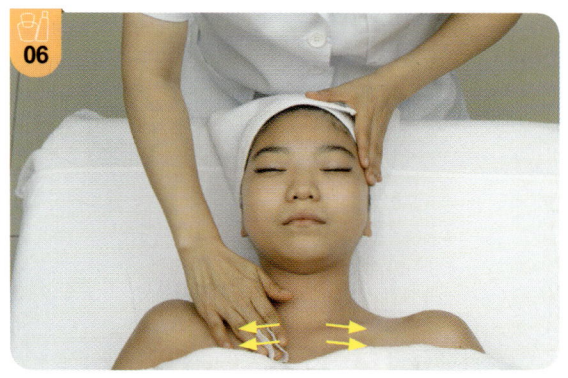

03 눈썹 정리

도구를 깨끗이 소독한다.

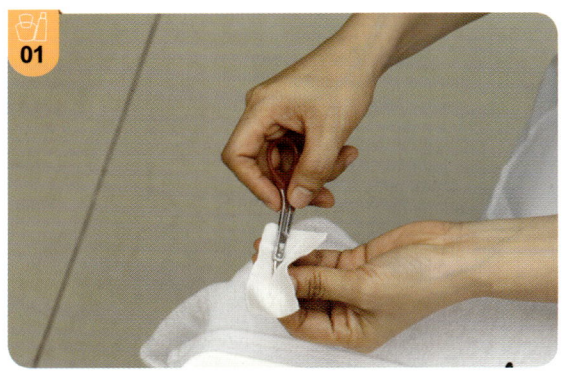

눈썹 부위를 소독한다.

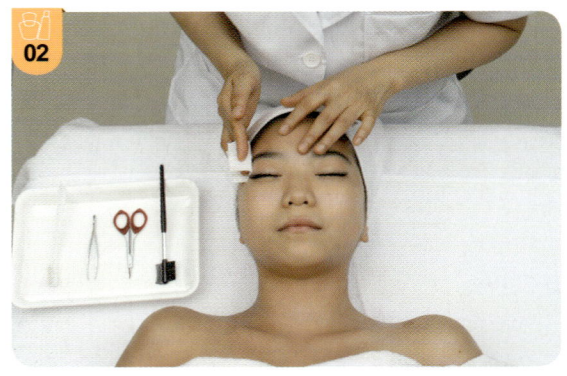

눈썹을 정리한다.

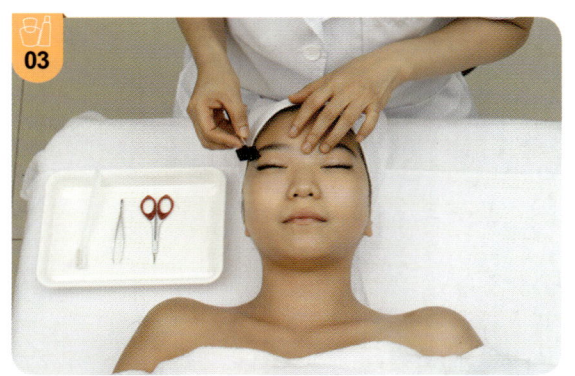

눈썹 라인을 정리한다.

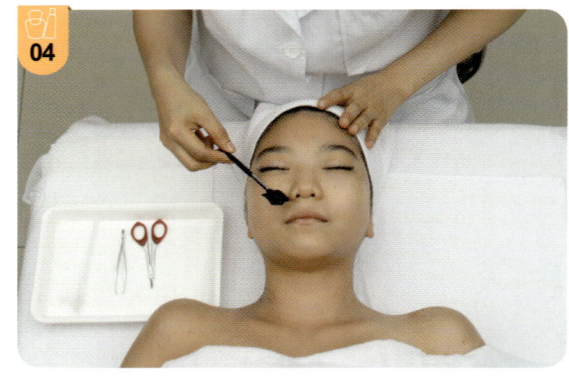

눈썹을 정리 정돈하면서 잘라낸다.

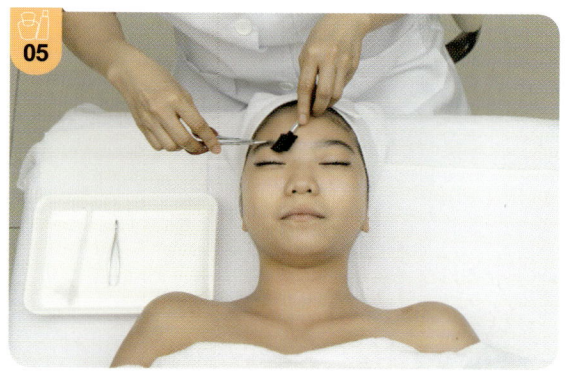

핀셋으로 눈썹을 정리한다.

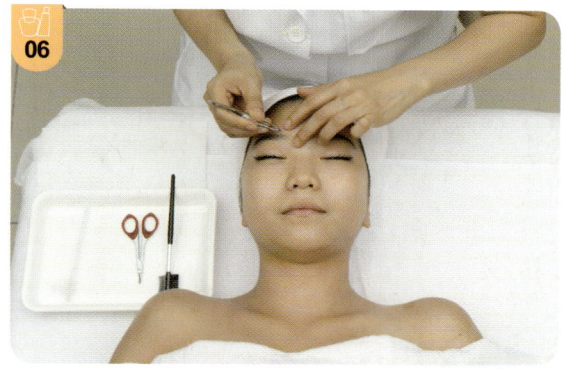

눈썹 칼로 정리한다.

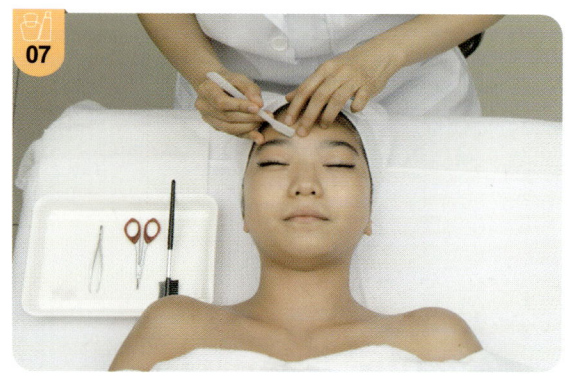

진정젤을 면봉에 묻힌다.

면봉에 묻힌 젤을 눈썹 부위에 바른다.

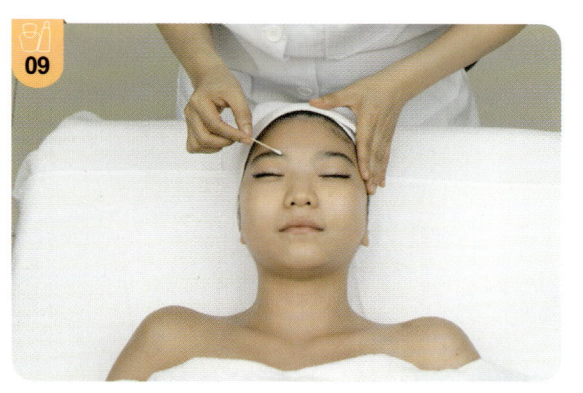

04 딥 클렌징

1. 고마쥐

볼에 적당한 양의 제품을 담는다.

얼굴 전체 부위에 제품을 바른다.

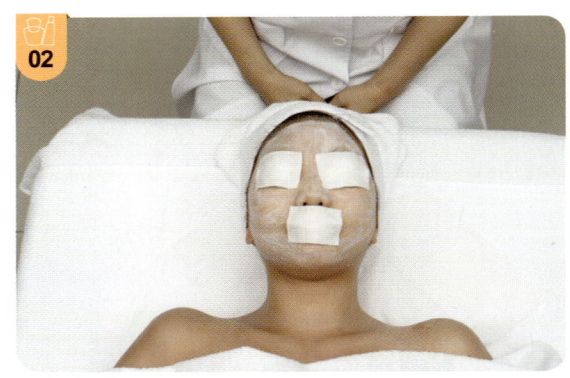

턱선 부위 면에 제품을 제거한다.

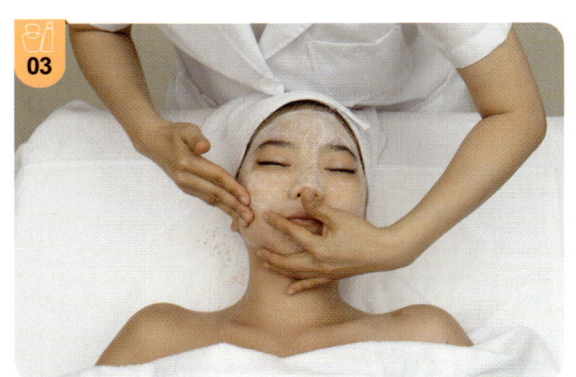

측면 부위의 제품을 제거한다.

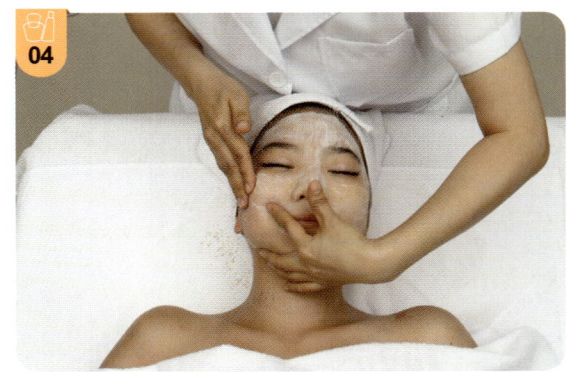

볼 부위의 제품을 제거한다.

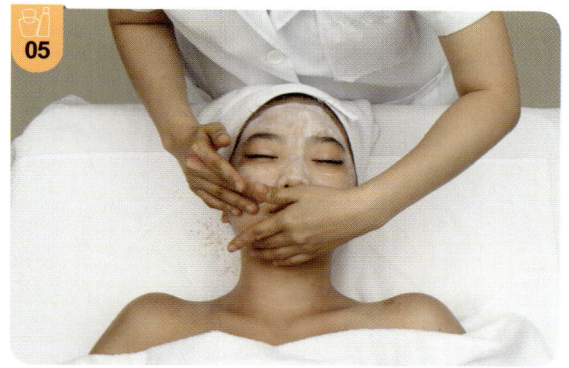

이마 부위의 제품을 제거한다.

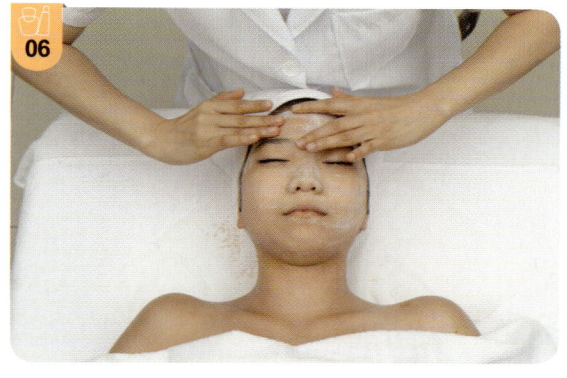

물을 묻혀 양손으로 턱 부위를 러빙한다.

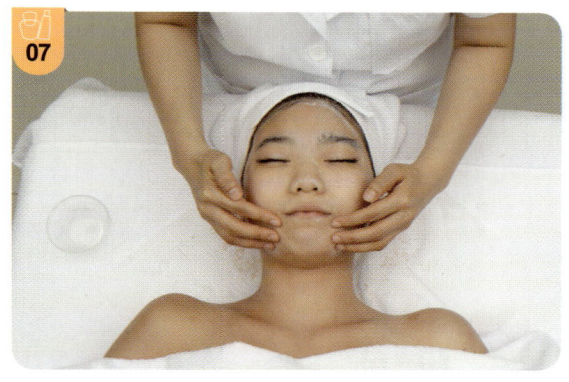

물을 묻혀 양손으로 볼 부위를 러빙한다.

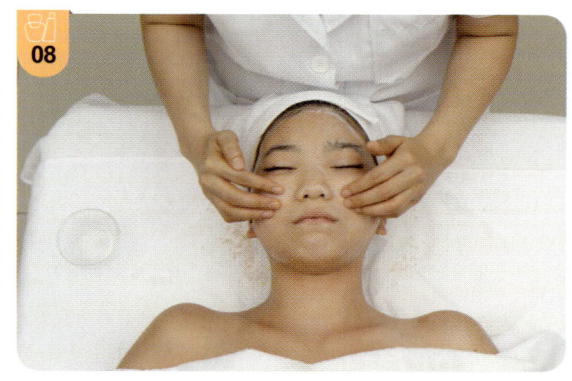

물을 묻혀 양손으로 이마 부위를 러빙한다.

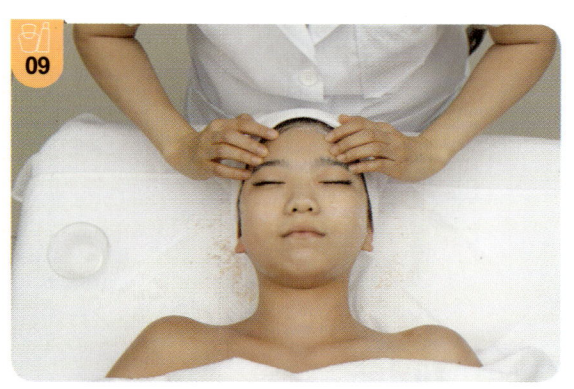

태양혈에서 마무리한다.

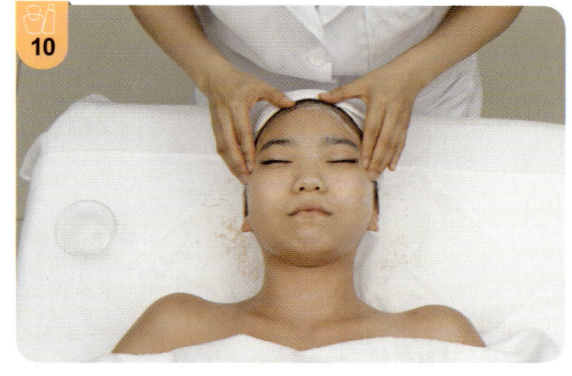

해면으로 태양혈 부위를 가볍게 눌러준다.

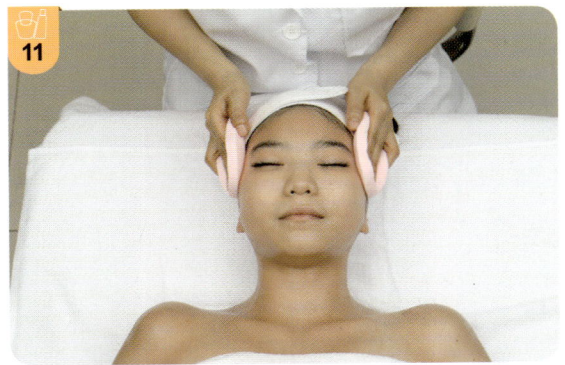

눈두덩 부위를 가볍게 눌러서 닦아준다.

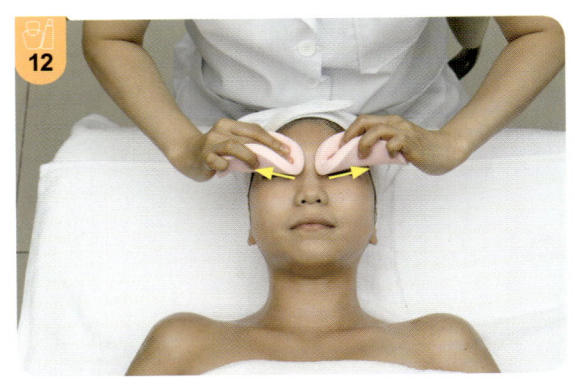

눈 아래 면을 가볍게 눌러서 닦아준다.

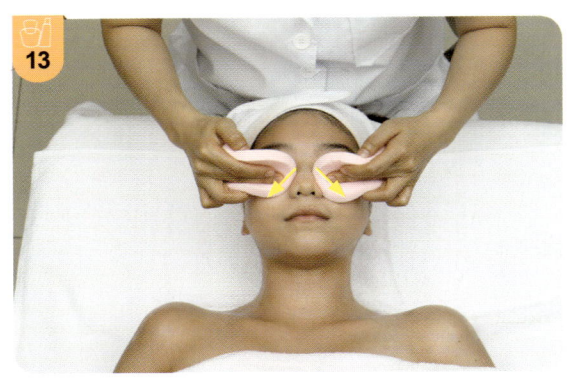

눈썹 부위를 가볍게 눌러서 닦아준다.

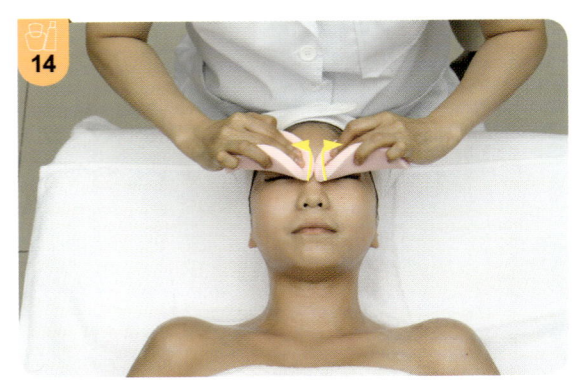

이마 부위를 가볍게 눌러서 닦아준다.

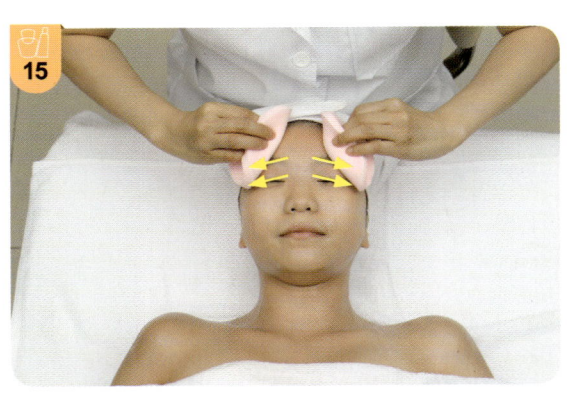

코 부위를 가볍게 닦으면서 쓸어내려준다.

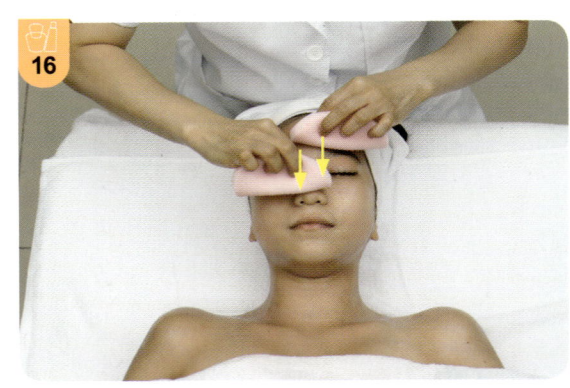

볼 부위를 가볍게 닦으면서 쓸어준다.

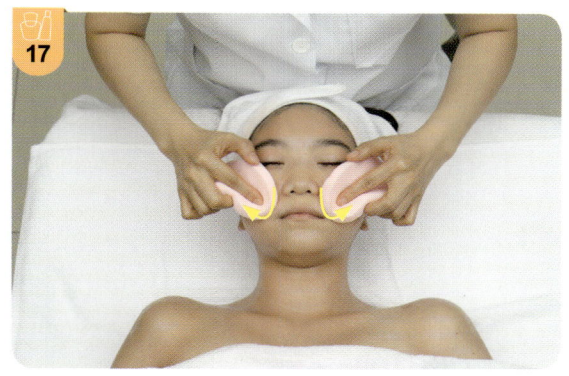

입술 부위를 가볍게 닦으면서 쓸어준다.

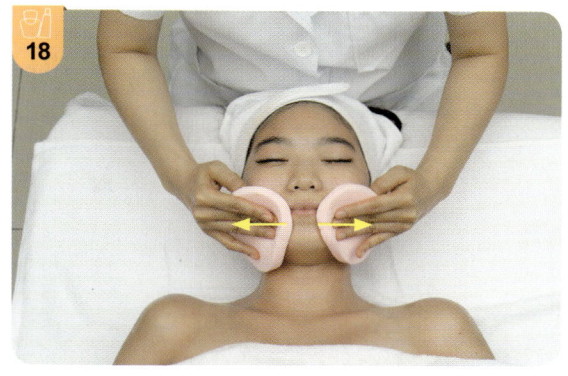

목 부위를 가볍게 닦으면서 쓸어준다.

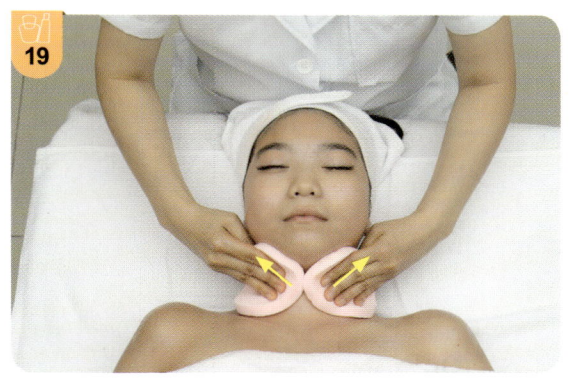

데콜테 부위를 가볍게 닦으면서 쓸어준다.

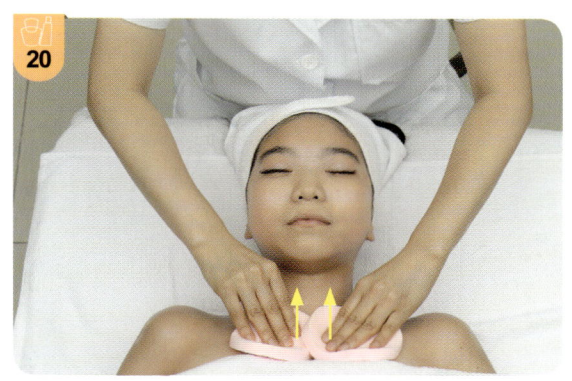

데콜테 부위를 정리한다.

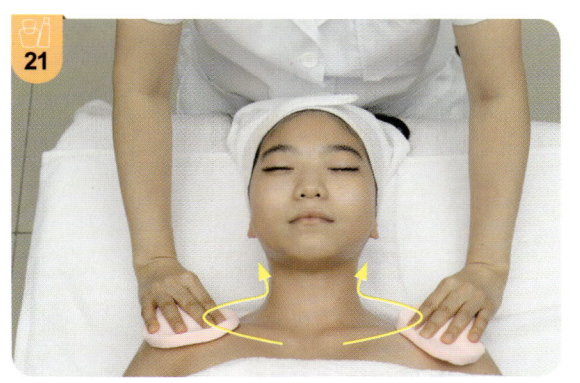

측면 부위를 정리한다.

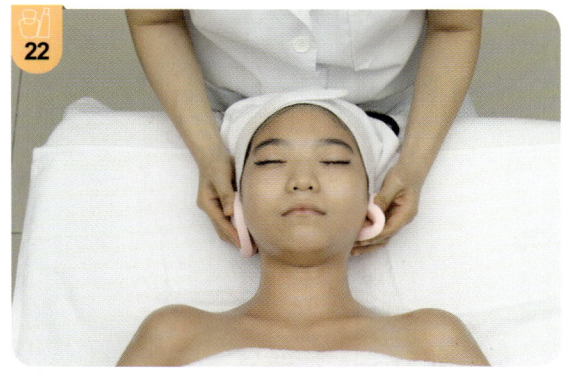

이마 부위를 정리한다.

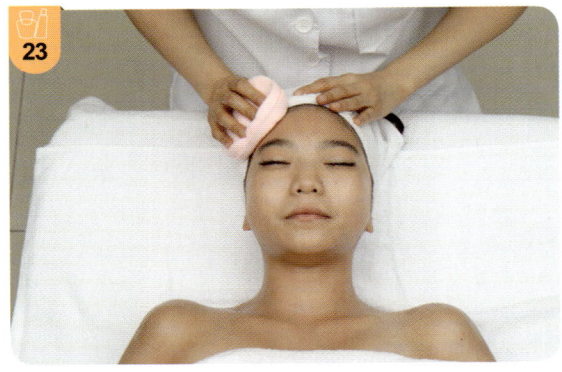

온습포를 손으로 온도를 확인한다.

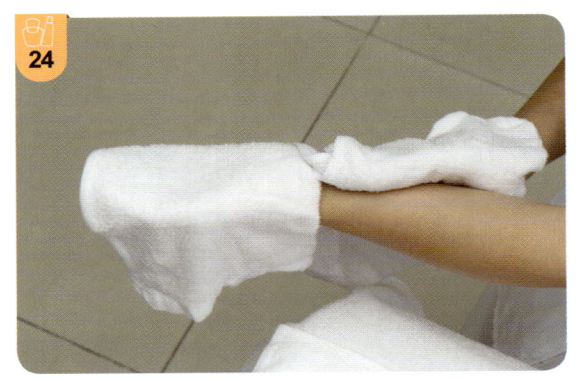

온습포를 얼굴에 올린다.

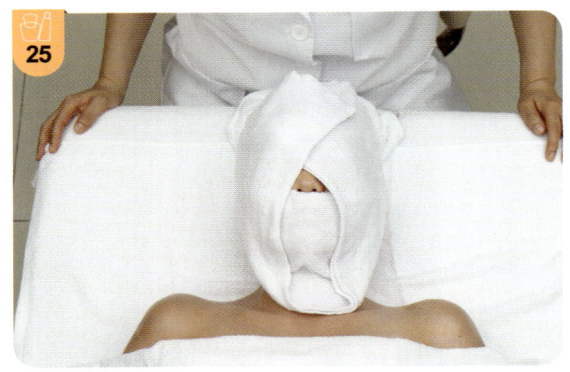

태양혈 부위를 눌러준다.

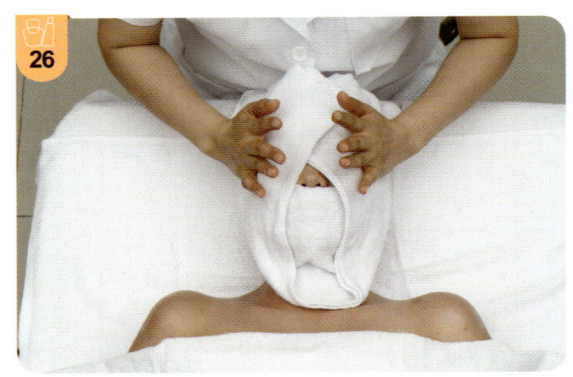

볼 부위를 눌러준다.

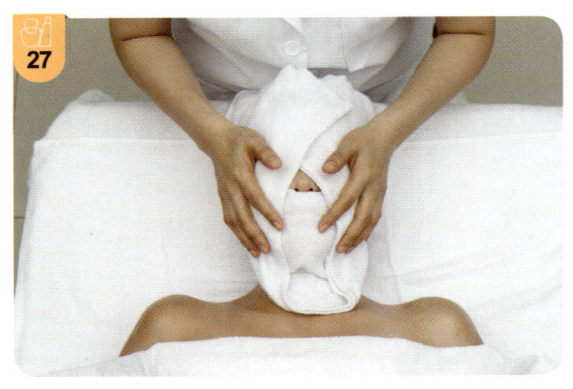

이마 부위를 눌러준다.

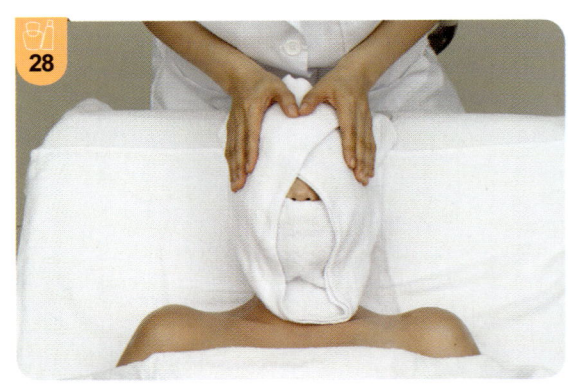

이마와 턱 부위를 눌러준다.

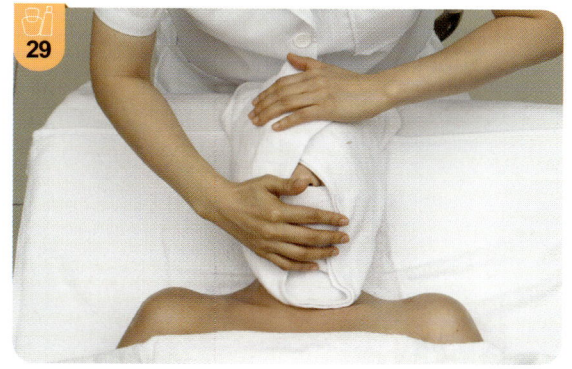

29번과 반대 부위를 눌러준다.

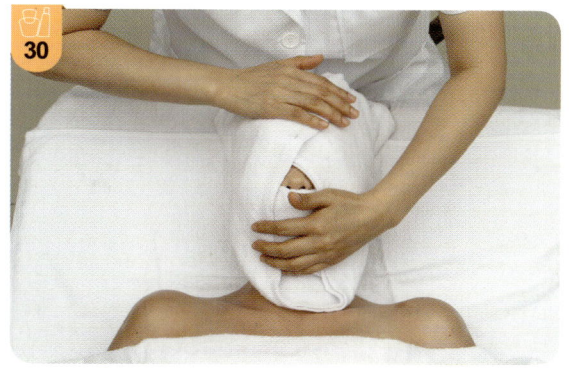

습포를 사용하여 눈 부위를 닦아준다.

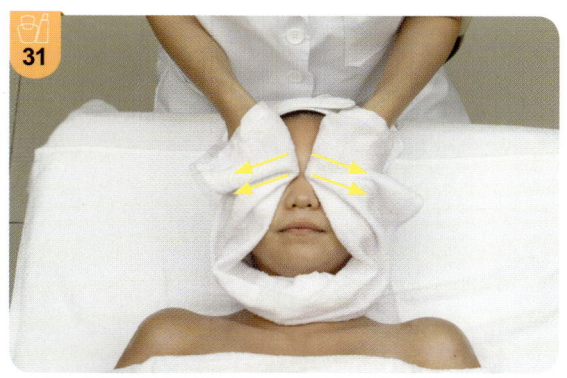

습포를 사용하여 이마 부위를 닦아준다.

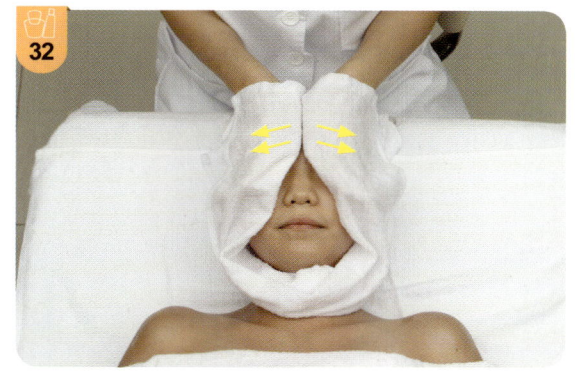

습포를 사용하여 턱 부위를 닦아준다.

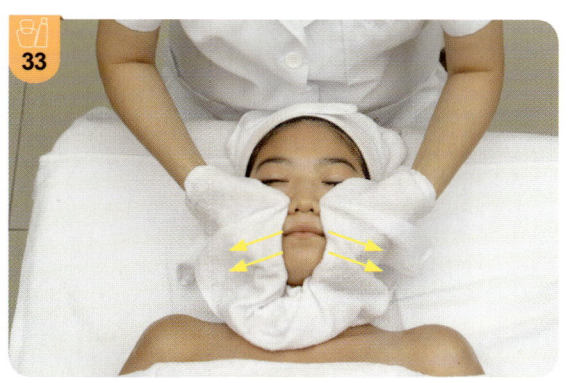

습포를 사용하여 한쪽 면 전체를 닦아준다.

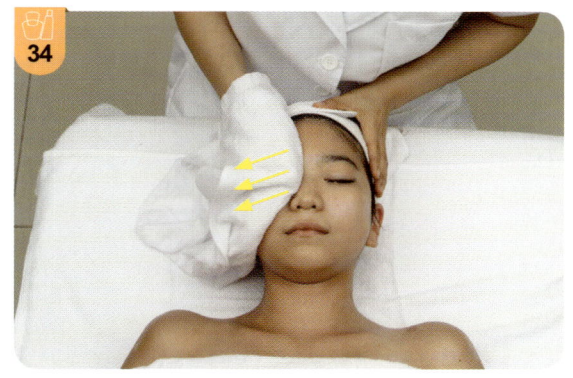

습포를 사용하여 다른 쪽 면 전체를 닦아준다.

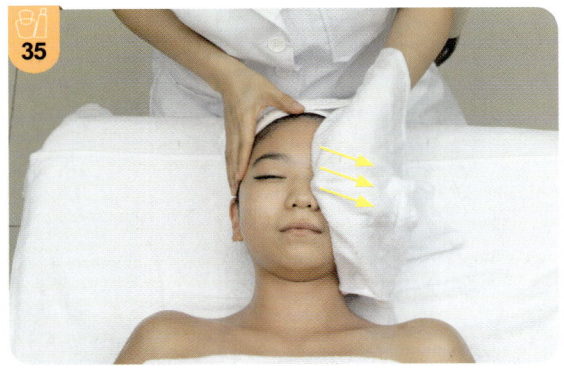

습포를 사용하여 목 부위 및 데콜테 부위를 닦아준다.

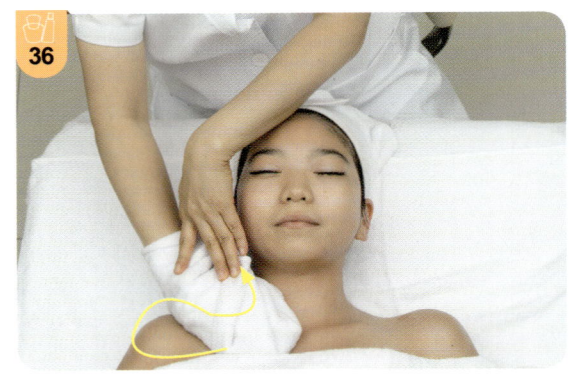

습포를 사용하여 머리 전체 면을 닦아준다.

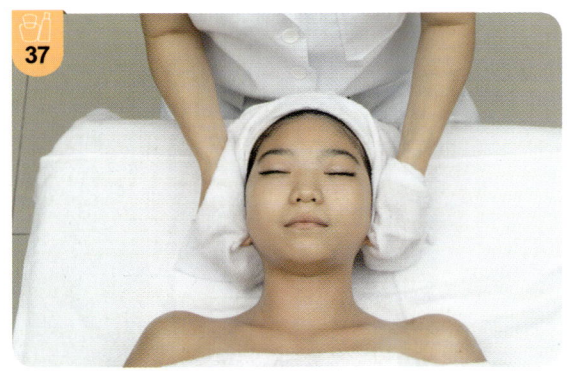

솜 패드에 토너를 도포한다.

솜에 토너를 묻혀 눈 부위를 3단계로 닦아준다.

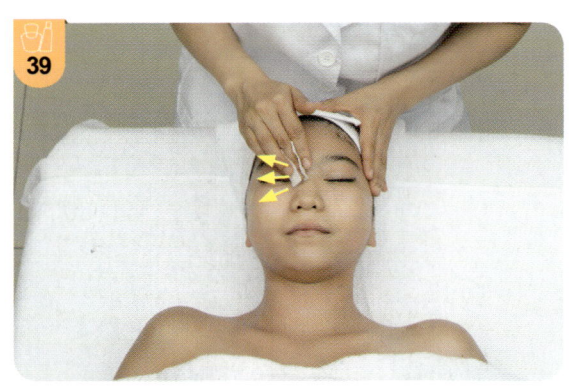

솜에 토너를 묻혀 볼 부위를 닦아준다.

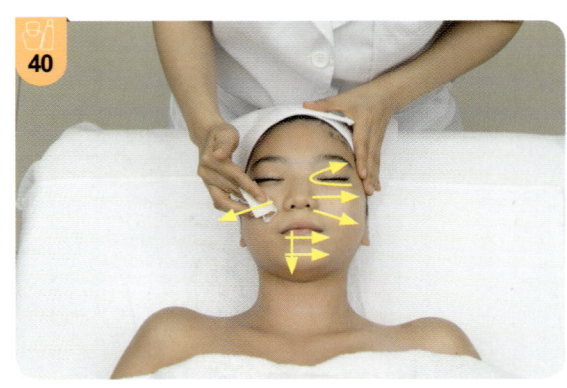

솜에 토너를 묻혀 이마 부위를 닦아준다.

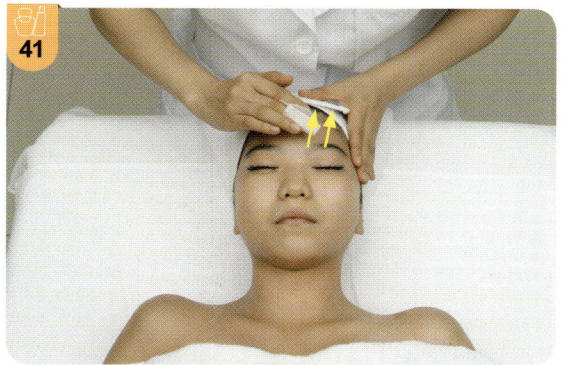

솜에 토너를 묻혀 목 부위를 닦아준다.

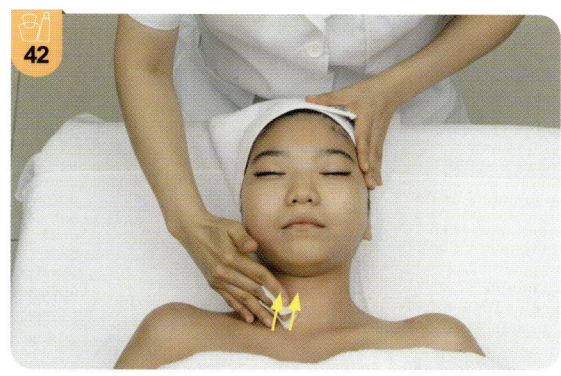

솜에 토너를 묻혀 데콜테 부위를 닦아준다.

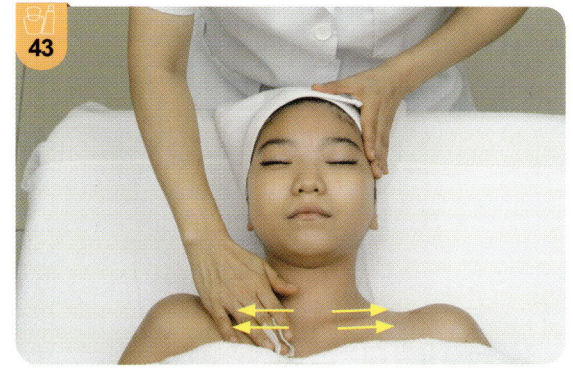

2. 스크럽

제품을 볼에 적당한 양을으로 덜어낸다.

얼굴 전체 면을 붓으로 도포한다.

적당량의 물을 손에 묻힌다.

물을 묻혀 양손으로 턱선 부위를 러빙한다.

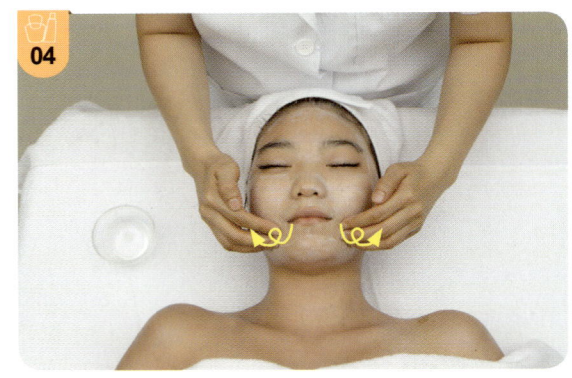

볼 부위를 러빙한다.

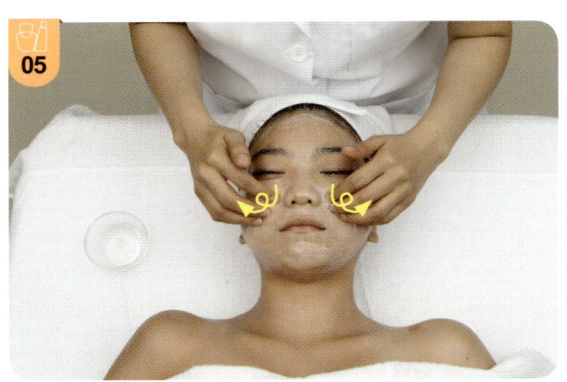

코 부위를 러빙한다.

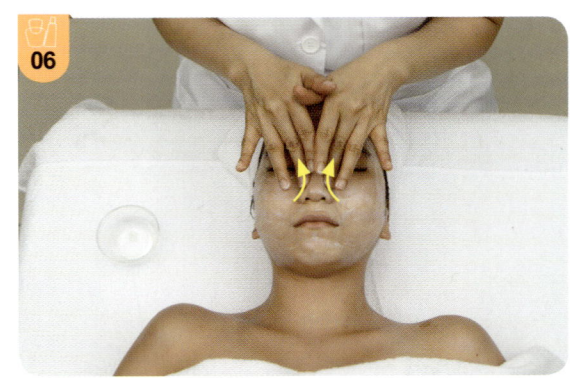

이마 부위를 러빙한다.

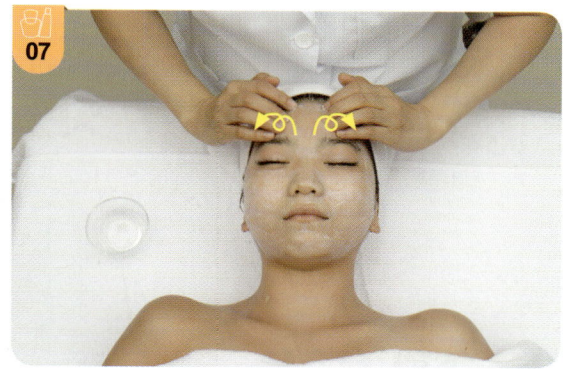

태양혈에서 마무리한다.

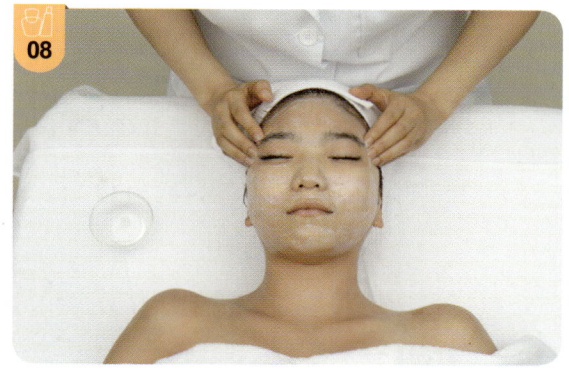

해면으로 태양혈 부위를 가볍게 눌러준다.

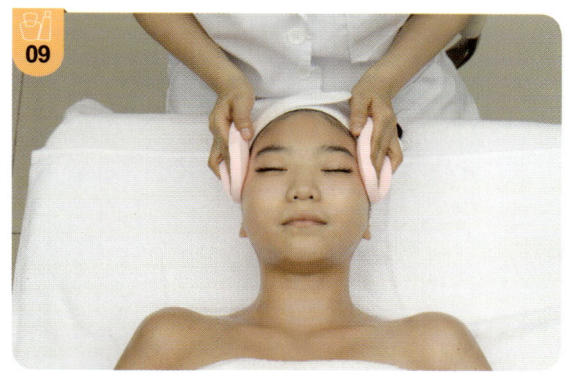

눈두덩 부위를 가볍게 눌러서 닦는다.

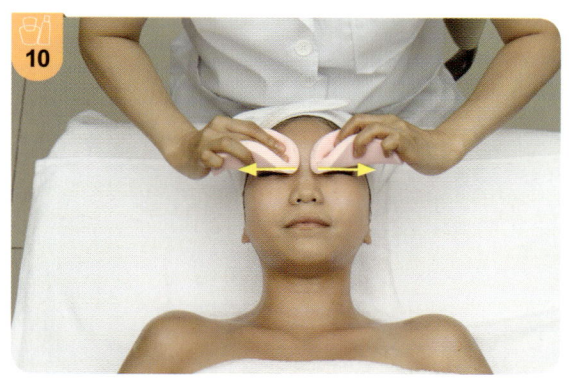

눈 아래면을 가볍게 눌러서 닦는다.

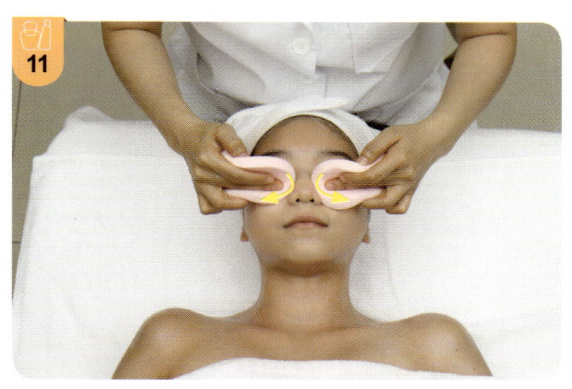

눈썹 부위을 가볍게 눌러서 닦는다.

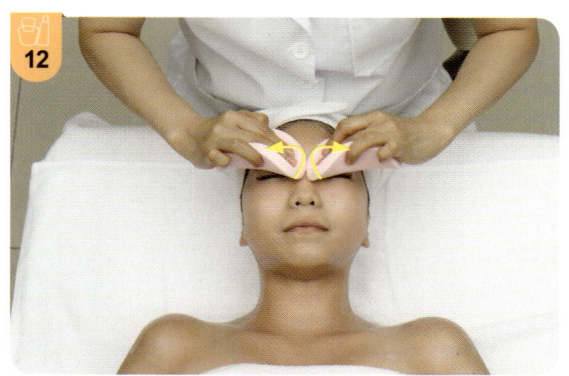

이마 부위를 가볍게 눌러서 닦는다.

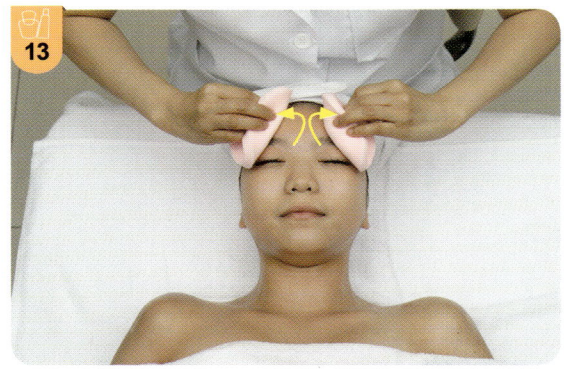

코 부위를 가볍게 닦으면서 쓸어내린다.

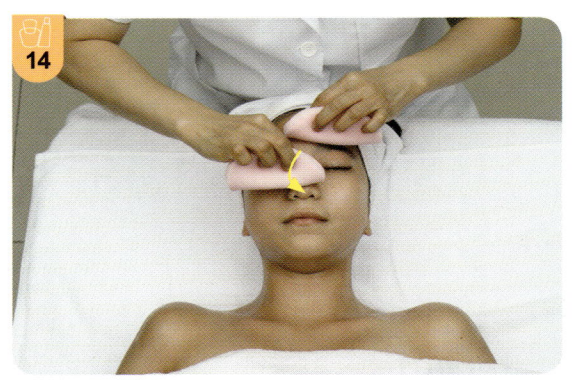

볼 부위를 가볍게 닦으면서 쓸어준다.

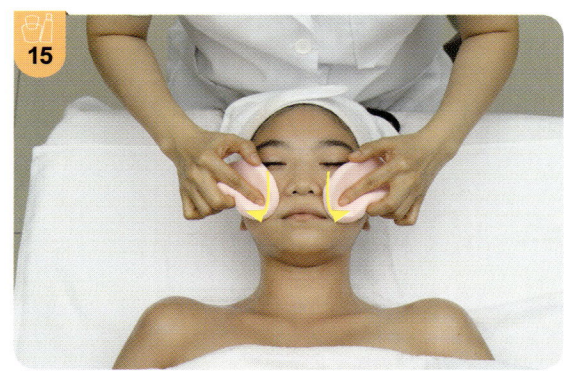

입술 부위를 가볍게 닦으면서 쓸어준다.

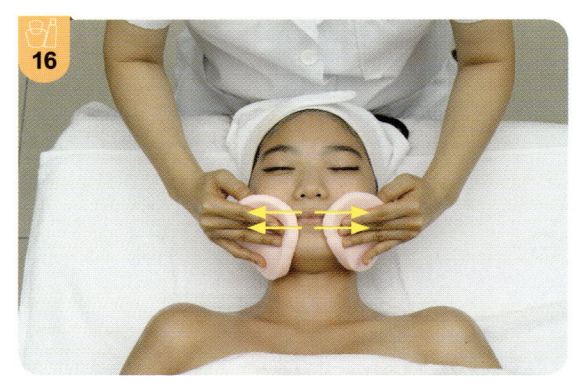

목 부위를 가볍게 닦으면서 쓸어준다.

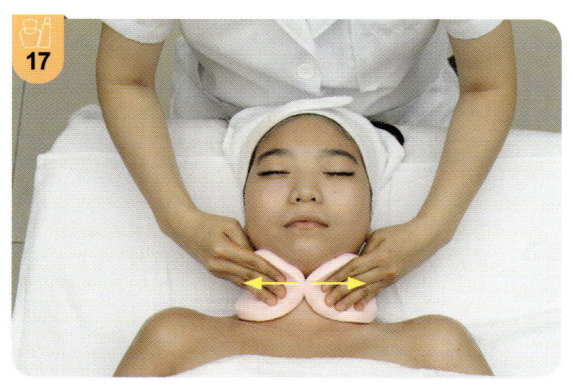

데콜테 부위를 가볍게 닦으면서 쓸어준다.

데콜테 부위를 정리한다.

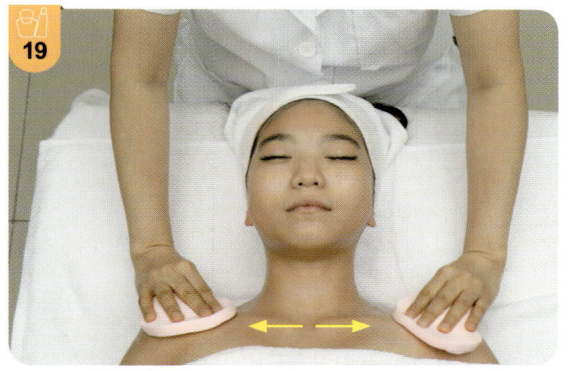

측면 부위를 정리한다.

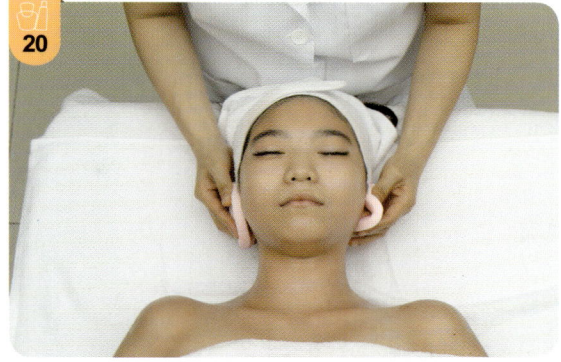

이마 부위를 정리한다.

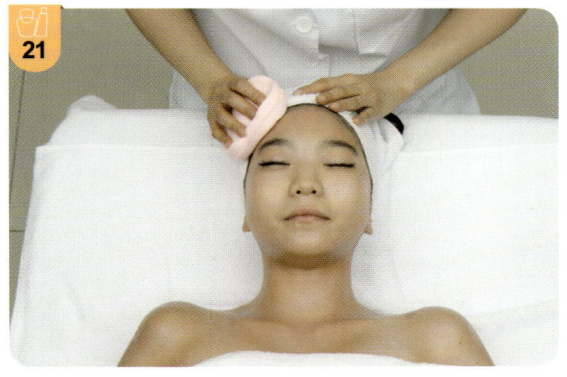

온습포를 사용한다.

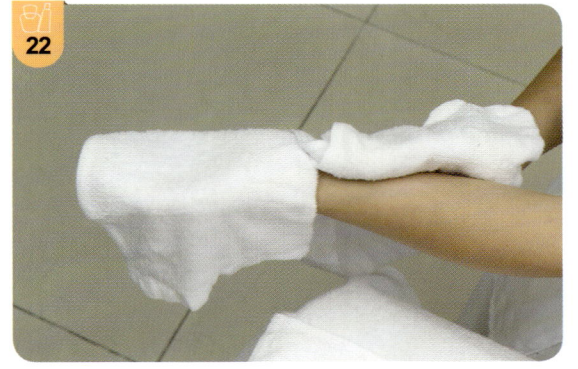

얼굴에 온습포를 올린다.

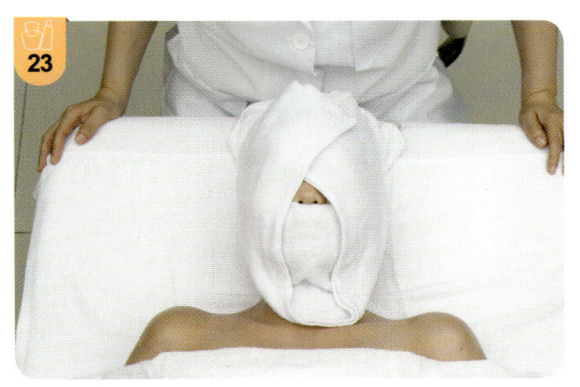

태양혈 부위를 눌러준다.

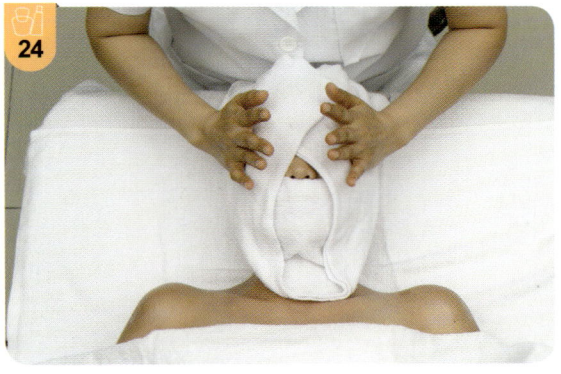

볼 부위를 눌러준다.

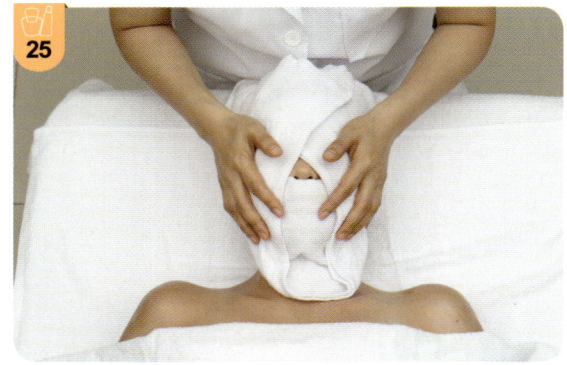

이마 부위 눌러준다.

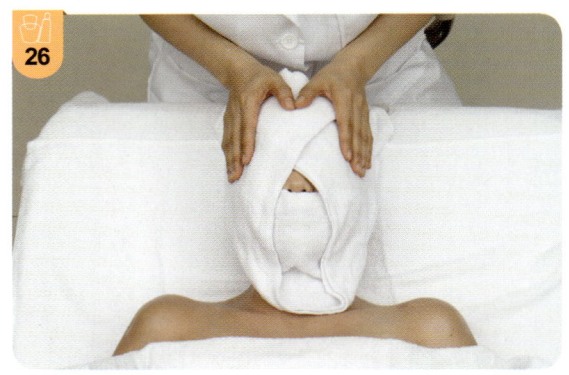

이마와 턱 부위 눌러준다.

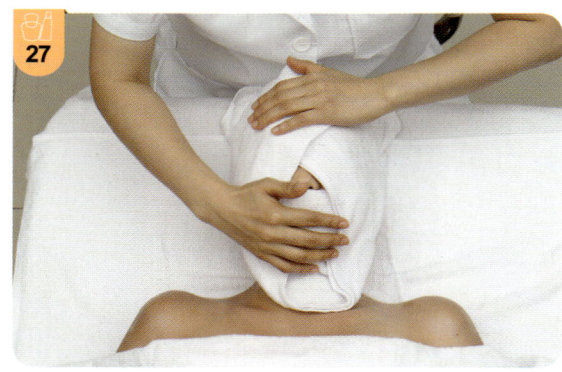

27번과 반대 부위 눌러준다.

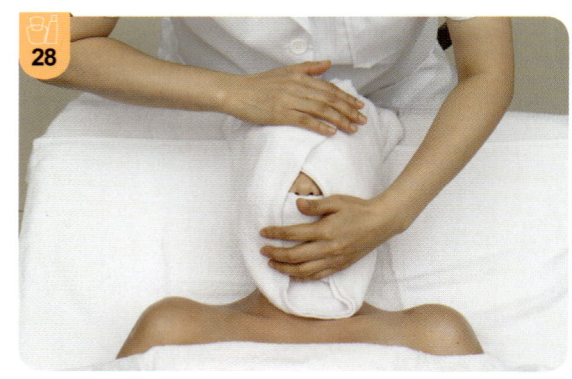

눈 부위를 닦아준다.

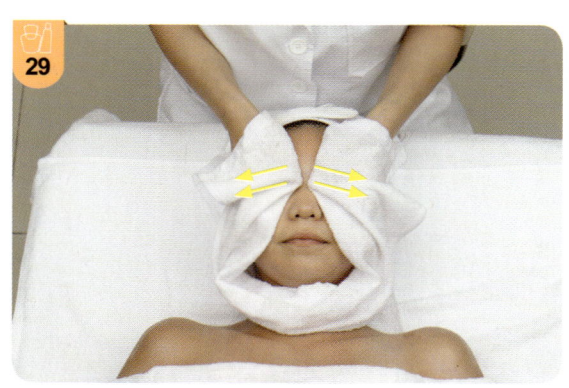

이마 부위를 닦아준다.

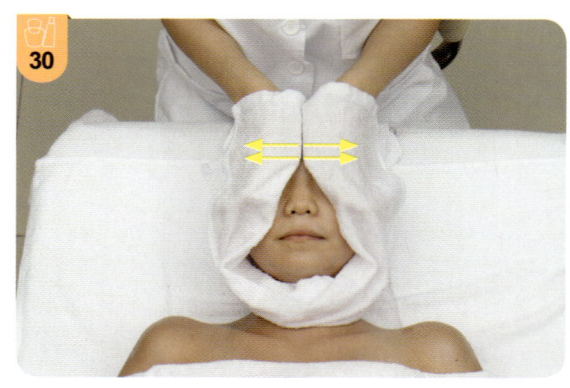

턱 부위를 닦아준다.

한쪽 면 전체를 닦아준다.

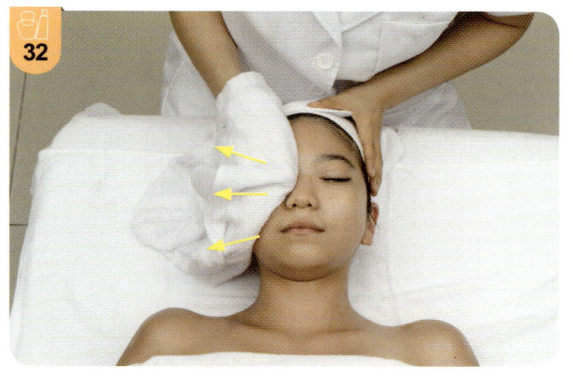

다른 쪽 면 전체를 닦아준다.

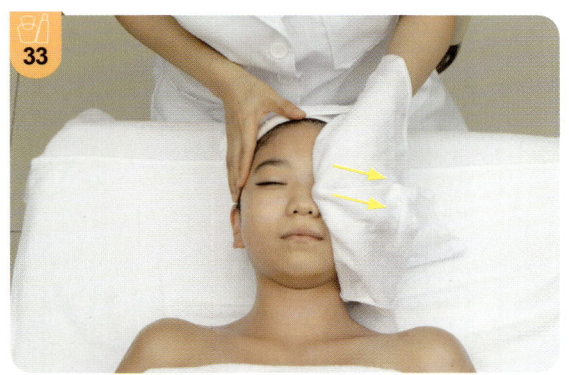

목 부위 및 데콜테 부위를 닦아준다.

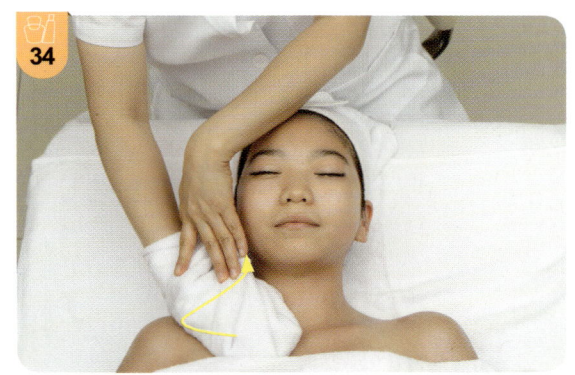

머리 전체면을 닦아준다.

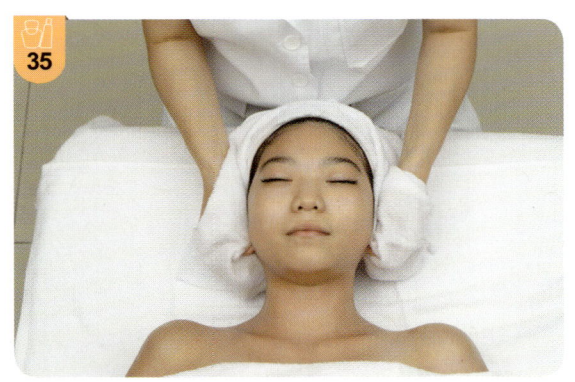

면 패드에 토너를 도포한다.

솜에 토너를 묻혀 눈 부위 3단계로 닦아준다.

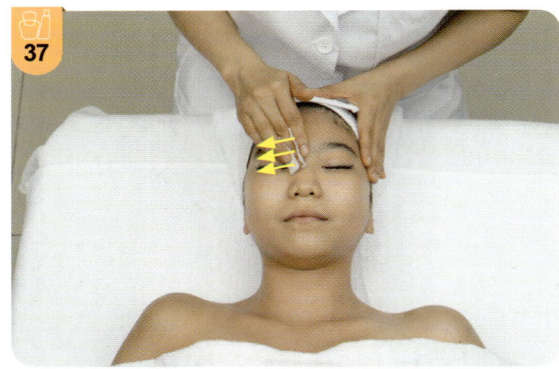

솜에 토너를 묻혀 볼 부위 닦아준다.

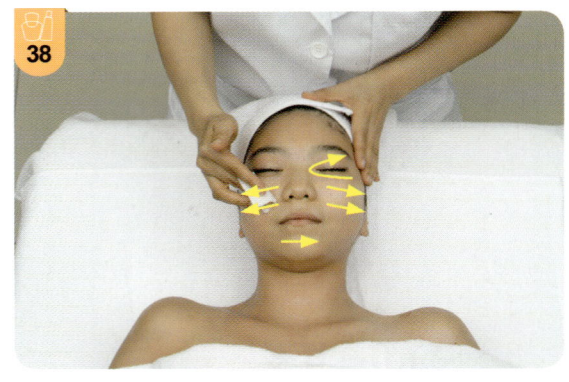

솜에 토너를 묻혀 이마 부위 닦아준다.

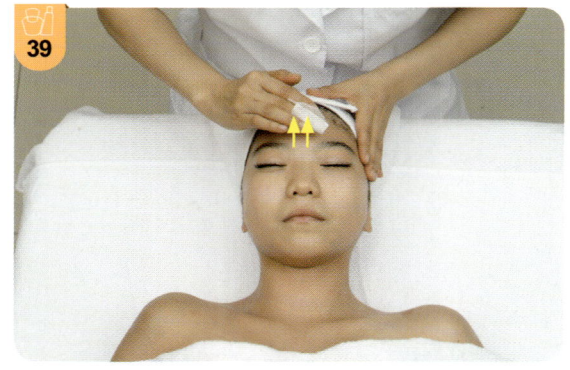

솜에 토너를 묻혀 목 부위 닦아준다.

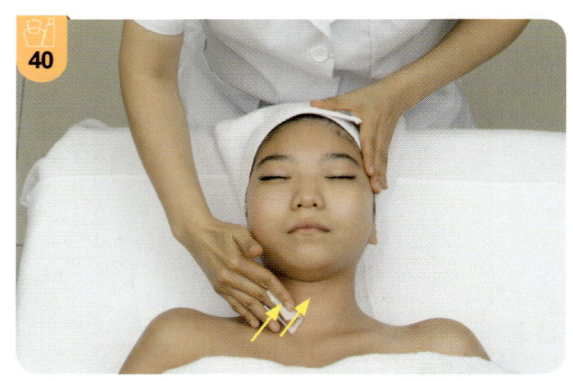

솜에 토너를 묻혀 데콜테 부위 닦아준다.

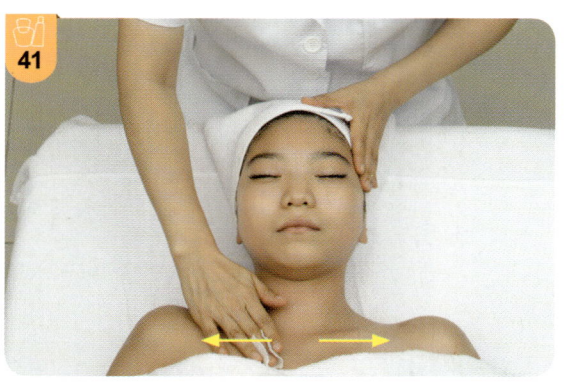

3. 아하

볼에 제품을 덜어낸다.

제품을 붓에 묻힌다.

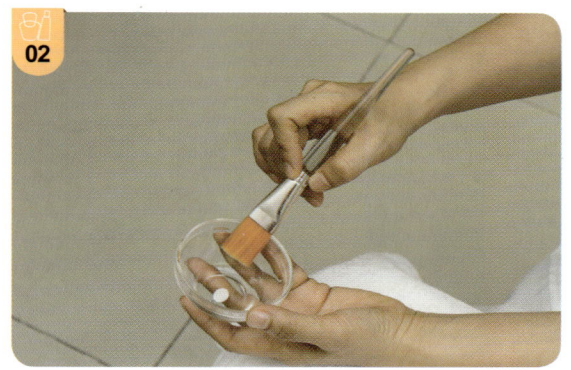

이마 부위에 제품을 바른다.

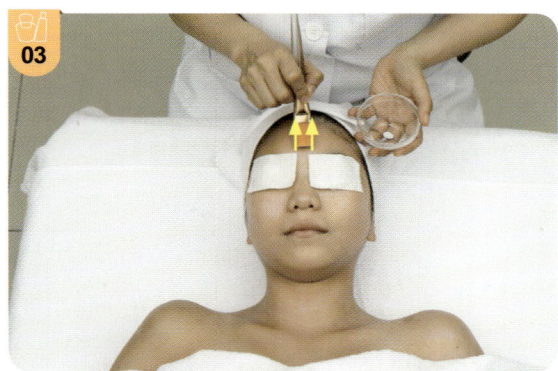

턱 부위에 제품을 바른다.

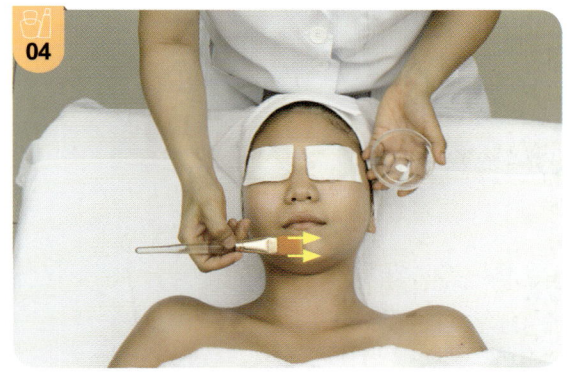

볼 부위에 제품을 바른다.

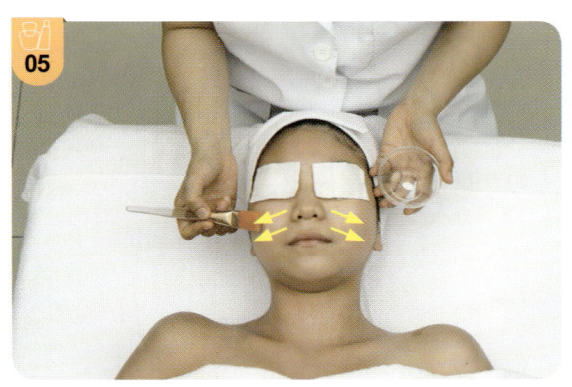

코 부위에 제품을 바른다.

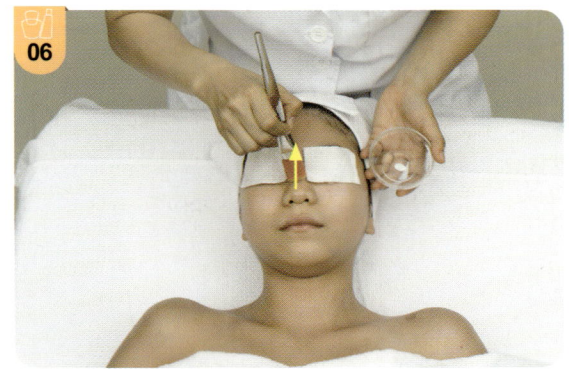

해면으로 태양혈 부위를 가볍게 눌러준다.

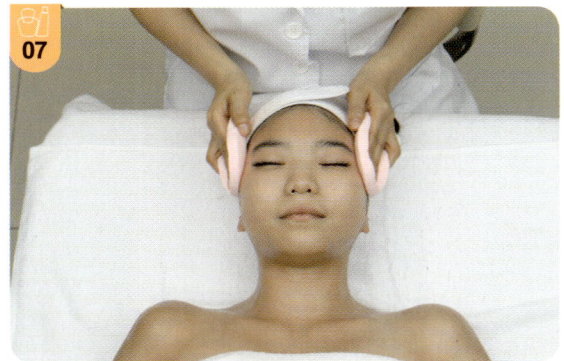

눈두덩 부위를 가볍게 눌러서 닦아준다.

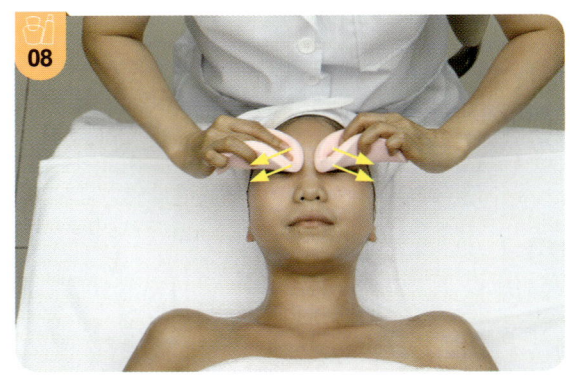

눈 아래 면을 가볍게 눌러서 닦아준다.

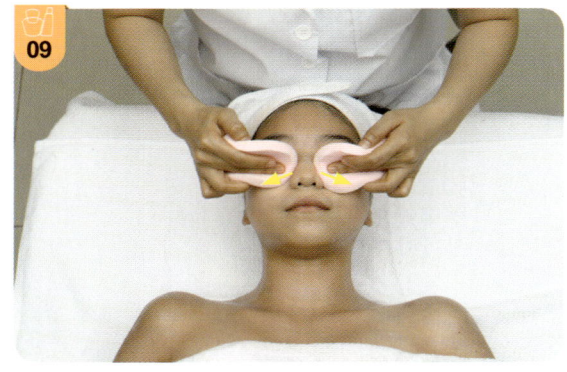

눈썹 부위를 가볍게 눌러서 닦아준다.

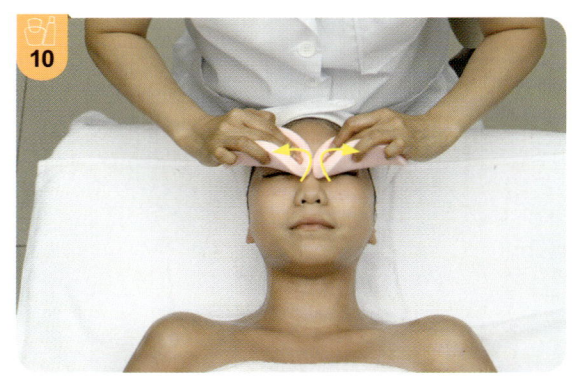

이마 부위를 가볍게 눌러서 닦아준다.

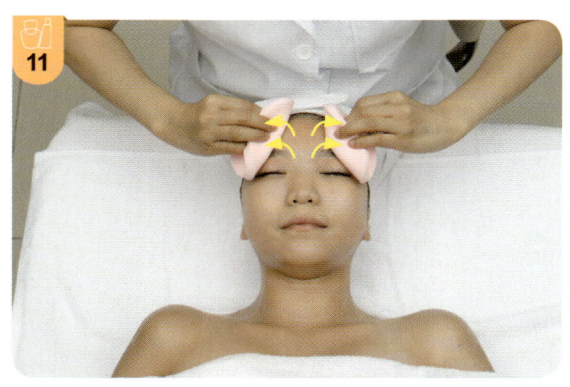

코 부위를 가볍게 닦으면서 쓸어내린다.

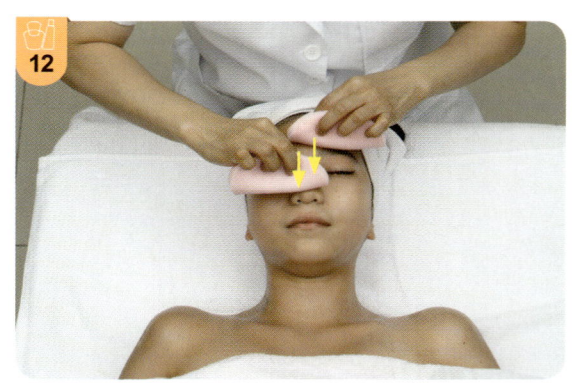

볼 부위를 가볍게 닦으면서 쓸어준다.

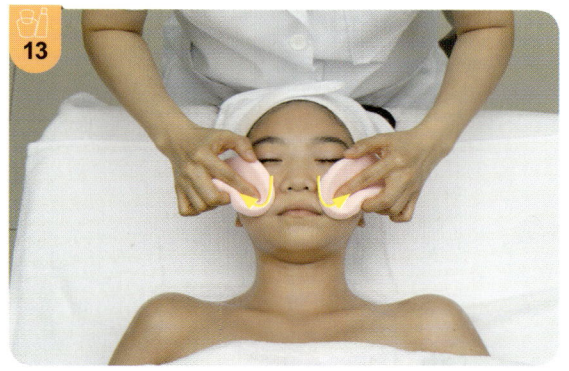

입술 부위를 가볍게 닦으면서 쓸어준다.

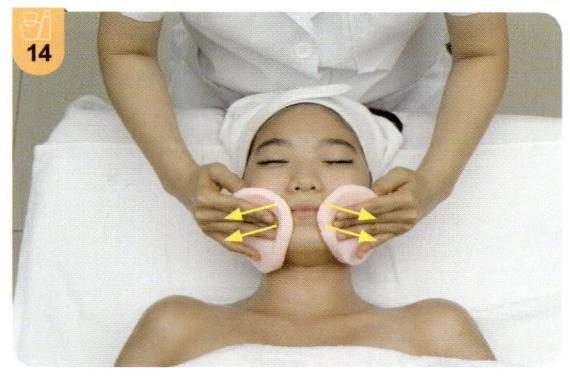

목 부위를 가볍게 닦으면서 쓸어준다.

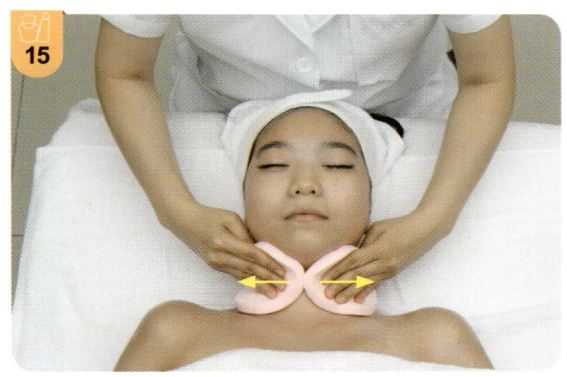

데콜테 부위를 가볍게 닦으면서 쓸어준다.

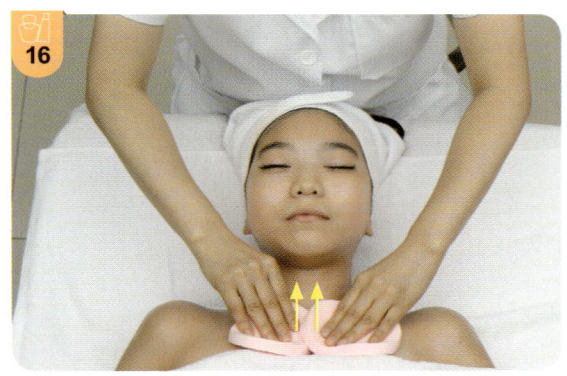

데콜테 부위를 정리한다.

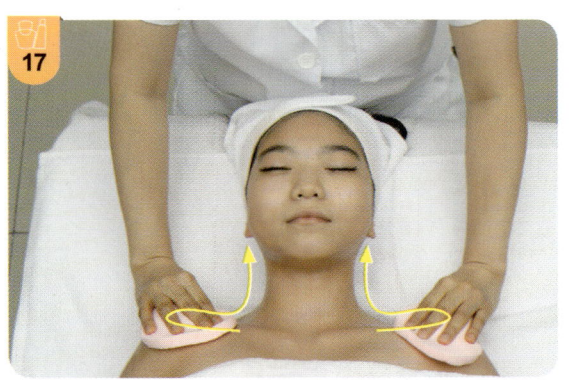

측면 부위를 정리한다.

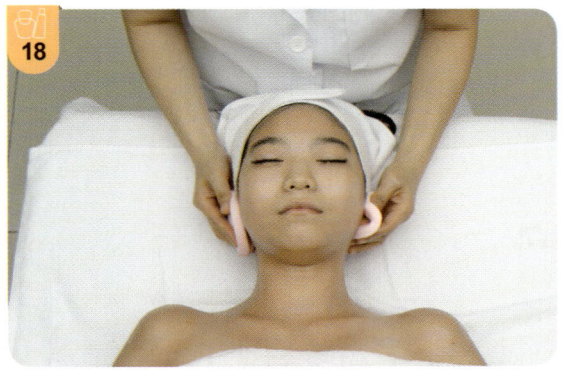

이마 부위를 정리한다.

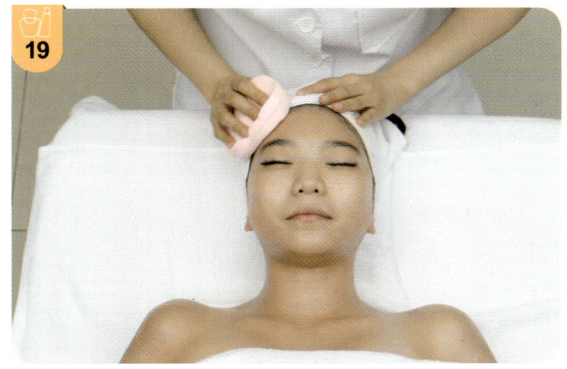

냉습포를 손으로 온도를 확인한다.

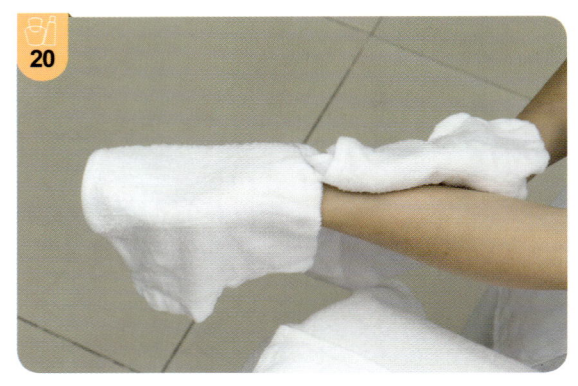

냉습포를 얼굴에 올린다.

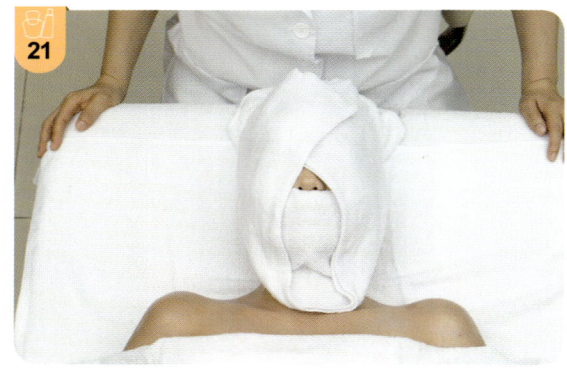

태양혈 부위를 눌러준다.

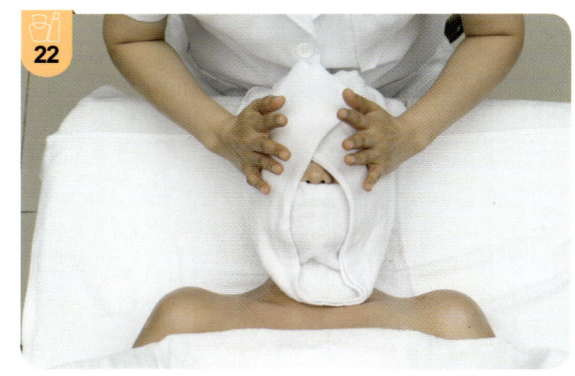

볼 부위를 눌러준다.

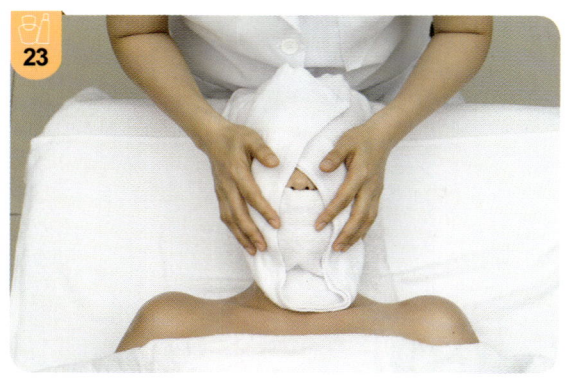

이마 부위를 눌러준다.

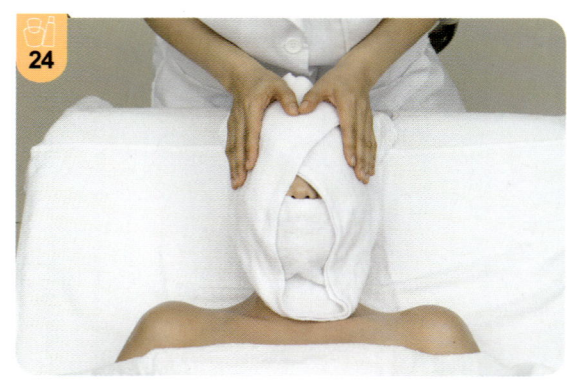

이마와 턱 부위를 눌러준다.

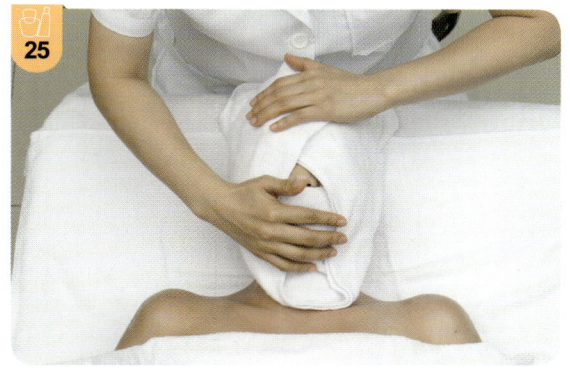

25번과 반대 부위를 눌러준다.

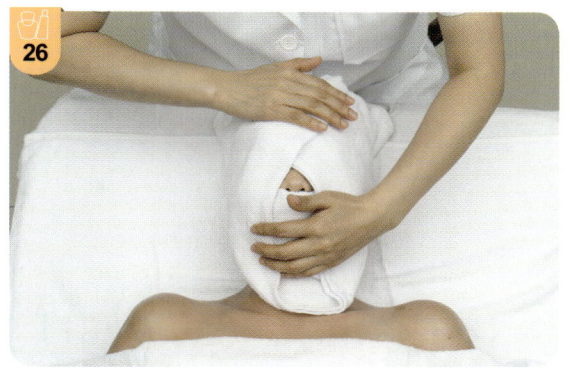

습포를 사용하여 눈 부위를 닦아준다.

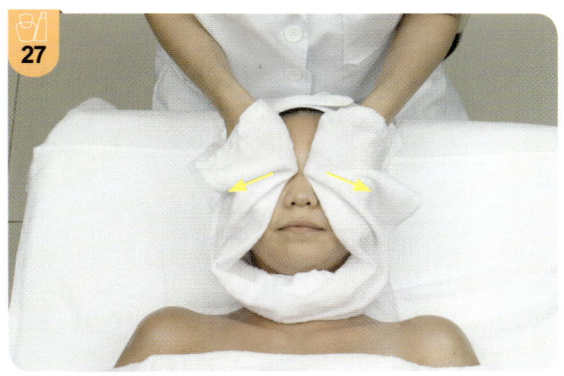

습포를 사용하여 이마 부위를 닦아준다.

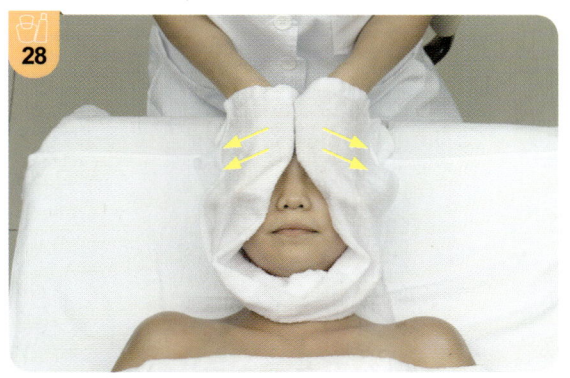

습포를 사용하여 턱 부위를 닦아준다.

습포를 사용하여 한쪽 면 전체를 닦아준다.

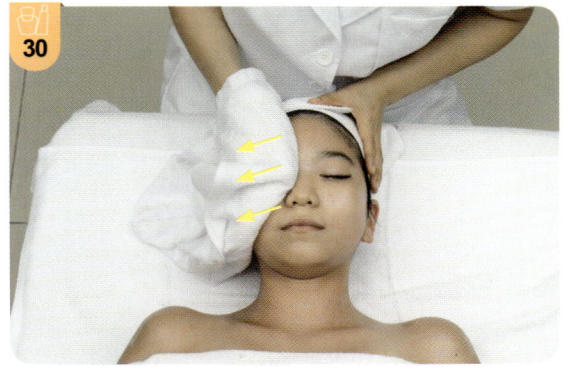

습포를 사용하여 다른 쪽 면 전체를 닦아준다.

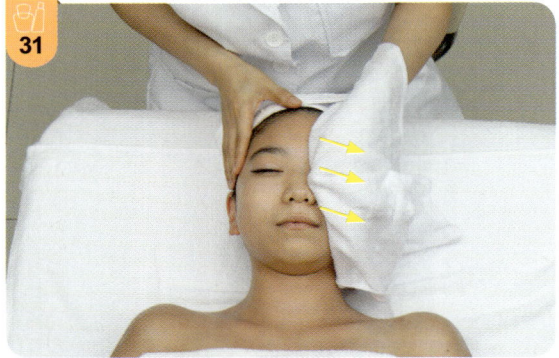

습포를 사용하여 목 부위 및 데콜테 부위를 닦아준다.

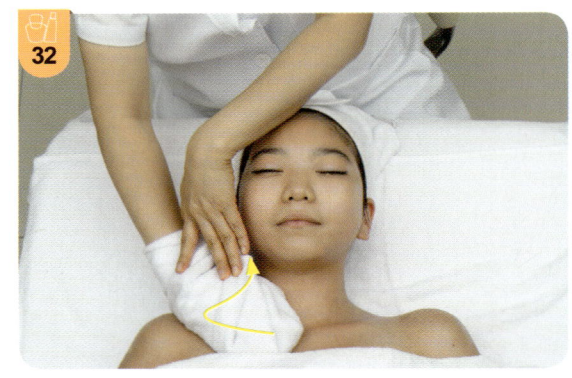

습포를 사용하여 머리 전체 면을 닦아준다.

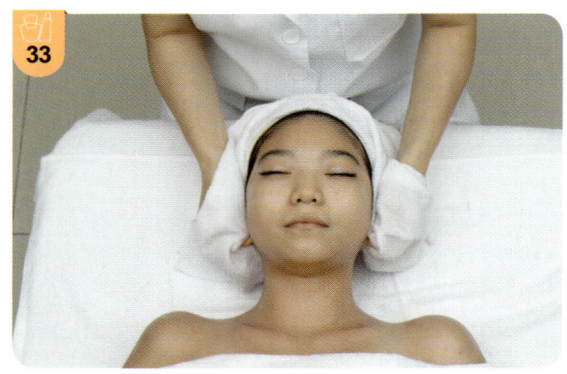

솜 패드에 토너를 도포한다.

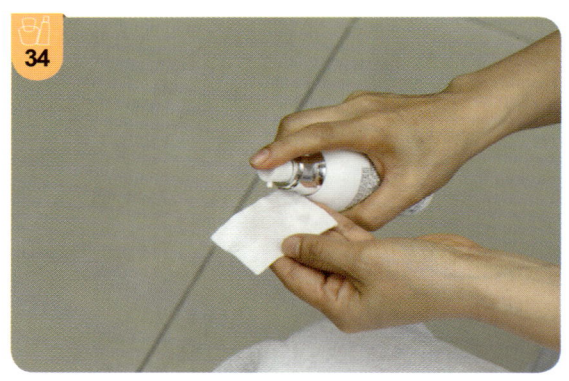

솜에 토너를 묻혀 눈 부위를 3단계로 닦아준다.

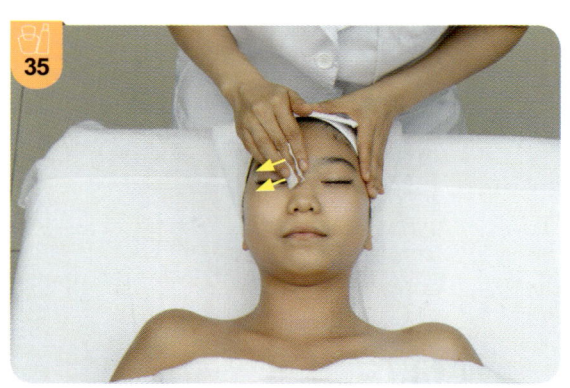

솜에 토너를 묻혀 볼 부위를 닦아준다.

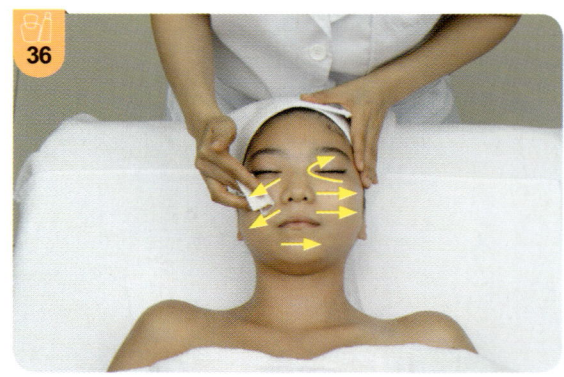

솜에 토너를 묻혀 이마 부위를 닦아준다.

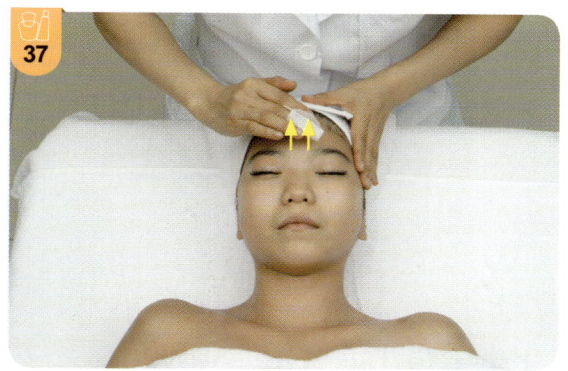

솜에 토너를 묻혀 목 부위를 닦아준다.

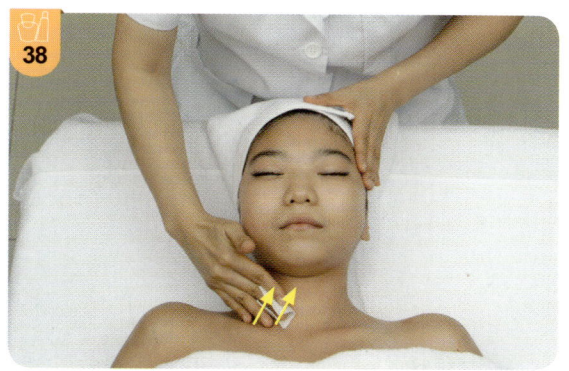

솜에 토너를 묻혀 데콜테 부위를 닦아준다.

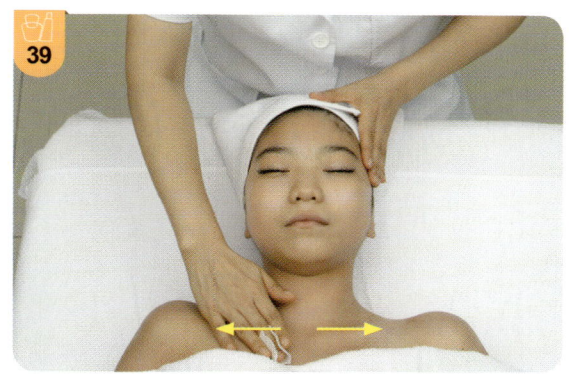

4. 효소

효소 분말을 볼에 적당량으로 덜어준다.

붓에 물을 적당히 묻혀 효소가 담긴 볼에 덜어낸다.

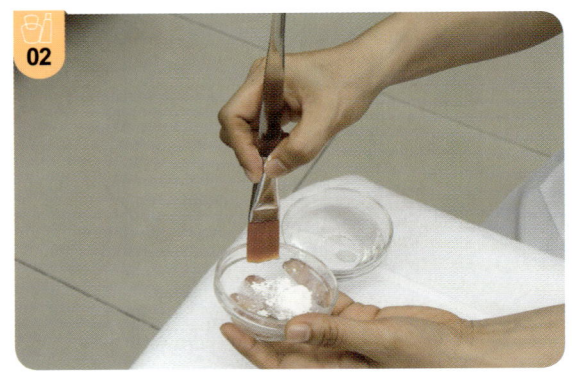

효소를 거품이 나도록 섞어준다.

얼굴 전체 면을 붓으로 도포한다.

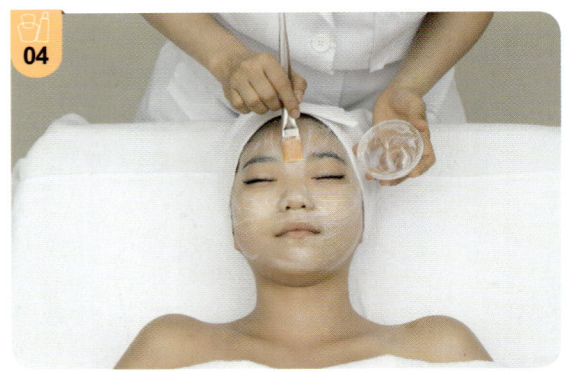

눈과 입술 면을 패드로 덮어주기

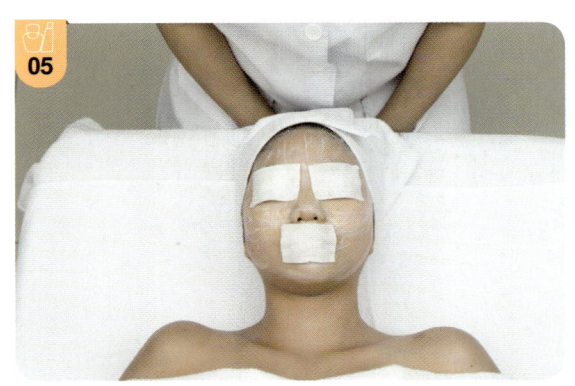

따뜻한 타올로 얼굴을 덮어준다.

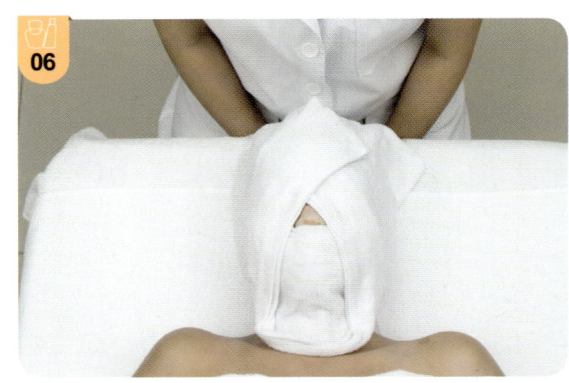

해면으로 태양혈 부위를 가볍게 눌러준다.

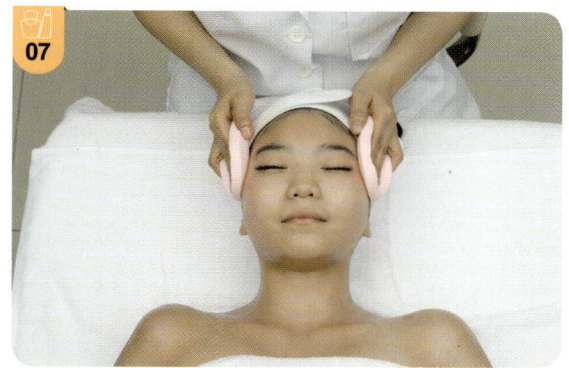

눈두덩 부위를 가볍게 눌러서 닦아준다.

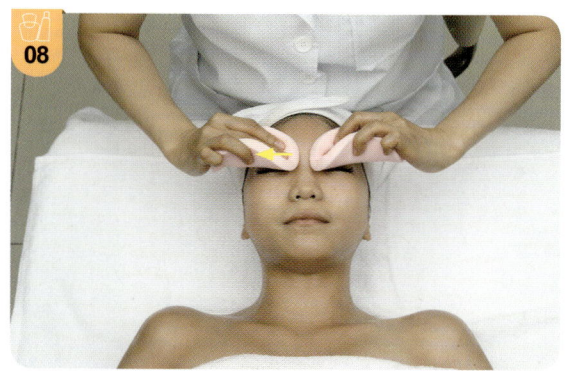

눈 아래 면을 가볍게 눌러서 닦아준다.

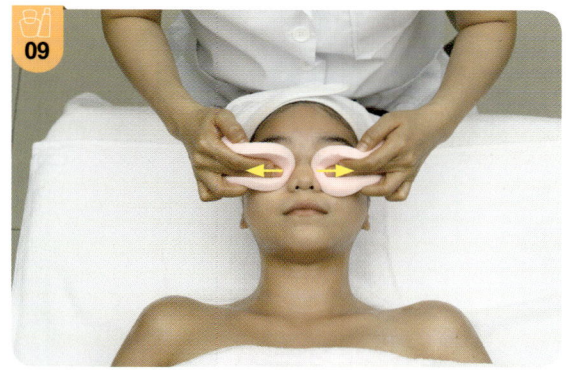

눈썹 부위을 가볍게 눌러서 닦아준다.

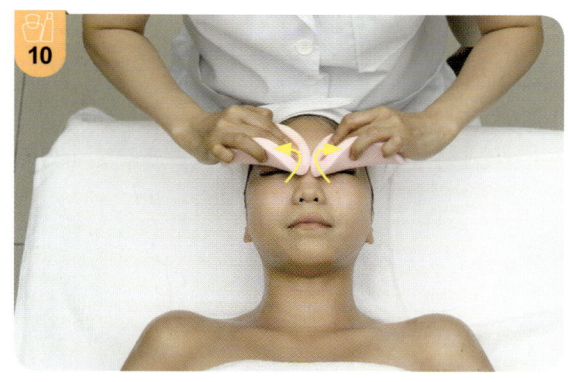

이마 부위를 가볍게 눌러서 닦아준다.

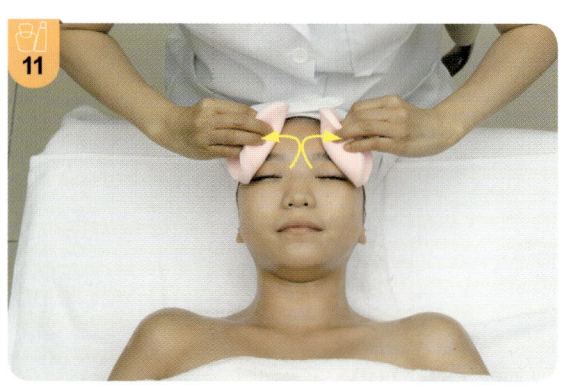

코 부위를 가볍게 닦으면서 쓸어내린다.

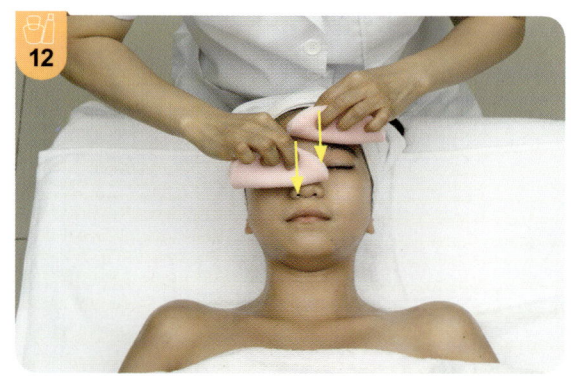

볼 부위를 가볍게 닦으면서 쓸어준다.

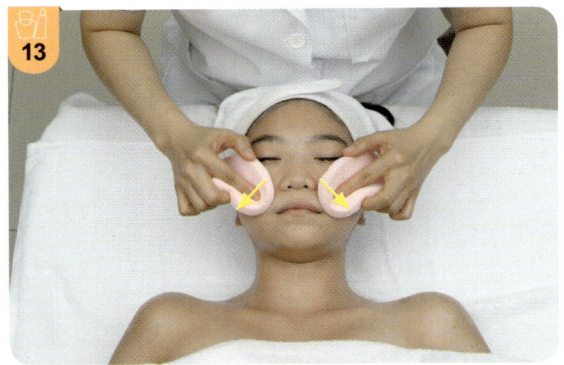

입술 부위를 가볍게 닦으면서 쓸어준다.

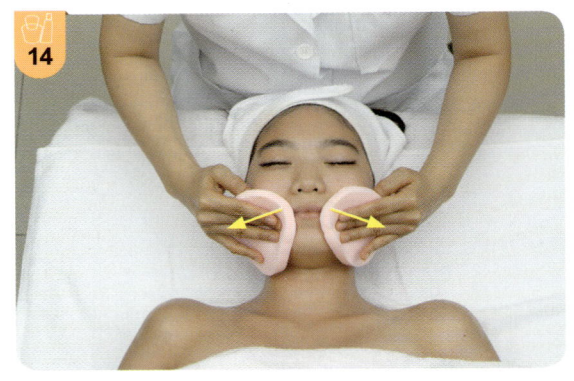

목 부위를 가볍게 닦으면서 쓸어준다.

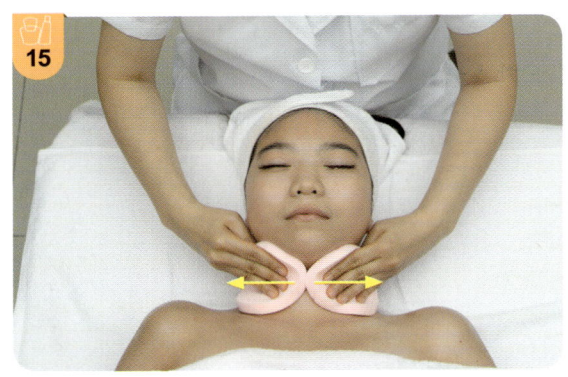

데콜테 부위를 가볍게 닦으면서 쓸어준다.

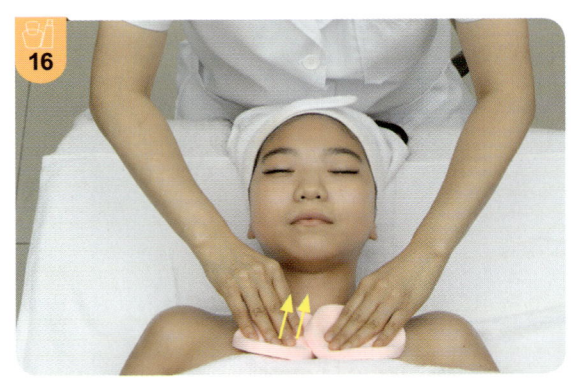

데콜테 부위를 정리한다.

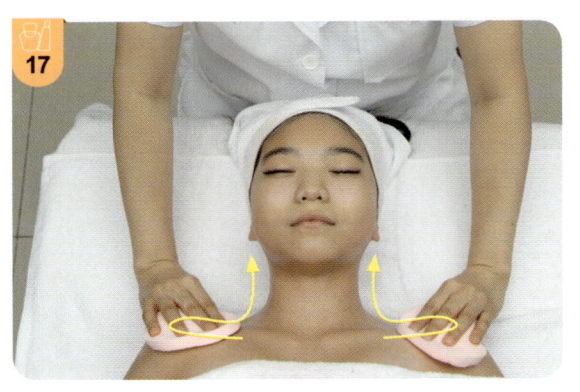

측면 부위를 정리한다.

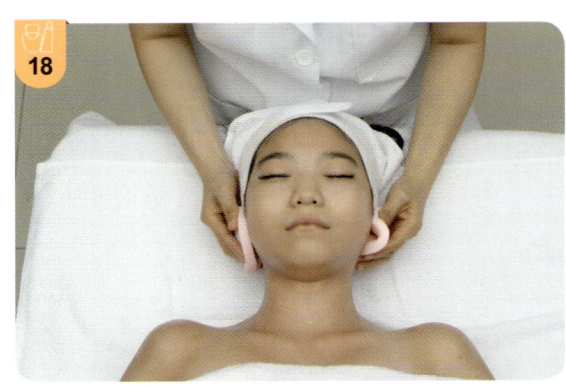

이마 부위를 정리한다.

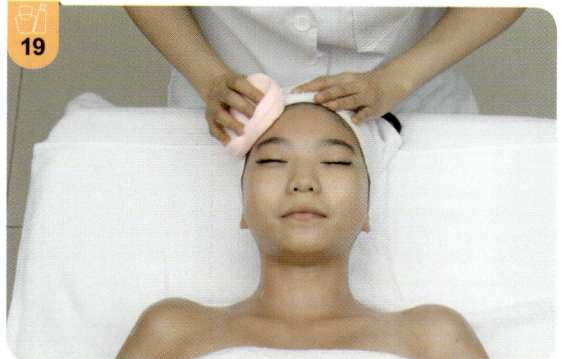

온습포를 사용한다.

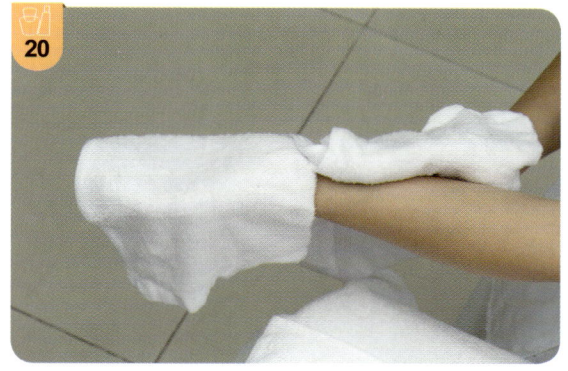

온습포를 올려준다.

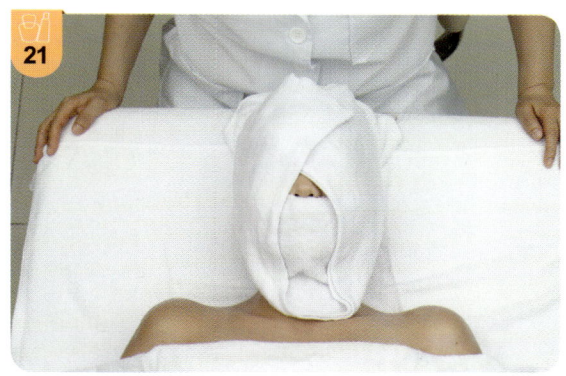

태양혈 부위를 눌러준다.

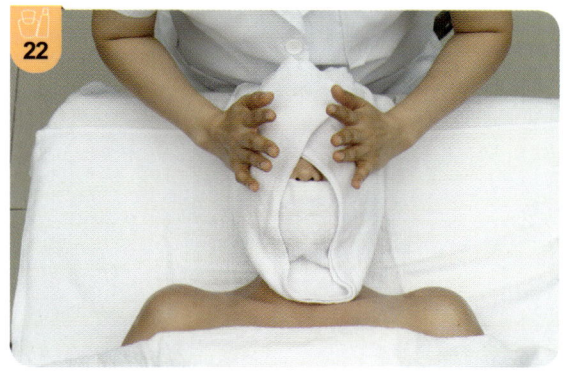

볼 부위를 눌러준다.

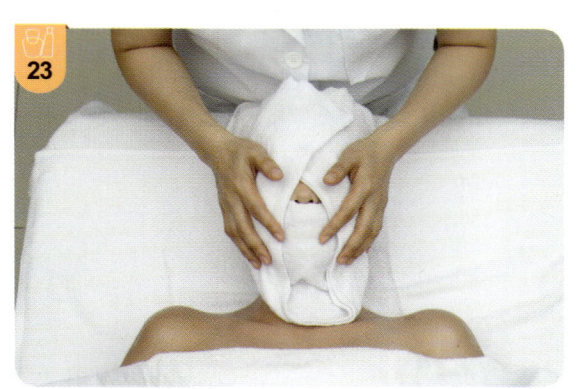

이마 부위를 눌러준다.

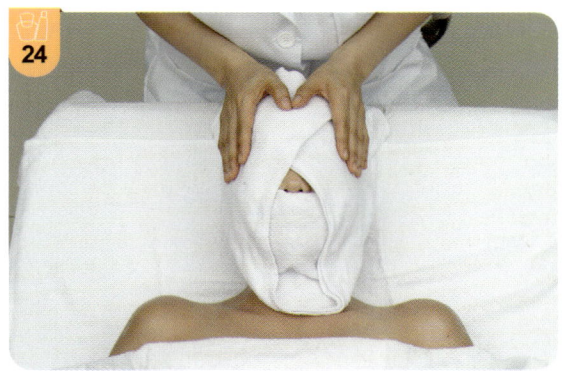

이마와 턱 부위를 눌러준다.

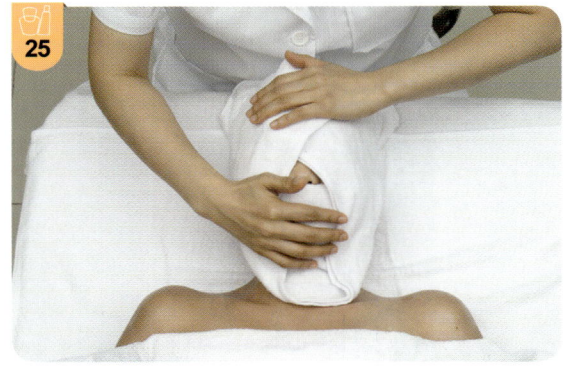

25번과 반대 부위를 눌러준다.

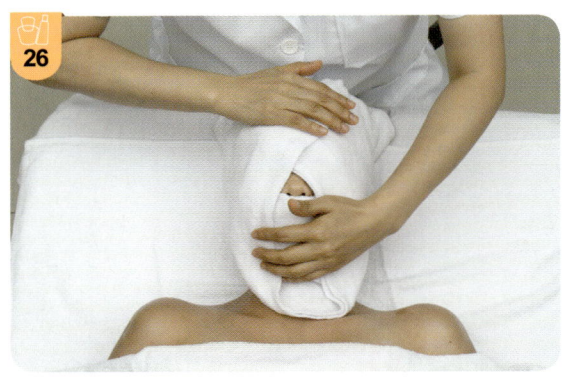

습포를 사용하여 눈 부위를 닦아준다.

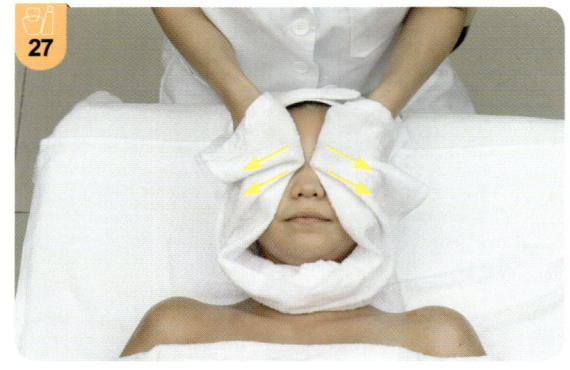

습포를 사용하여 이마 부위를 닦아준다.

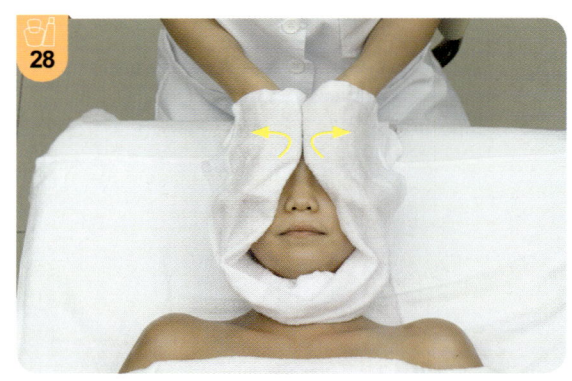

습포를 사용하여 턱 부위를 닦아준다.

습포를 사용하여 한쪽 면 전체를 닦아준다.

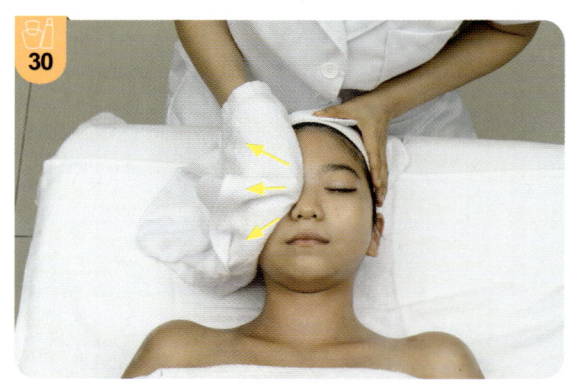

습포를 사용하여 다른 쪽 면 전체를 닦아준다.

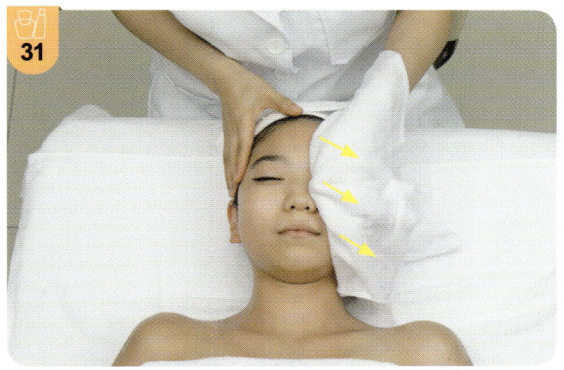

습포를 사용하여 목 부위 및 데콜테 부위를 닦아준다.

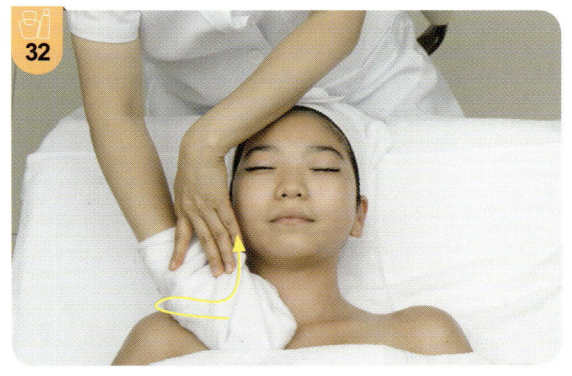

습포를 사용하여 머리 전체 면을 닦아준다.

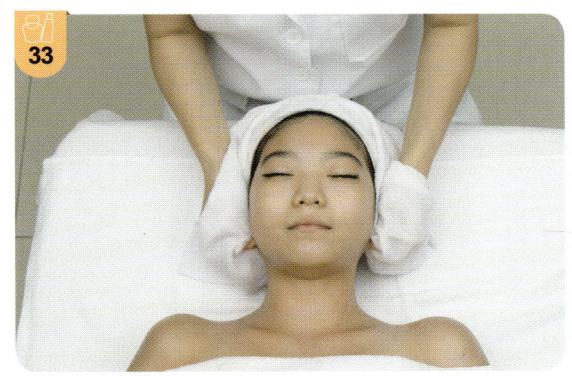

솜 패드에 토너를 도포한다.

솜에 토너를 묻혀 눈 부위를 3단계로 닦아준다.

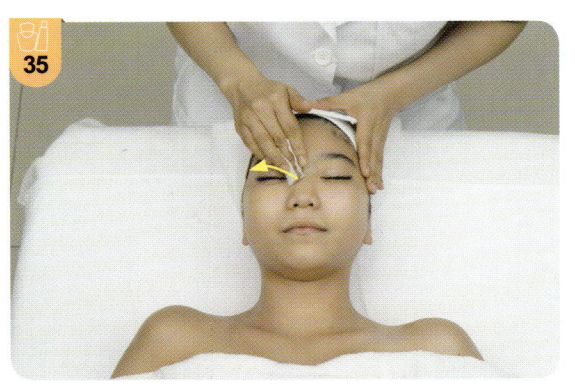

솜에 토너를 묻혀 볼 부위를 닦아준다.

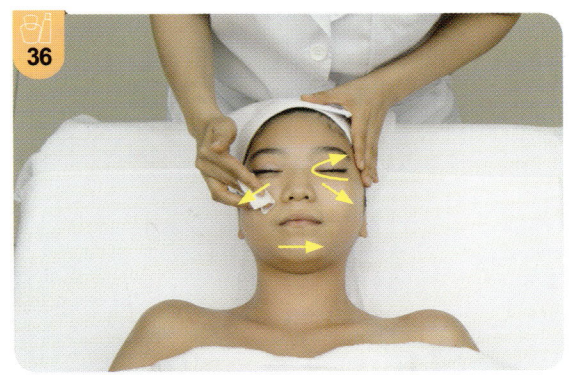

솜에 토너를 묻혀 이마 부위를 닦아준다.

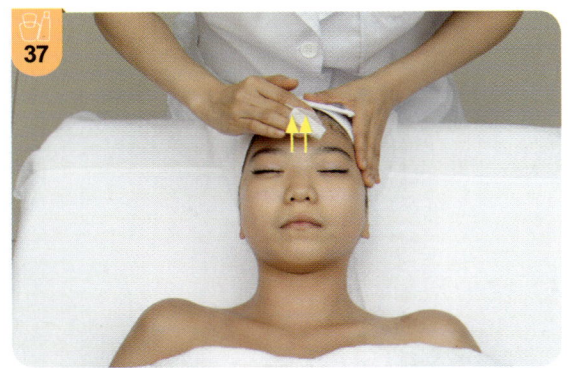

솜에 토너를 묻혀 목 부위를 닦아준다.

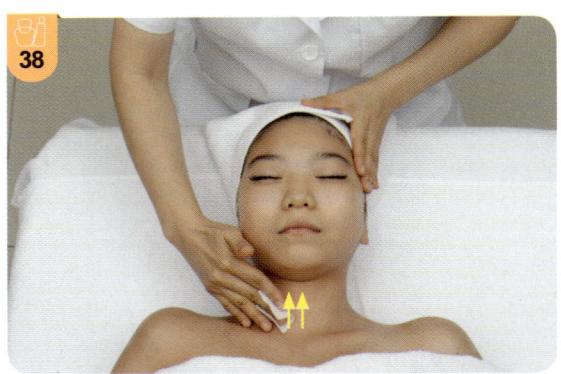

솜에 토너를 묻혀 데콜테 부위를 닦아준다.

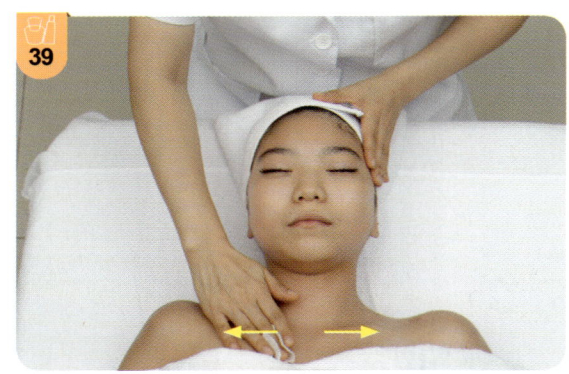

05 손을 이용한 관리 (매뉴얼 테크닉)

손을 소독한다.

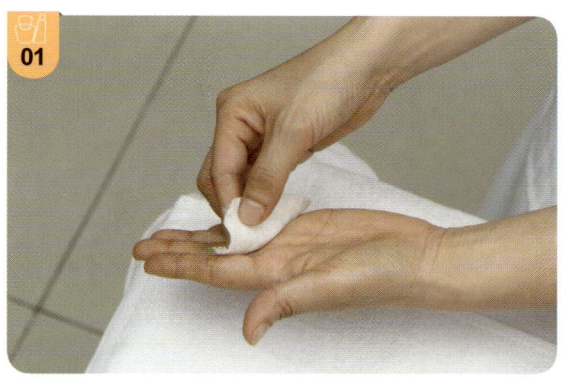

제품을 볼에 덜어낸다.

얼굴 부위에 제품을 도포한다.

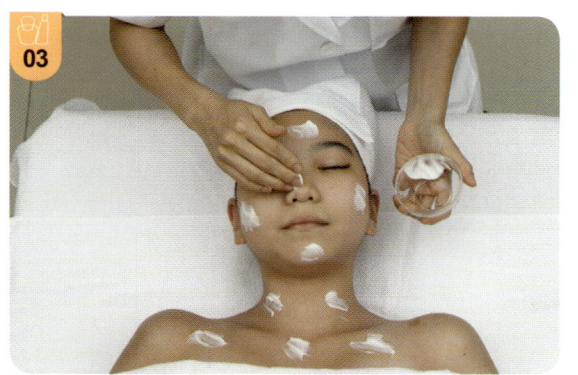

데콜테 부위를 펴 바른다.

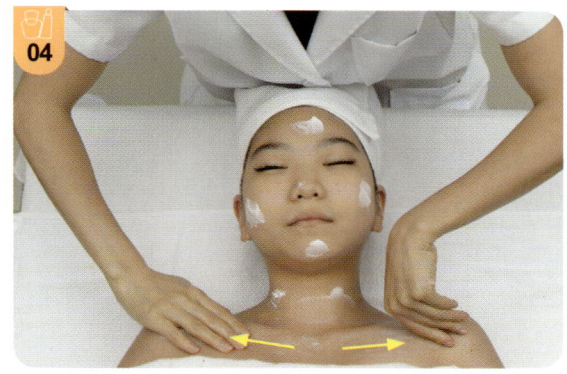

턱선 부위를 펴 바른다.

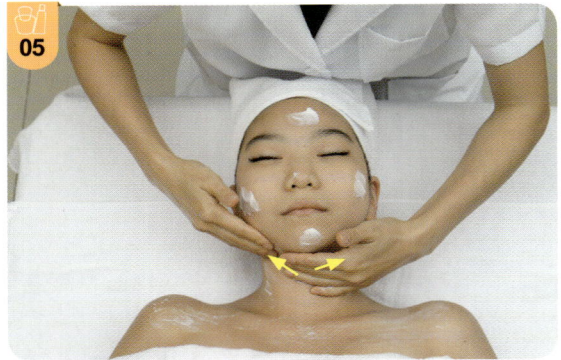

볼 부위를 펴 바른다.

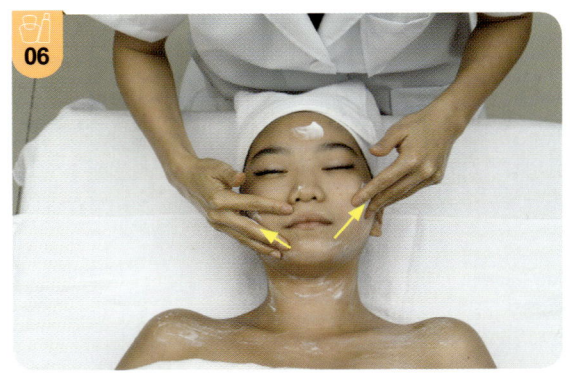

코 부위를 펴 바른다.

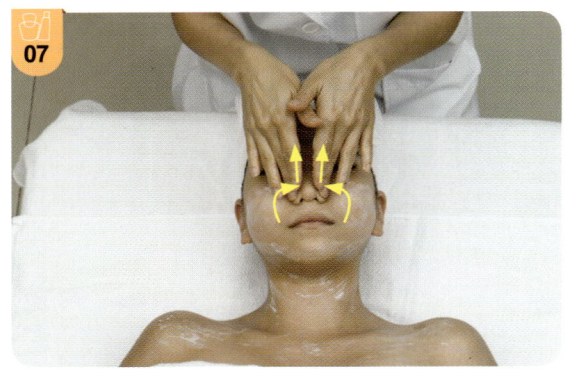

이마 부위를 펴 바른다.

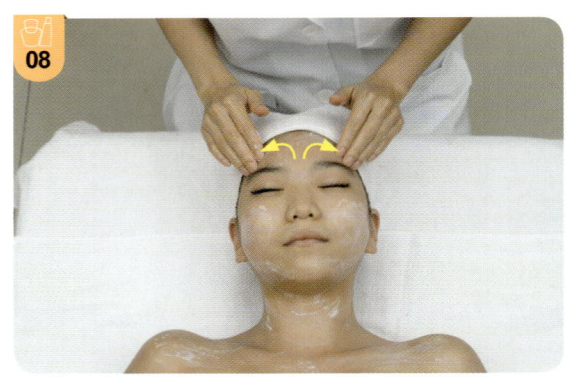

데콜테 부위를 직선으로 쓸어준다.

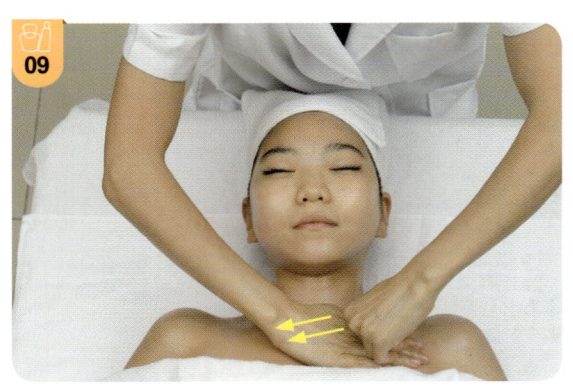

데콜테 부분을 둥글게 쓸어준다.

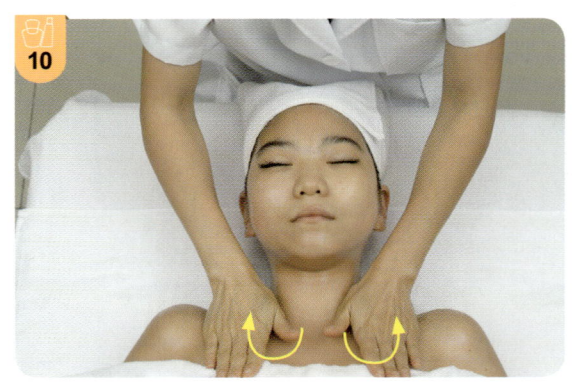

데콜테 부분을 바이브레이션으로 한다.

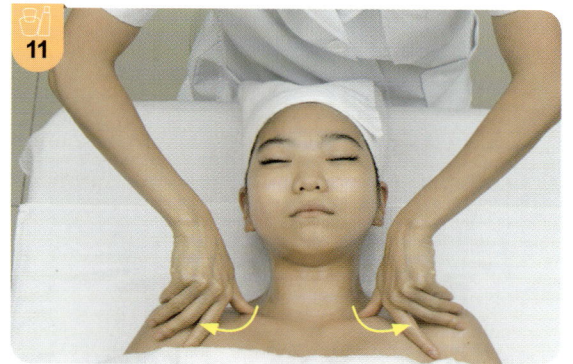

목 위로 쓸어 올린다.

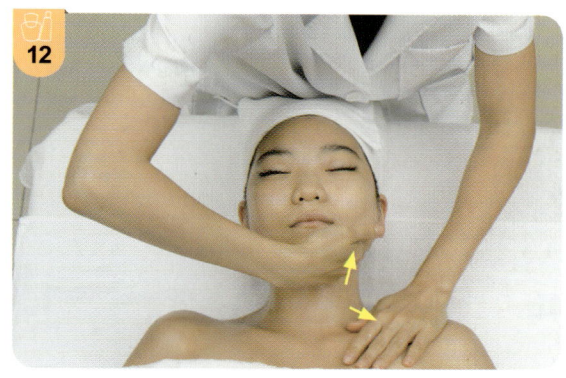

턱 라인을 엄지로 교차하며 굴려준다.

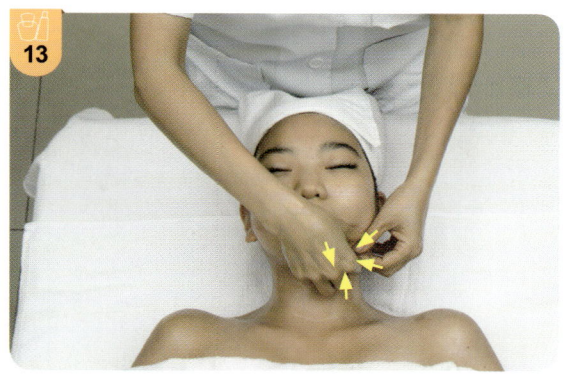

턱 라인을 쓸어준다.

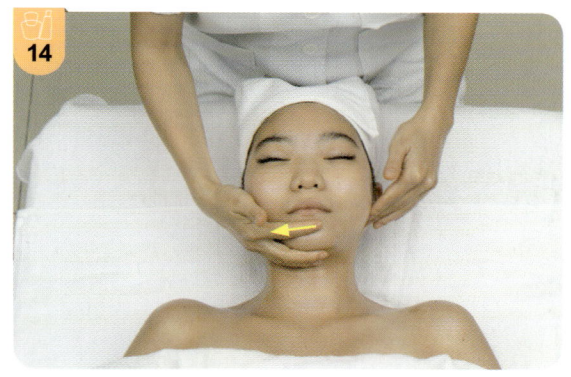

반대편 턱 라인을 쓸어준다.

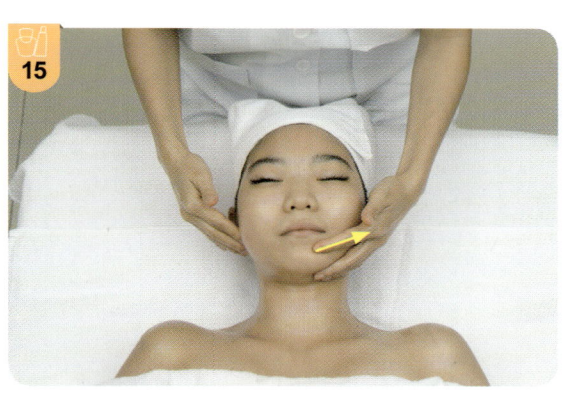

입술 옆을 쓸어 올린다.

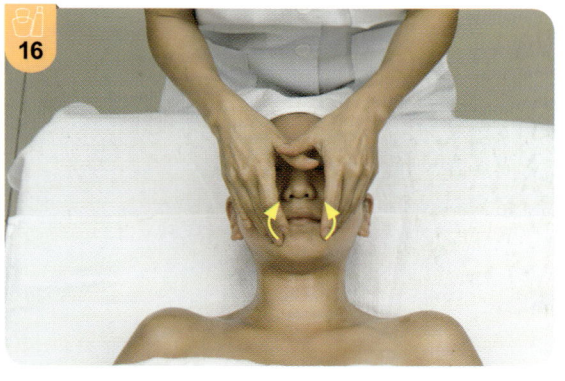

구륜근 원 그리듯이 쓸어준다.

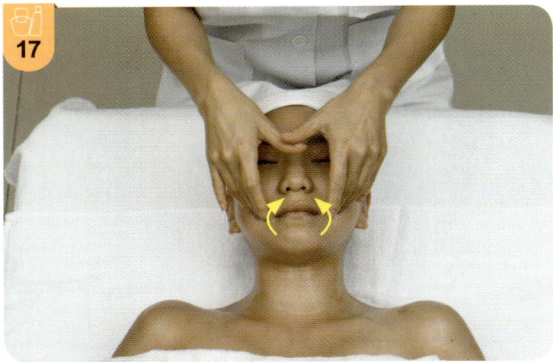

입 주위를 엄지로 지그재그로 해준다.

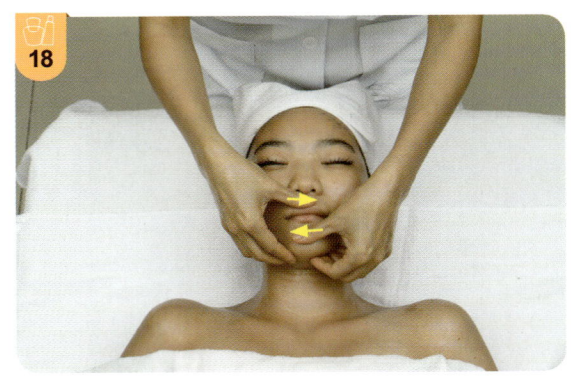

입 주변을 8자로 그려준다.

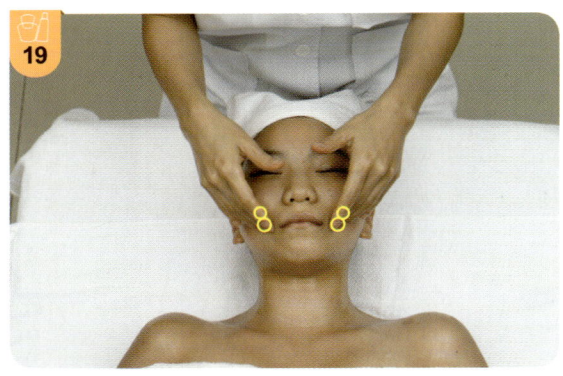

볼 부위를 그리듯이 쓸어준다.

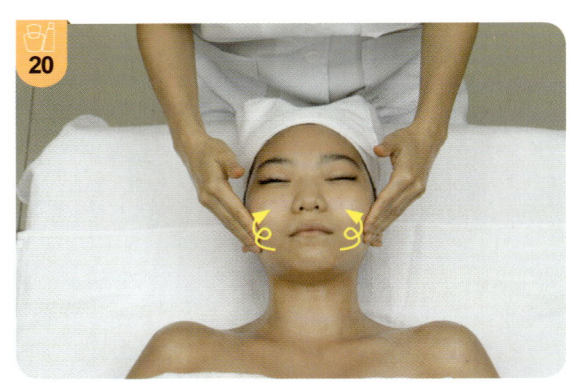

태양혈에서 가볍게 눌러준다.

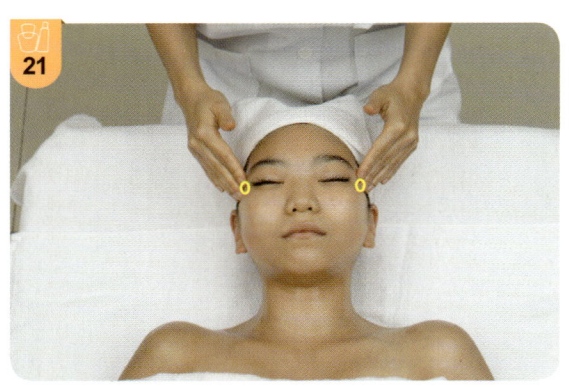

콧망울을 돌려준다.

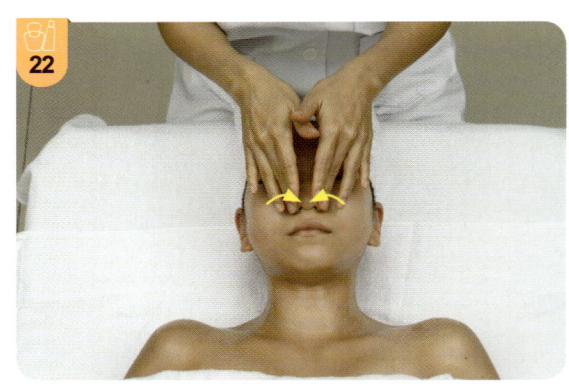

코 벽을 원 그리듯이 위로 쓸어 올려준다.

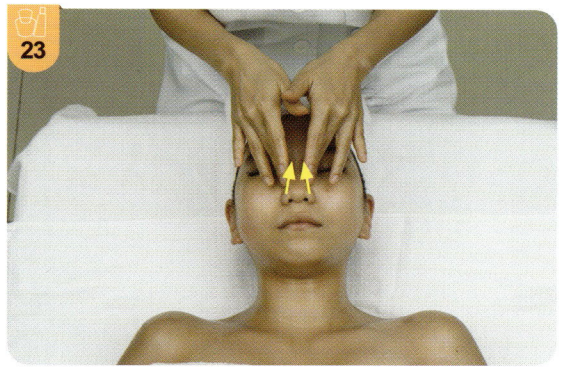

눈 주변을 원 그리듯이 쓸어 올려준다.

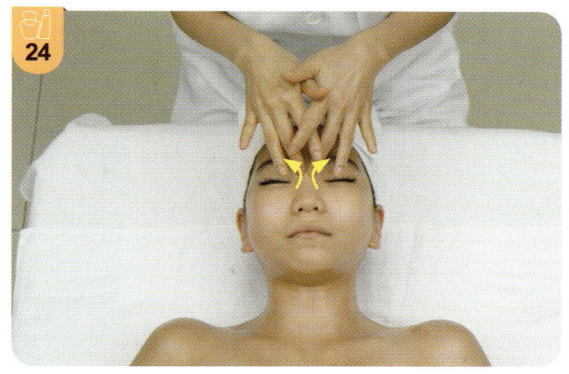

눈밑 부위 양손으로 원을 그리듯이 쓸어준다.

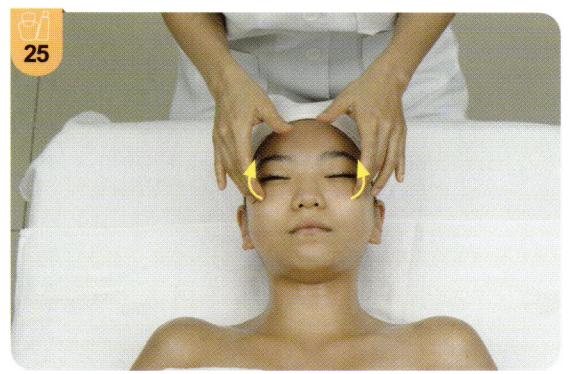

눈 안쪽 부위를 양손으로 원을 그리듯이 쓸어준다.

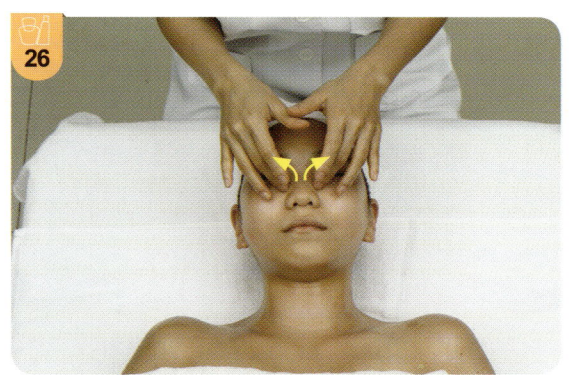

눈 위 부위를 양손으로 원을 그리듯이 쓸어준다.

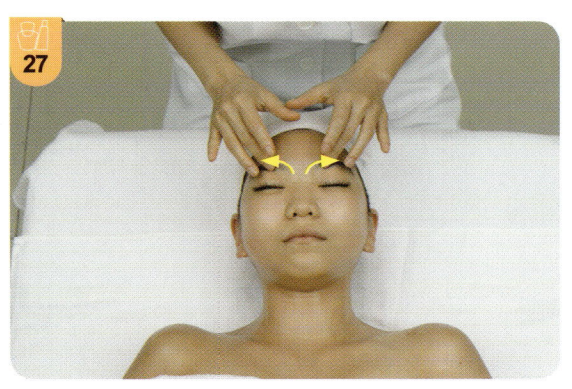

눈 아래면 부위를 팔자형태로 쓸어준다.

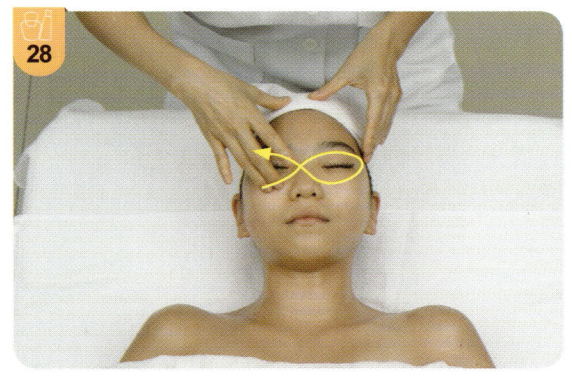

눈 윗면 부위를 팔자 형태로 쓸어준다.

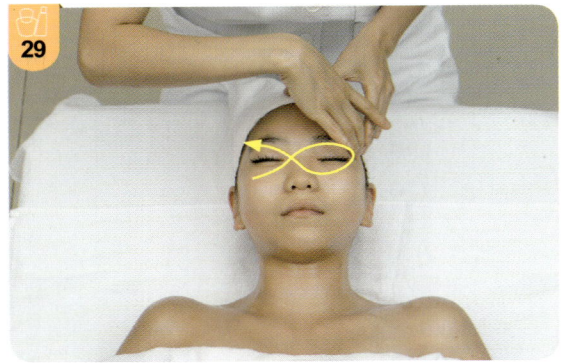

반대편 눈 아래면 부위를 팔자 형태로 쓸어준다.

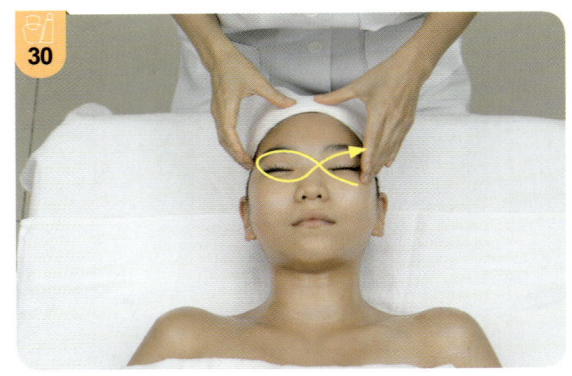

반대편 눈 윗면 부위를 팔자 형태로 쓸어준다.

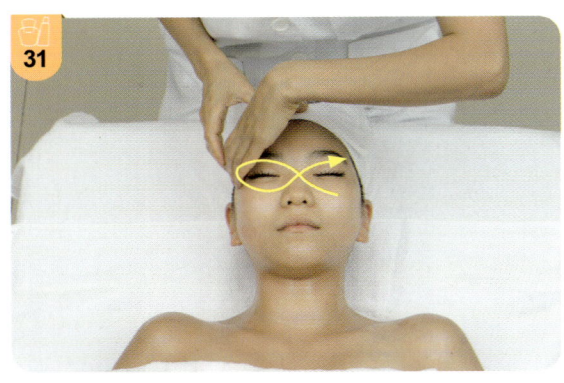

추미근을 교차하여 쓸어 올린다.

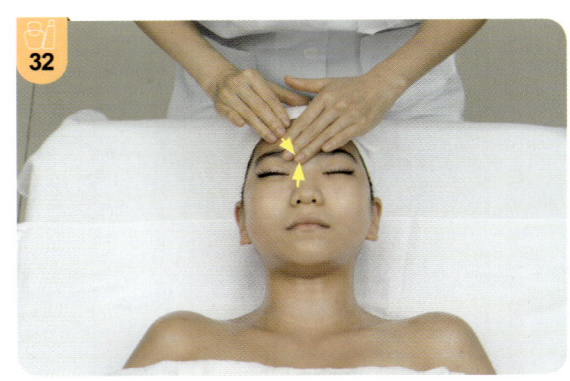

이마를 둥글게 굴려준다.

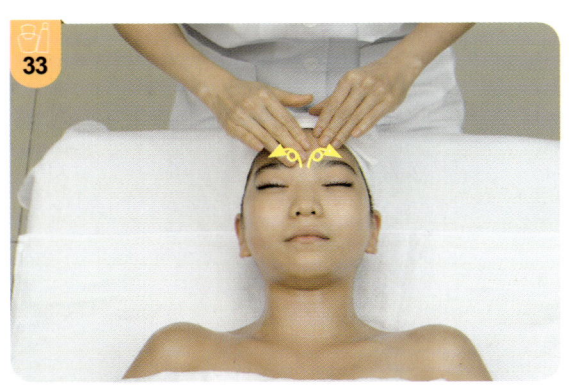

이마를 굴려준 후 쓸어준다.

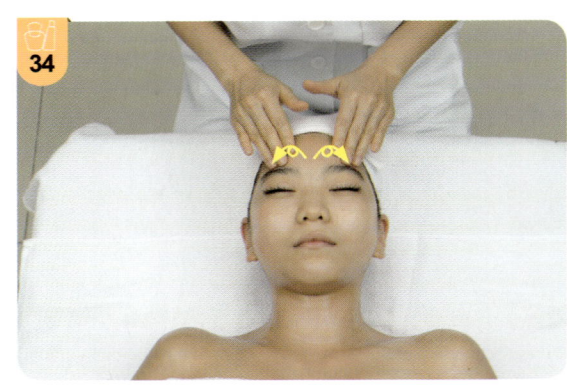

이마 위로 쓸어 올려준다.

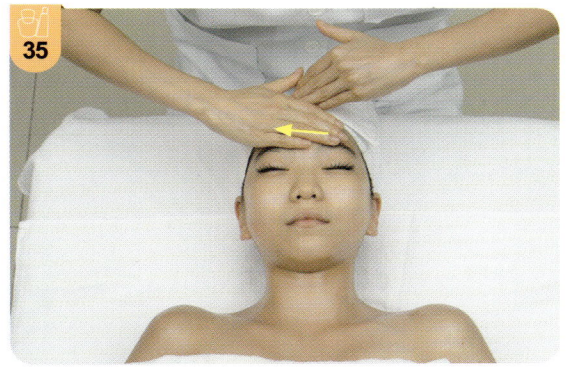

이마를 지그재그로 해준다.

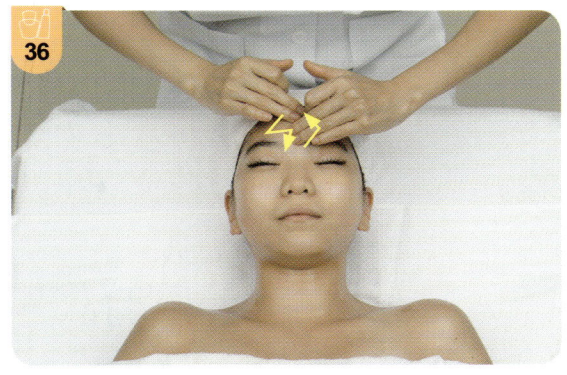

이마를 수평방향으로 쓸어준다.

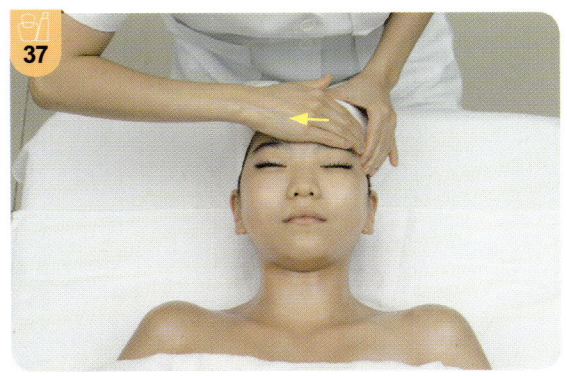

반대편 이마를 수평 방향으로 쓸어준다.

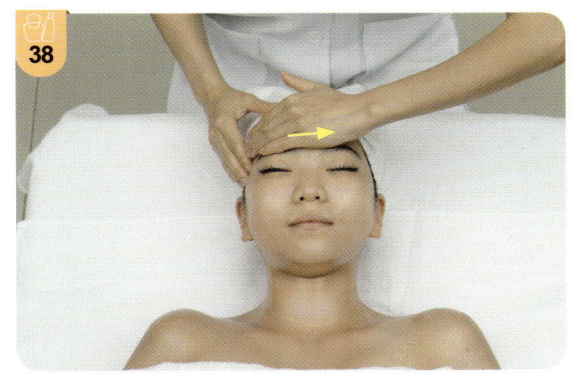

볼을 바이브레이션으로 한다.

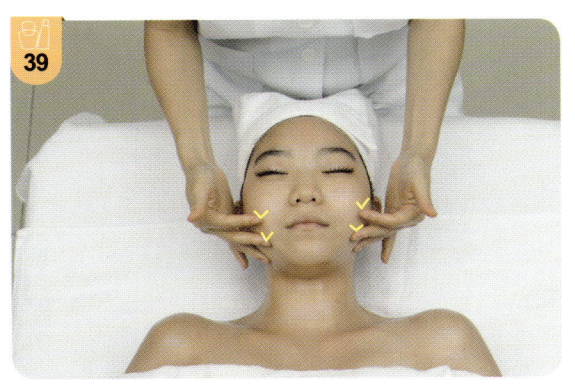

볼을 집어준다.

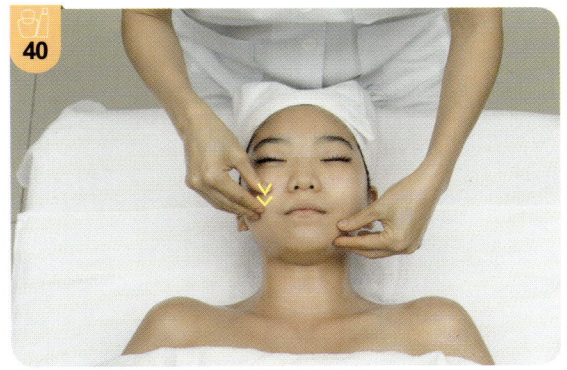

얼굴과 이마 부위를 두드려준다.

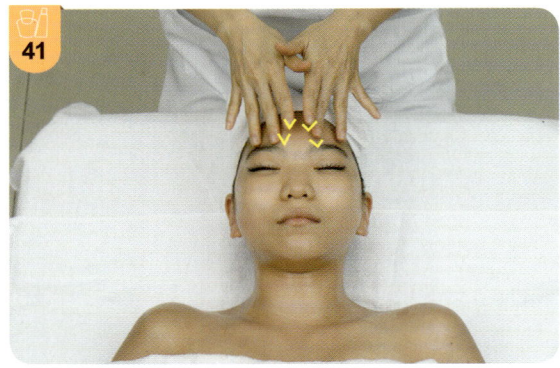

얼굴과 볼 부위를 두드려준다.

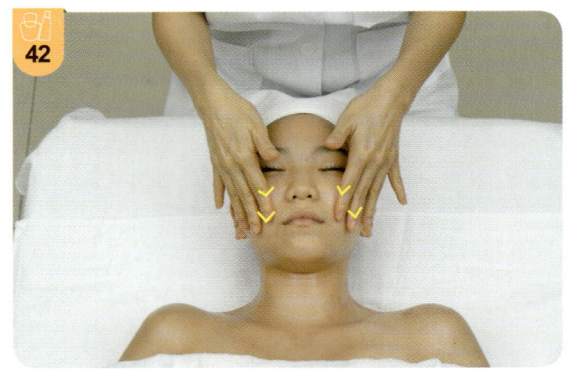

얼굴 이마 부위를 옆면으로 쓸어 내린다.

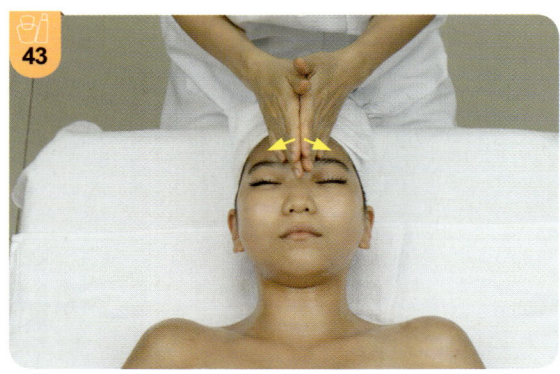

얼굴 볼 부위를 옆면으로 쓸어 내린다.

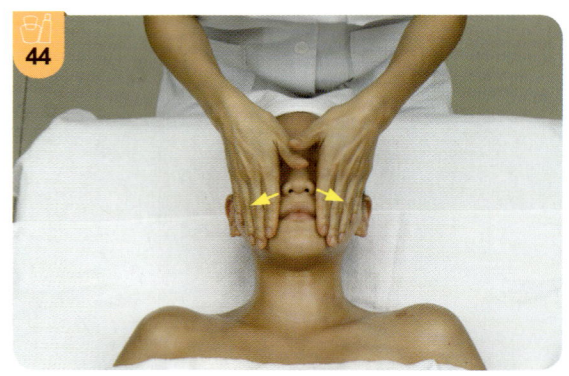

전체 쓸어내린 면을 귀 뒷면으로 모아준다.

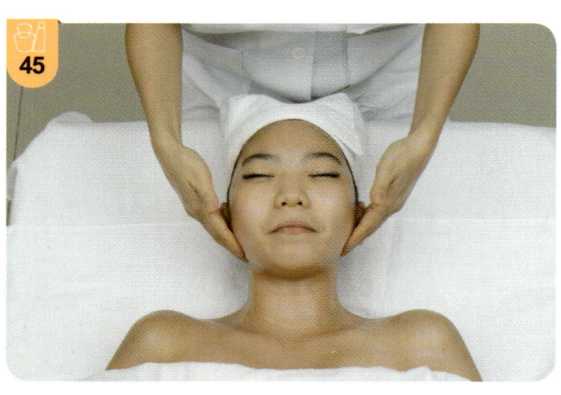

데콜테 부위로 모아서 쓸어내린다.

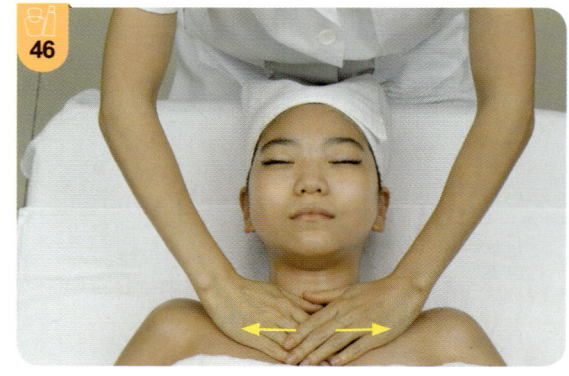

마무리를 한다.

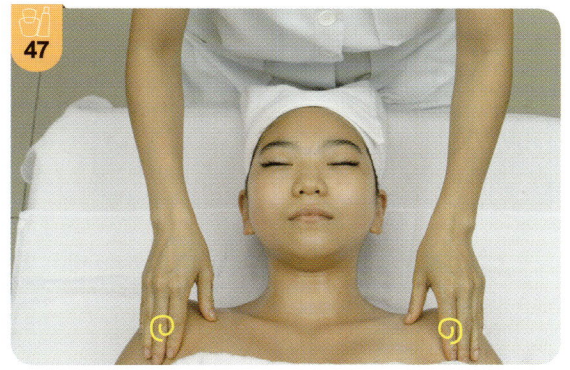

해면으로 태양혈 부위를 가볍게 눌러준다.

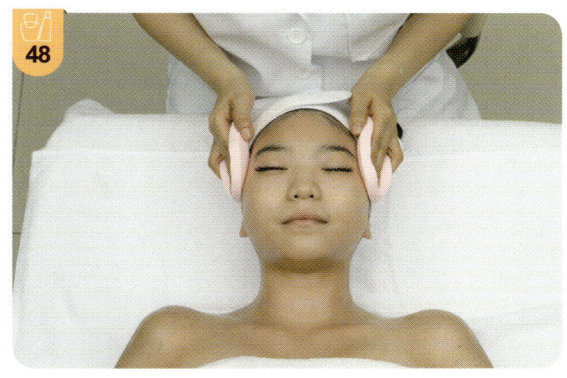

눈두덩 부위를 가볍게 눌러서 닦는다.

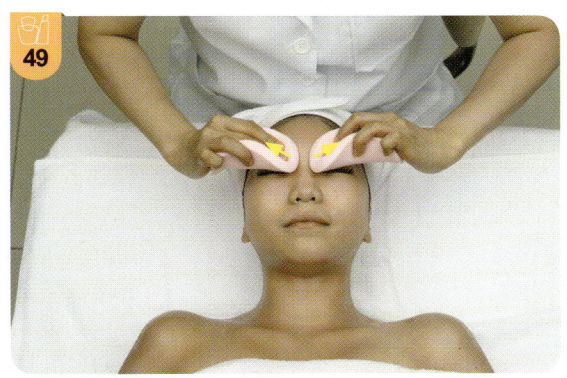

눈 아래 면을 가볍게 눌러서 닦는다.

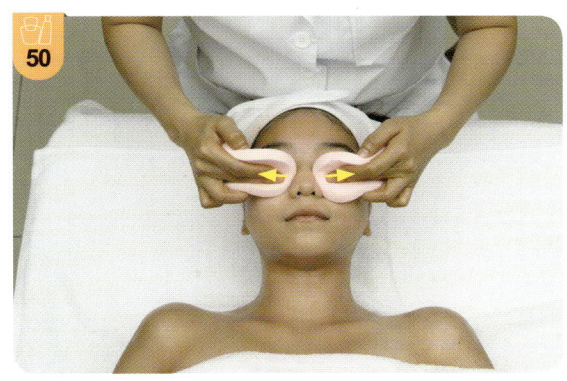

눈썹 부위를 가볍게 눌러서 닦는다.

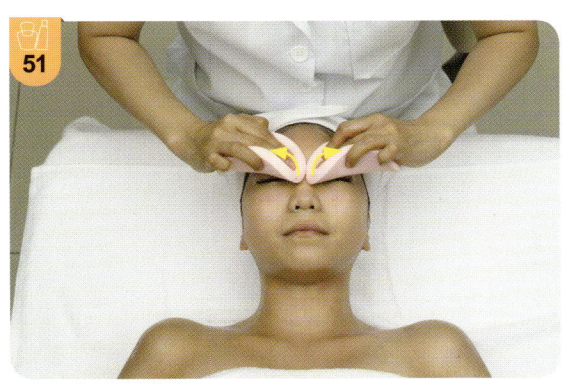

이마 부위를 가볍게 눌러서 닦는다.

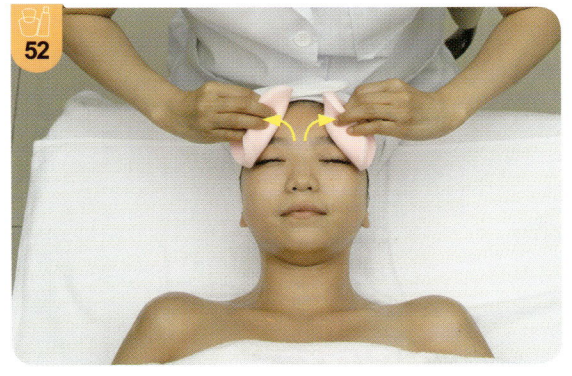

코 부위를 가볍게 닦으면서 쓸어내린다.

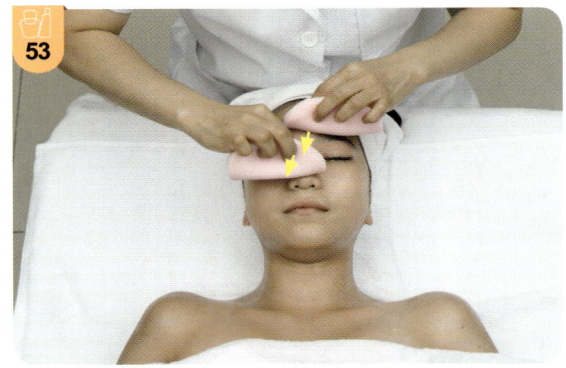

볼 부위를 가볍게 닦으면서 쓸어내린다.

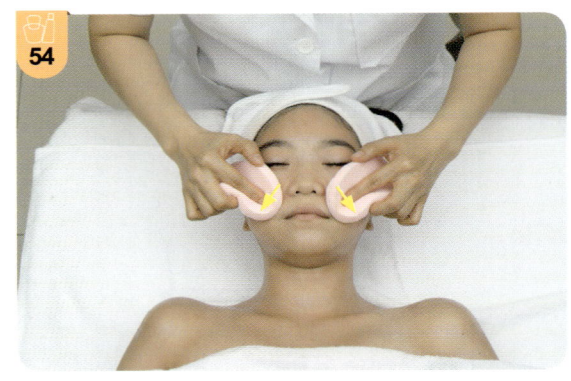

입술 부위를 가볍게 닦으면서 쓸어준다.

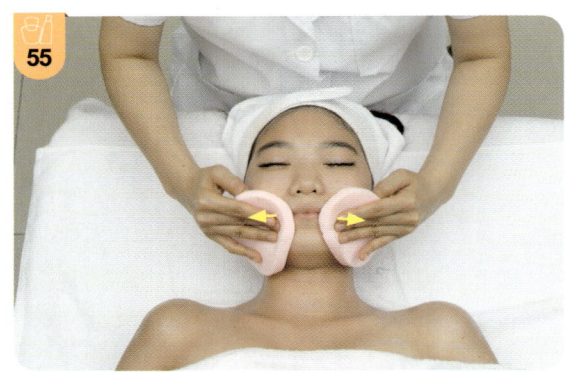

목 부위를 가볍게 닦으면서 쓸어준다.

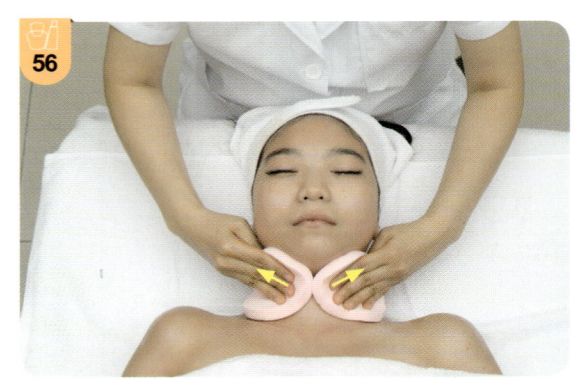

데콜테 부위를 가볍게 닦으면서 쓸어준다.

데콜테 부위를 정리한다.

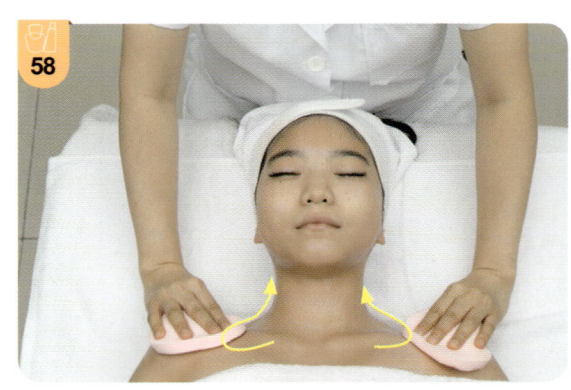

측면 부위를 정리한다.

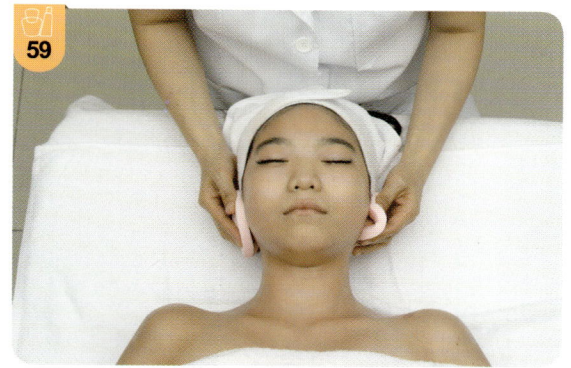

이마 부위를 정리한다.

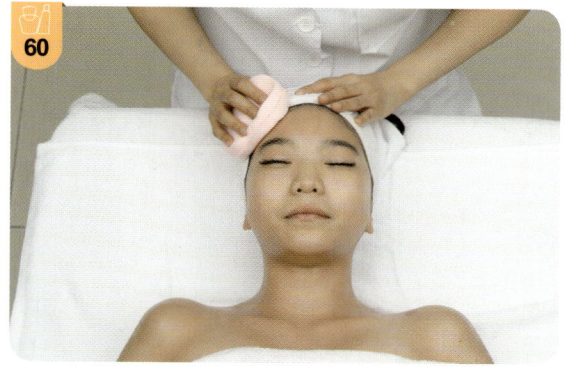

온습포를 사용한다.

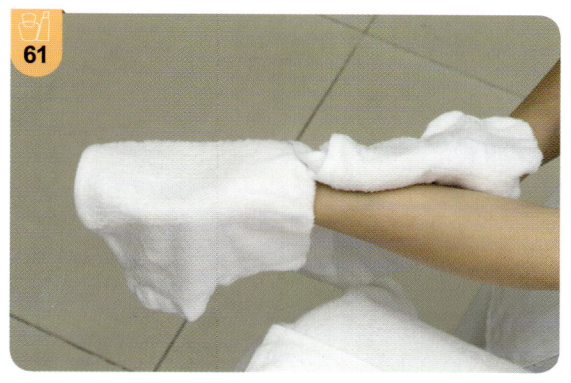

온습포를 올린다.

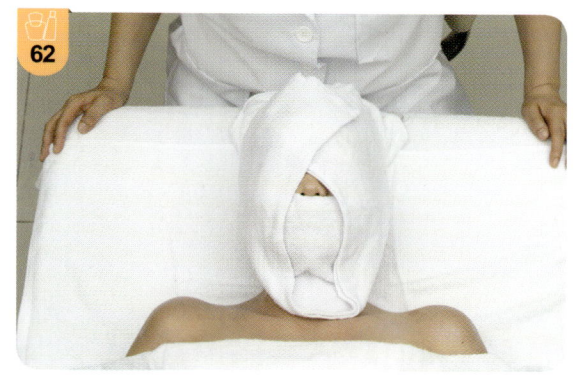

태양혈 부위를 눌러준다.

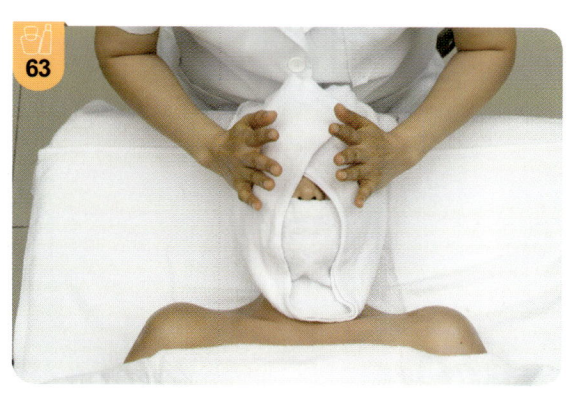

볼 부위를 눌러준다.

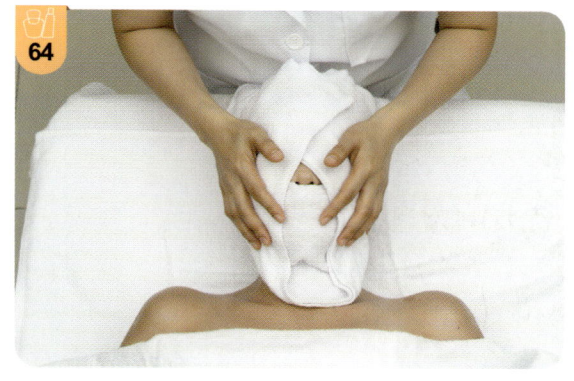

이마 부위를 눌러준다.

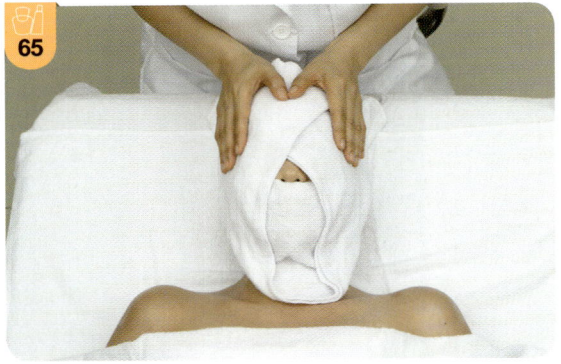

이마와 턱 부위를 눌러준다.

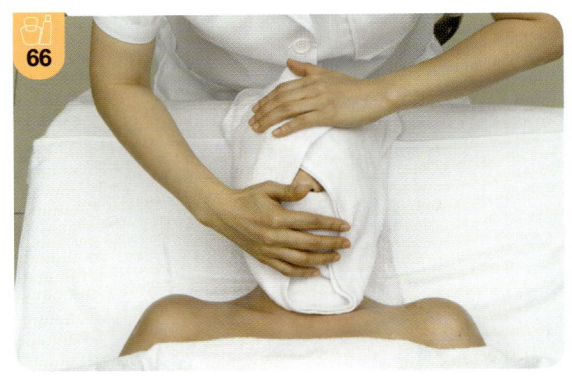

6번과 반대 부위를 눌러준다.

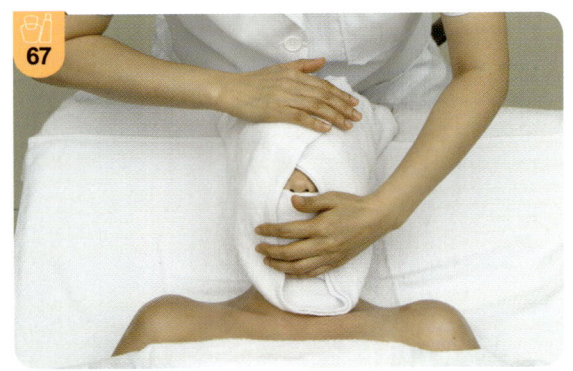

눈 부위를 닦아준다.

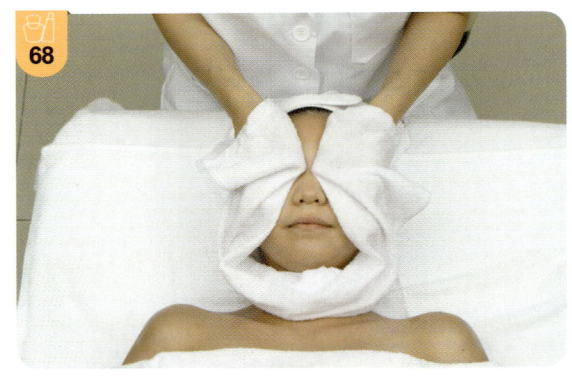

이마 부위 닦아준다.

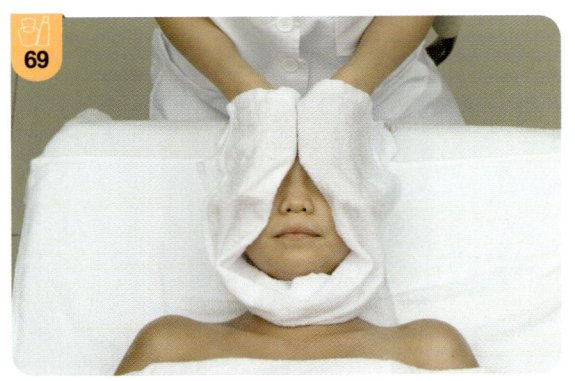

턱 부위 닦아준다.

한쪽 면 전체를 닦아준다.

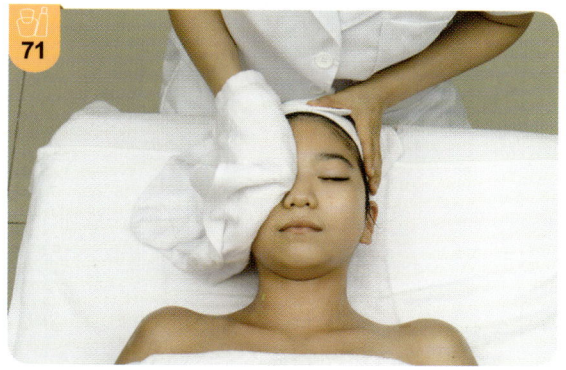

다른 쪽도 전체를 닦아준다.

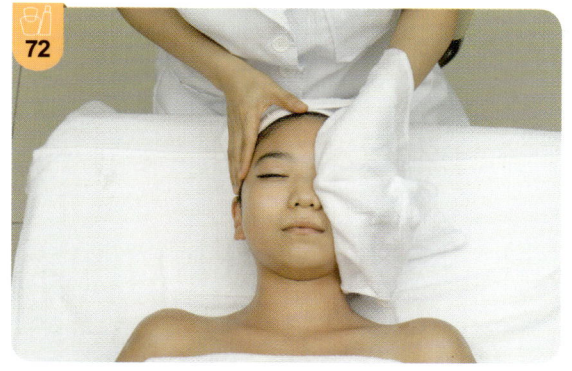

목 부위 및 데콜테 부위를 닦아준다.

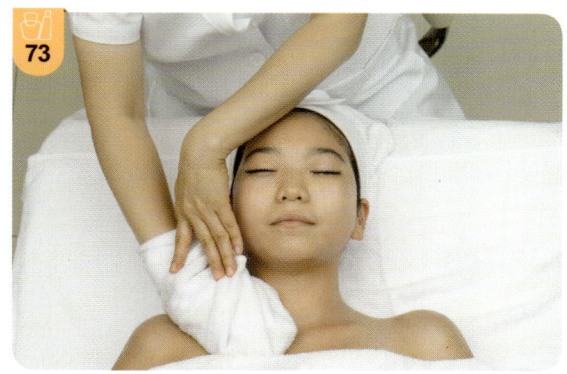

머리 전체 면을 닦아준다.

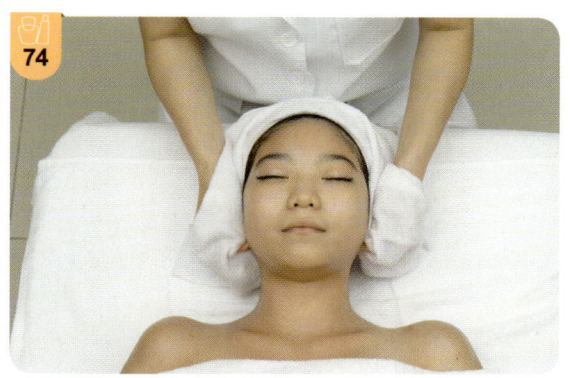

면 패드에 토너를 도포한다.

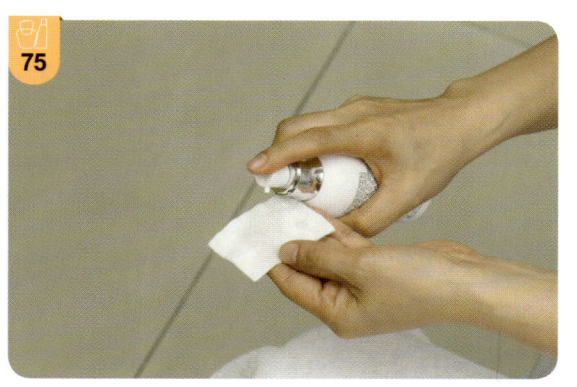

솜에 토너를 묻혀 눈 부위 3단계로 닦아준다.

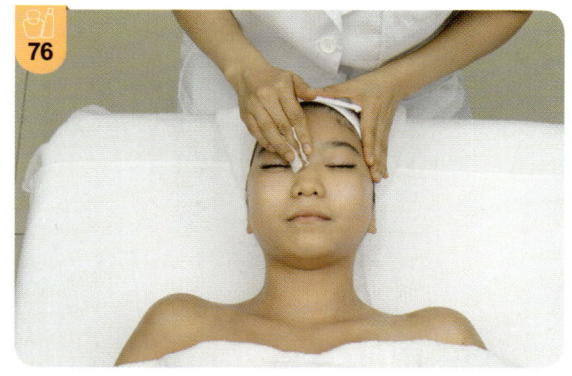

솜에 토너를 묻혀 볼 부위를 닦아준다.

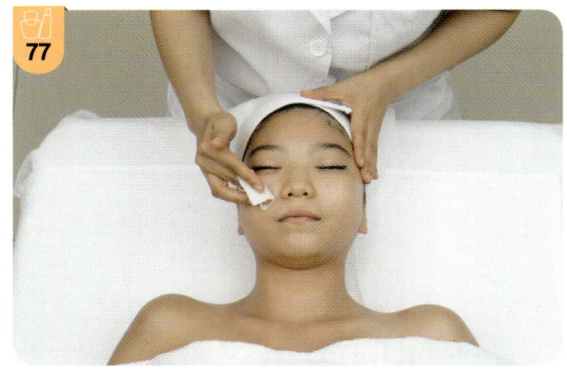

솜에 토너를 묻혀 이마 부위를 닦아준다.

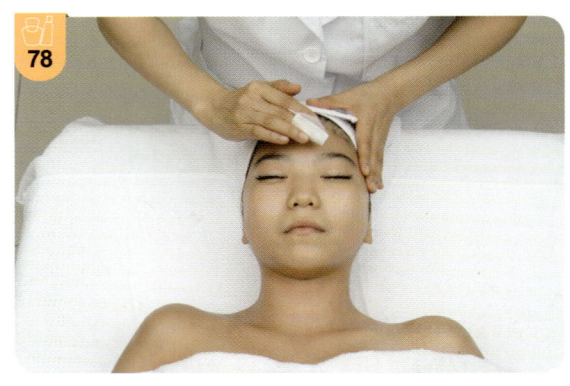

솜에 토너를 묻혀 목 부위를 닦아준다.

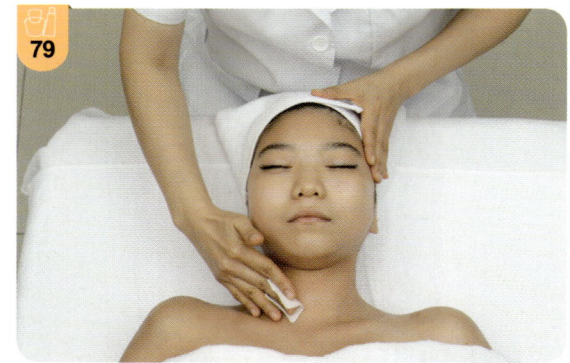

솜에 토너를 묻혀 데콜테 부위 닦아준다.

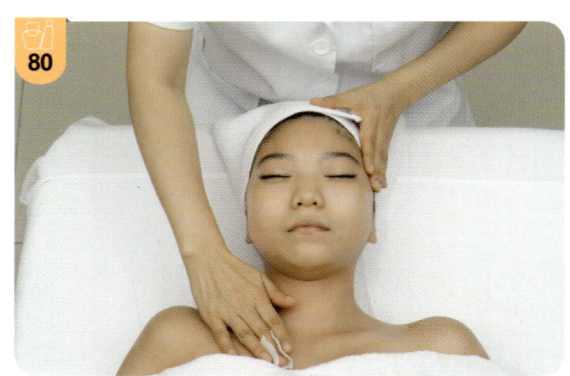

06 마스크 및 마무리

1. 고무팩 도포

손을 소독한다.

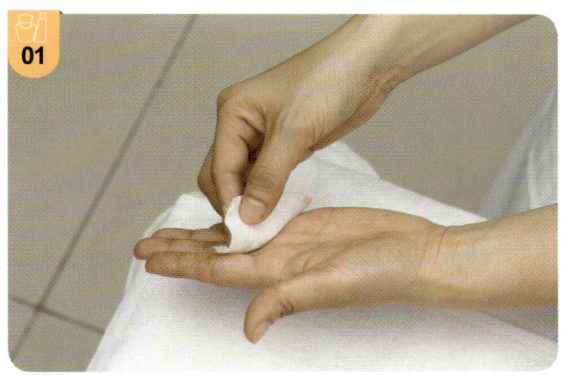

아이크림을 도포한다.

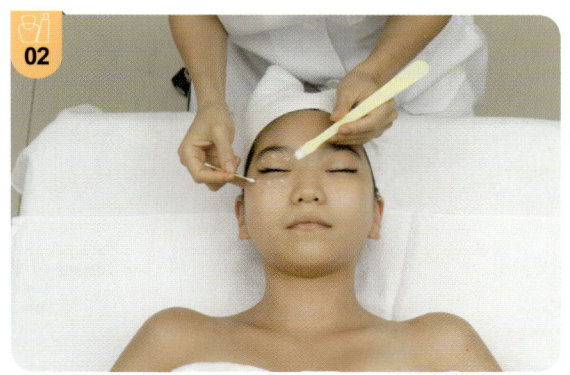

립크림 도포한다.

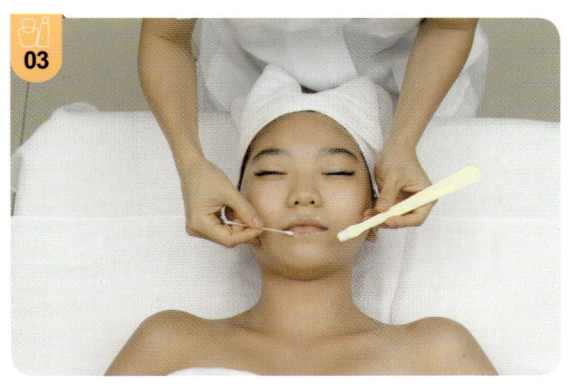

아이패드 올린 후 고무팩 담는다.

고무팩을 적당한 양의 물로 갠다.

고무팩을 얼굴에 도포한다.

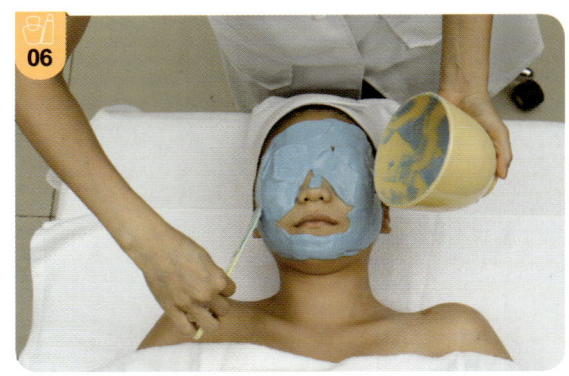

고무팩을 코 부위에 도포한다.

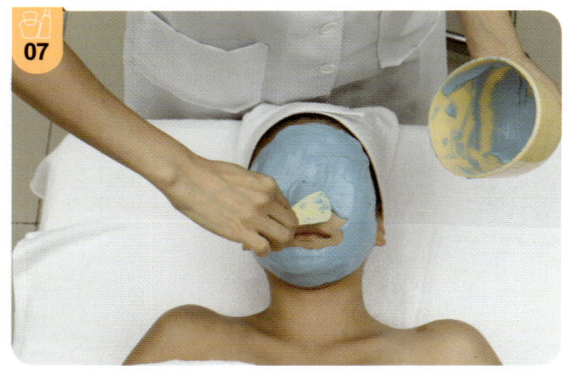

입술을 제외한 부위에 도포한다.

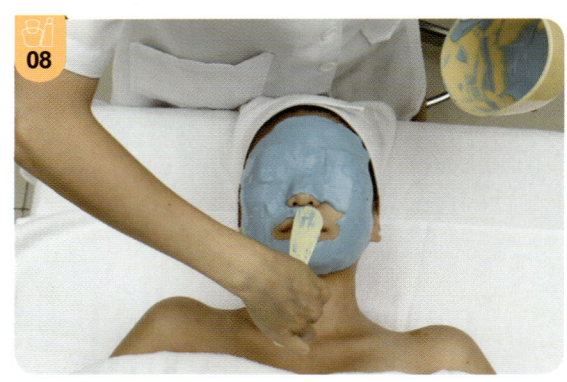

고무팩으로 전체 면을 골고루 도포한다.

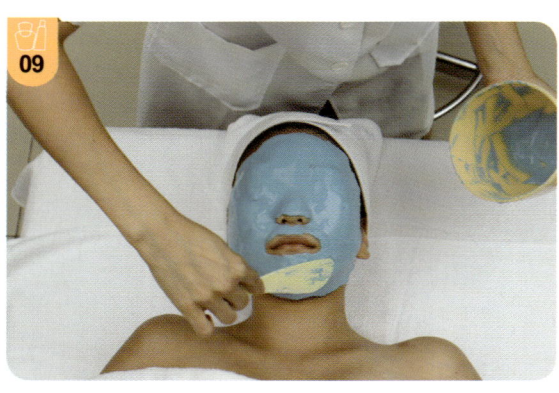

고무팩을 도포한 후 마무리한다.

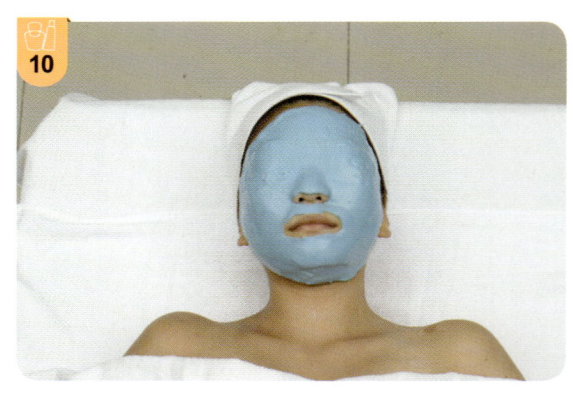

고무팩을 제거한다.

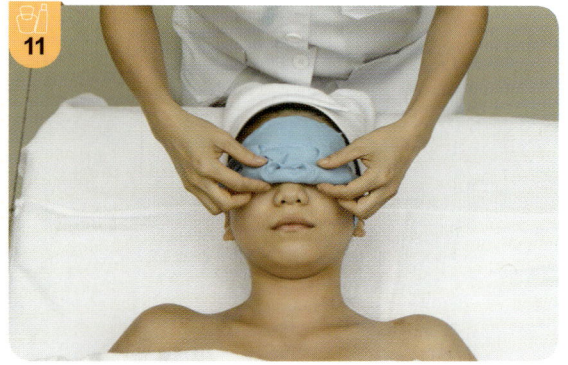

해면으로 태양혈 부위를 가볍게 눌러준다.

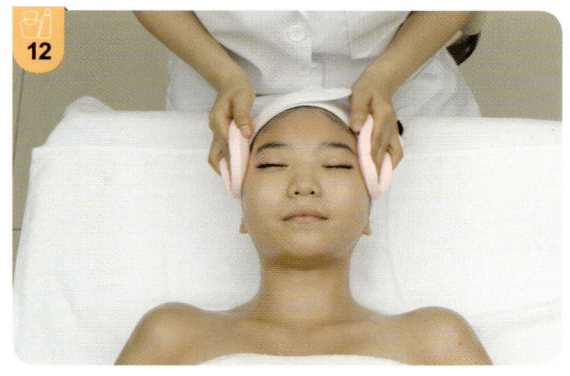

눈두덩 부위를 가볍게 눌러서 닦는다.

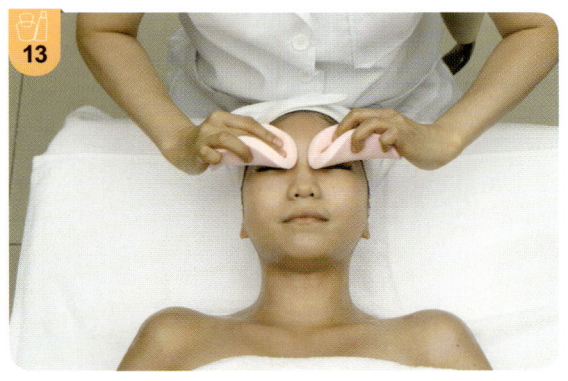

눈 아래 면을 가볍게 눌러서 닦는다.

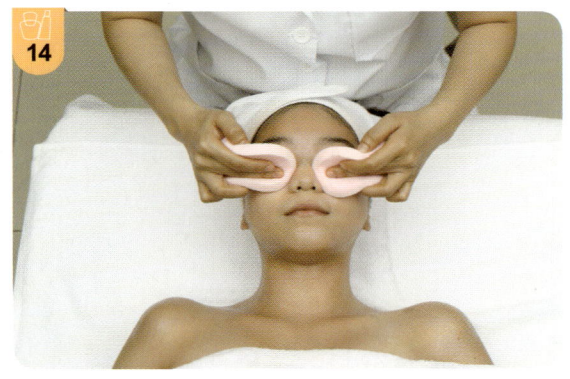

눈썹 부위를 가볍게 눌러서 닦는다.

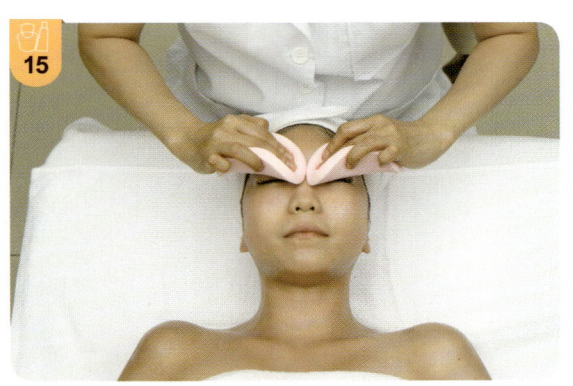

이마 부위를 가볍게 눌러서 닦는다.

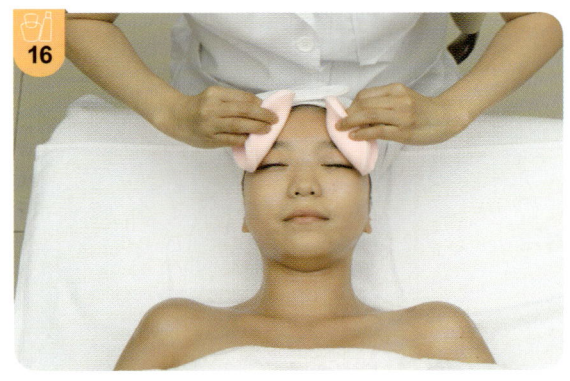

코 부위를 가볍게 닦으면서 쓸어내린다.

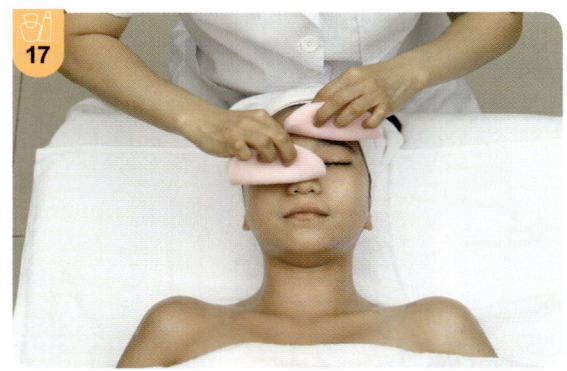

볼 부위를 가볍게 닦으면서 쓸어준다.

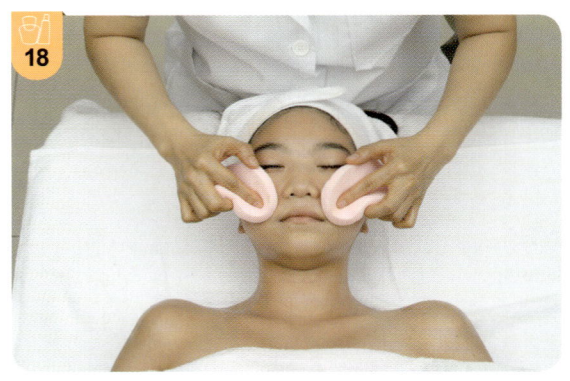

입술 부위를 가볍게 닦으면서 쓸어준다.

목 부위를 가볍게 닦으면서 쓸어준다.

데콜테 부위를 가볍게 닦으면서 쓸어준다.

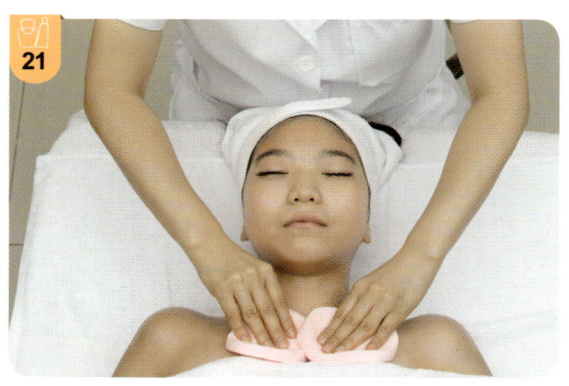

데콜테 부위를 정리한다.

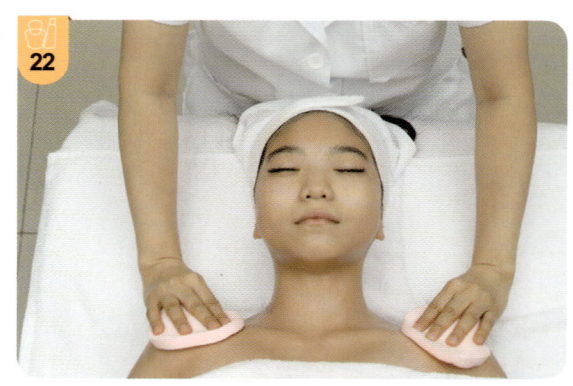

측면 부위를 정리한다.

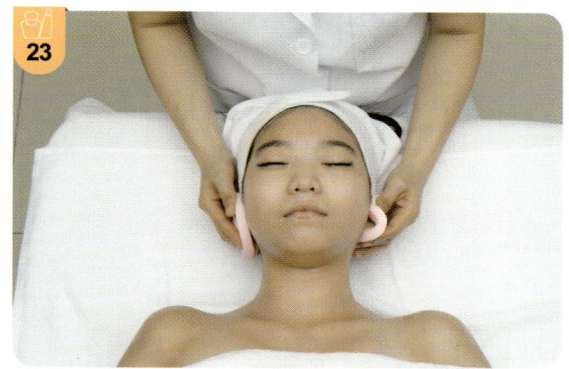

이마 부위를 정리한다.

냉습포를 사용한다.

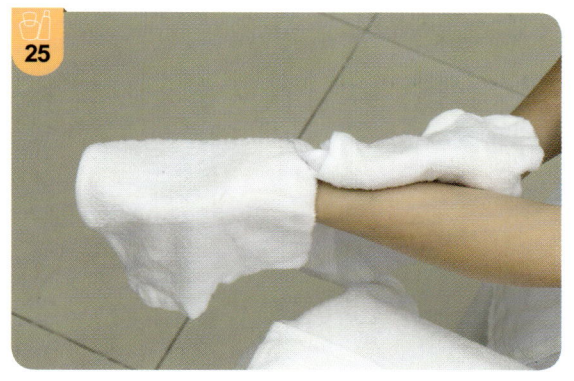

냉습포를 얼굴에 올린다.

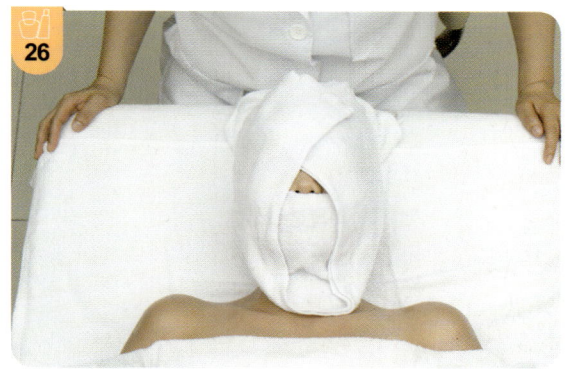

태양혈 부위를 눌러준다.

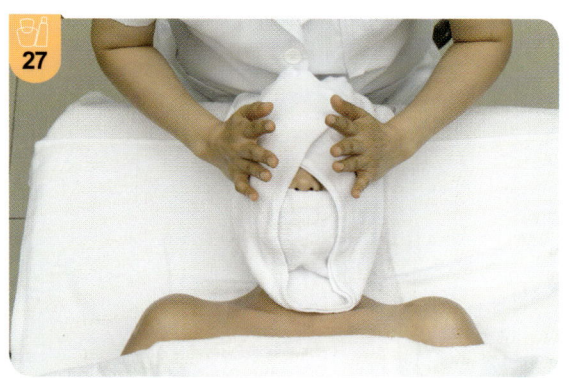

볼 부위를 눌러준다.

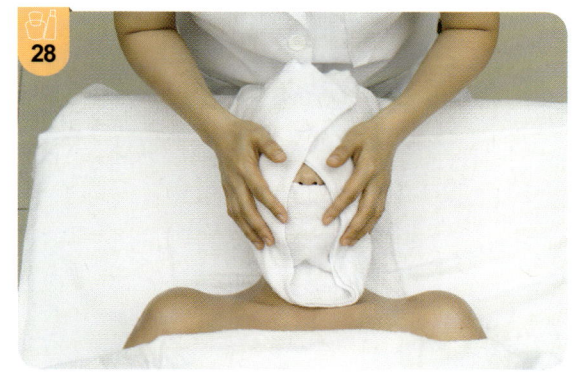

이마 부위를 눌러준다.

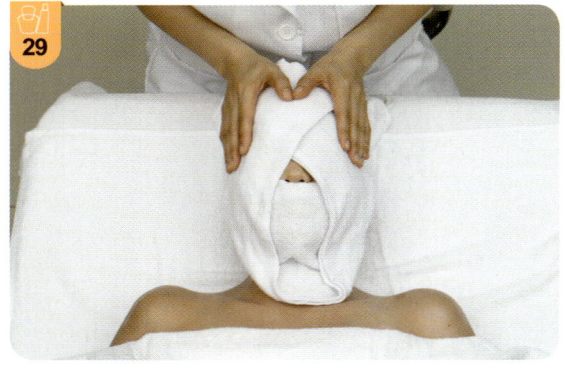

이마와 턱 부위를 눌러준다.

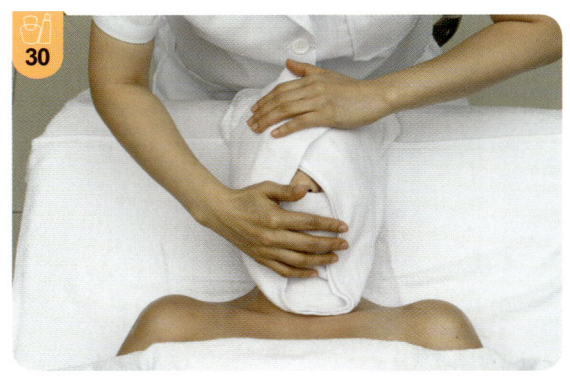

6번과 반대 부위를 눌러준다.

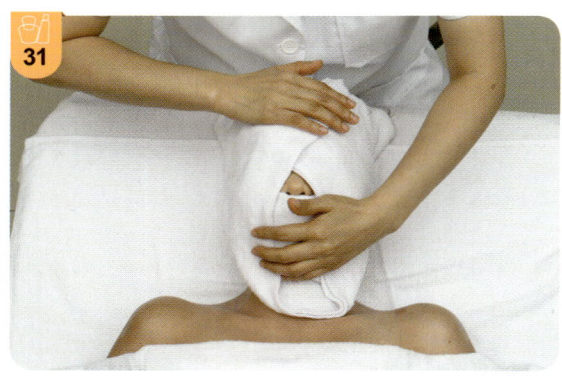

눈 부위를 닦아준다.

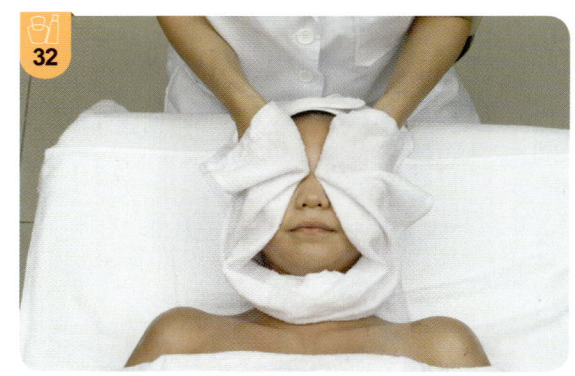

이마 부위를 닦아준다.

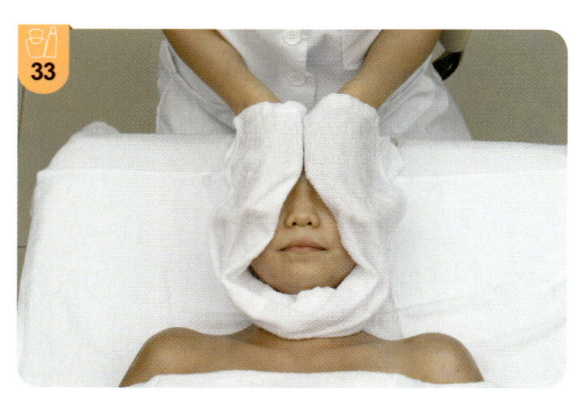

턱 부위를 닦아준다.

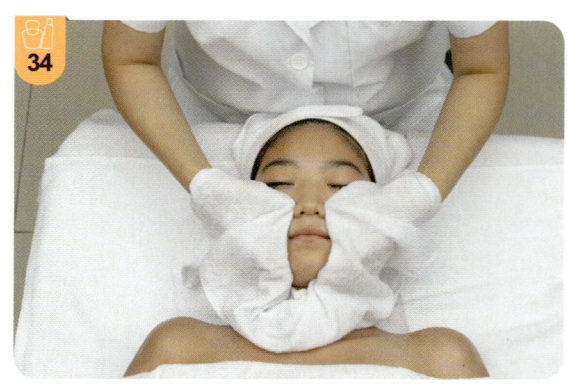

한쪽 면 전체를 닦아준다.

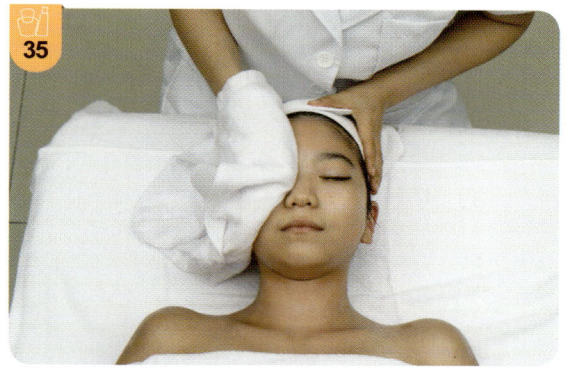

다른 쪽면 전체를 닦아준다.

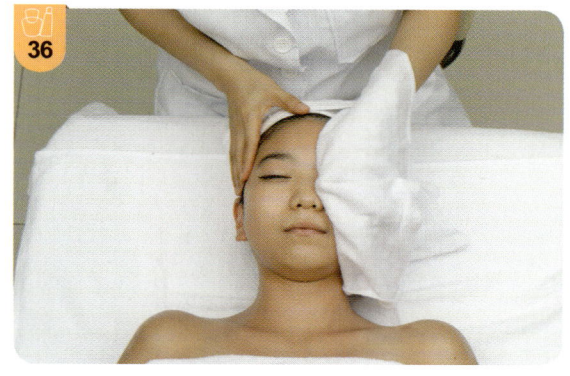

목 부위 및 데콜테 부위를 닦아준다.

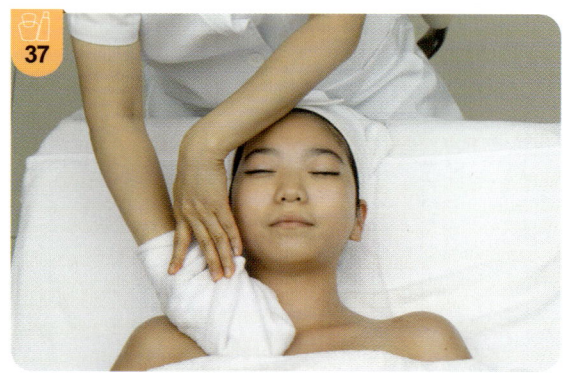

머리 전체면을 닦아준다.

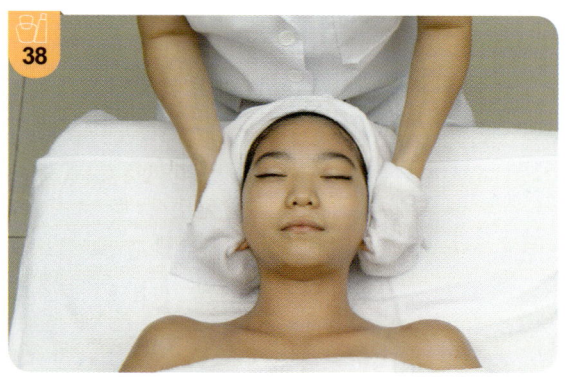

면 패드에 토너를 도포한다.

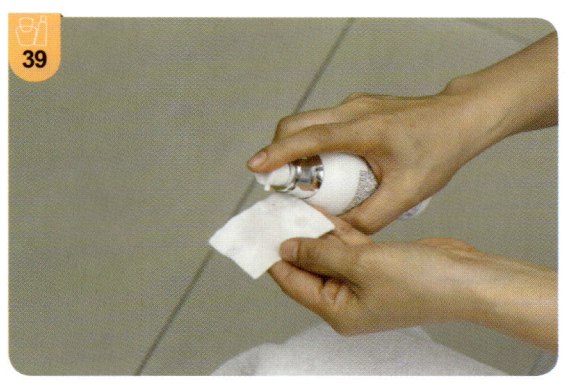

솜에 토너를 묻혀 눈 부위를 3단계로 닦아준다.

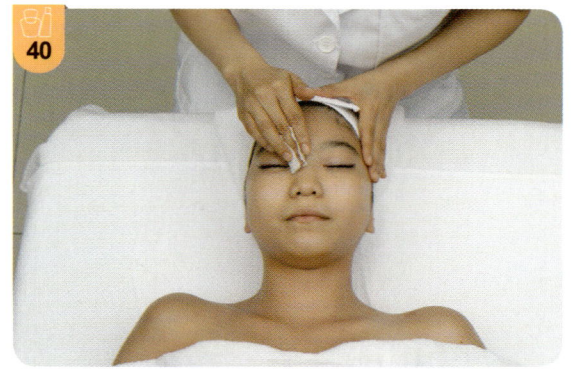

솜에 토너를 묻혀 볼 부위를 닦아준다.

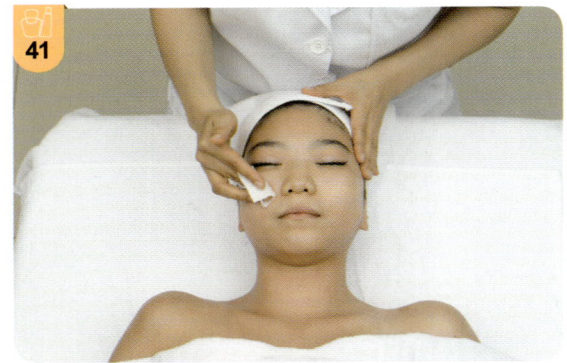

솜에 토너를 묻혀 이마 부위를 닦아준다.

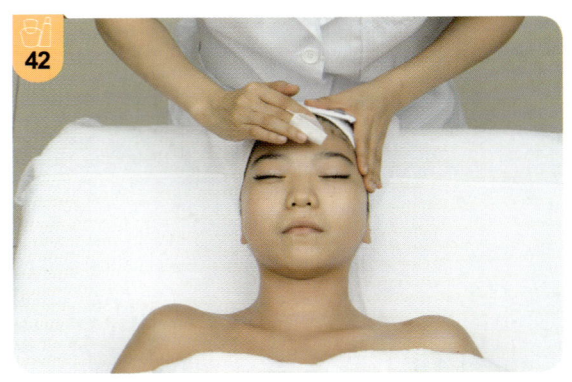

솜에 토너를 묻혀 목 부위를 닦아준다.

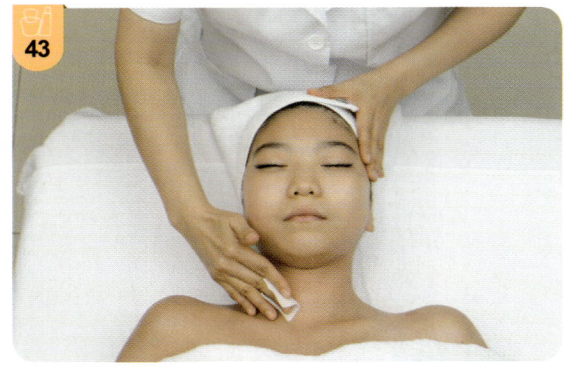

솜에 토너를 묻혀 데콜테 부위를 닦아준다.

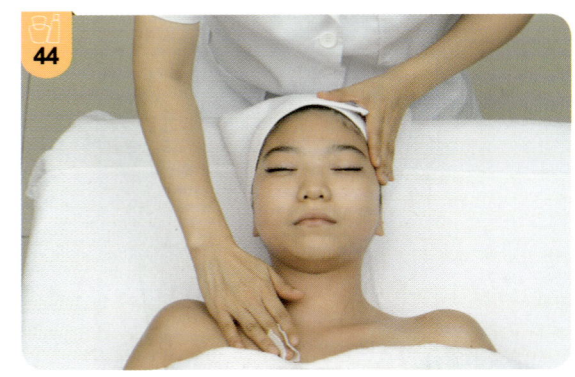

아이 크림을 바른다.

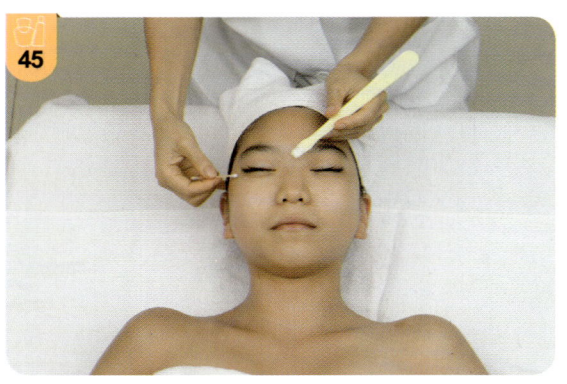

입술 부위를 바른다.

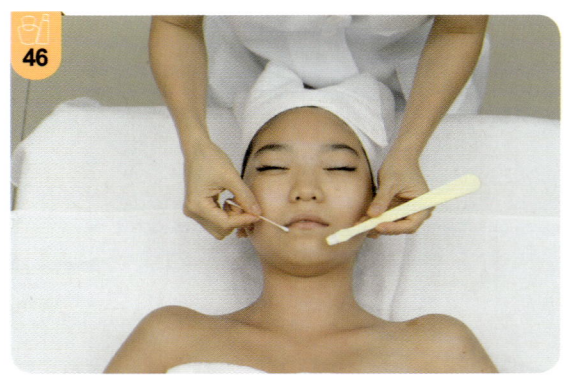

얼굴 전체 면을 도포한다.

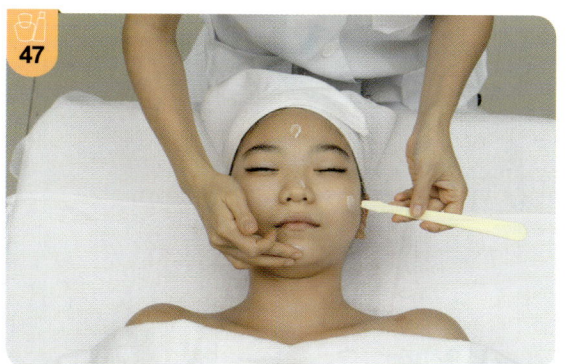

얼굴 전체 면을 바르면서 마무리한다.

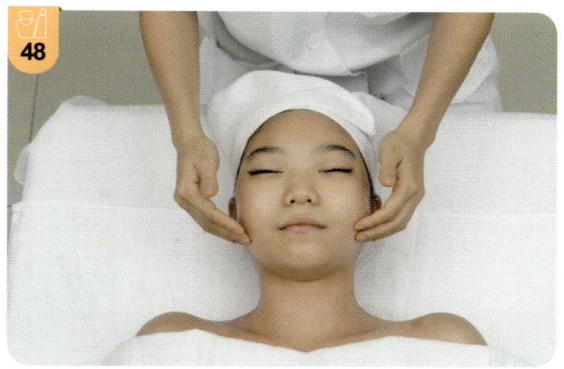

2. 석고팩 도포

손을 소독한다.

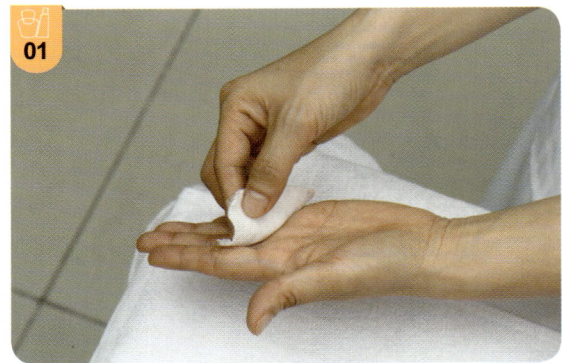

머리 두건에 휴지를 끼워 두건을 정리한다.

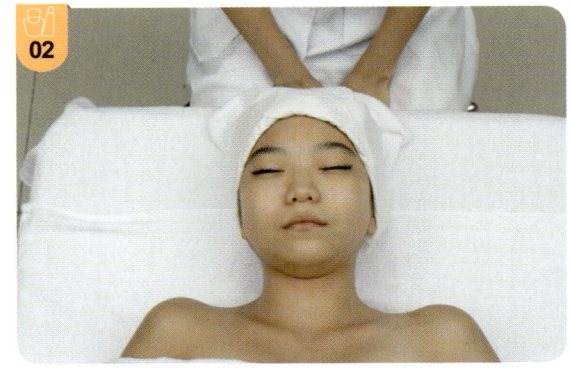

눈 부위에 크림을 도포한다.

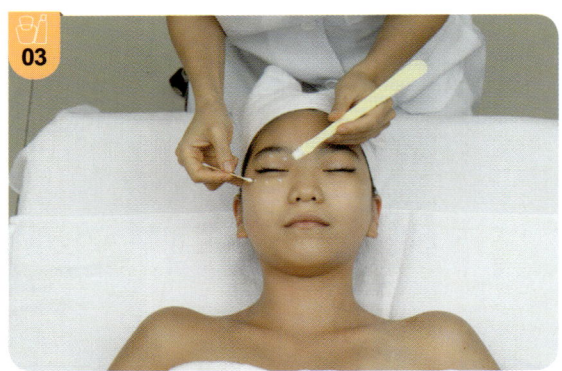

입술 부위에 크림을 도포한다.

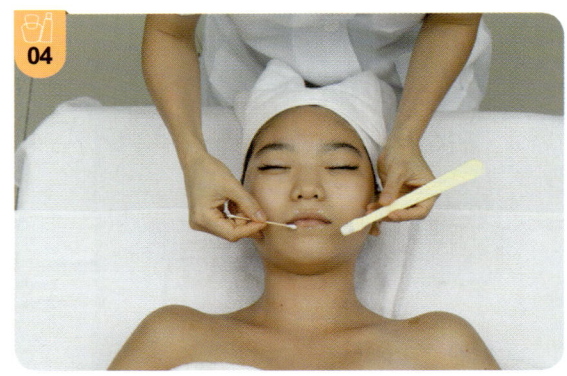

얼굴 전체 면에 크림을 도포한다.

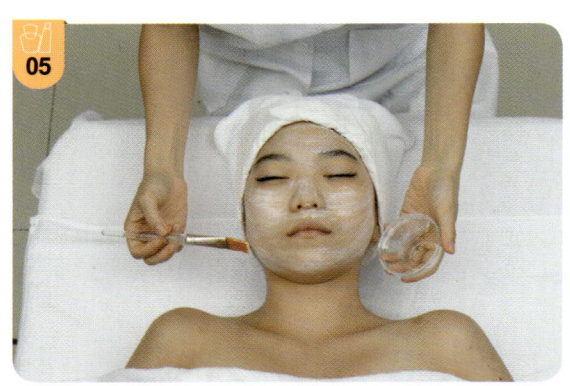

아이패드 후 거즈를 올린다.

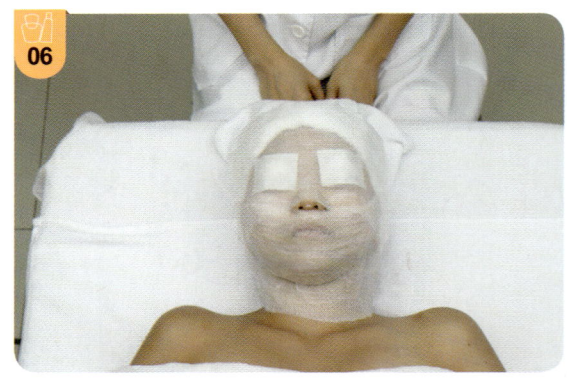

석고를 적당한 양만큼 볼에 덜어낸다.

석고에 적당한 양 만큼의 물로 붓고 갠다.

얼굴에 석고를 도포한다.

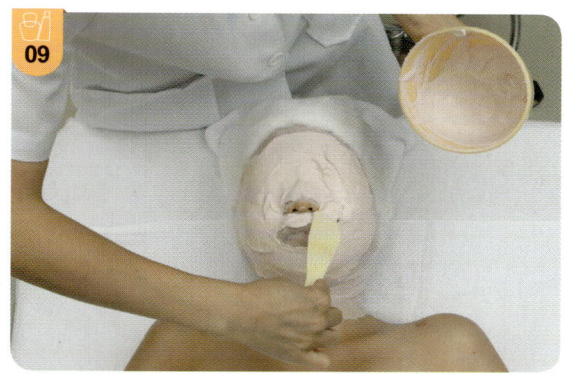

고를 적당한 두께로 펴 바른다.

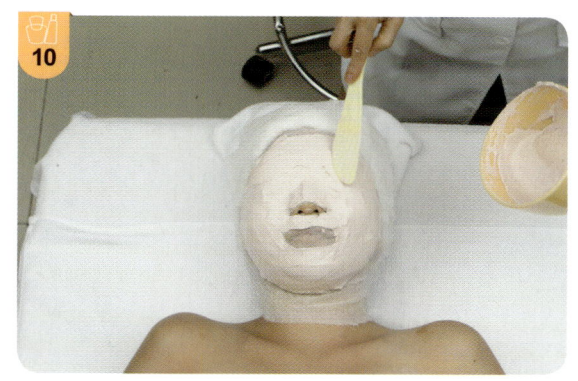

얼굴 전체 면을 바르고 마무리한다.

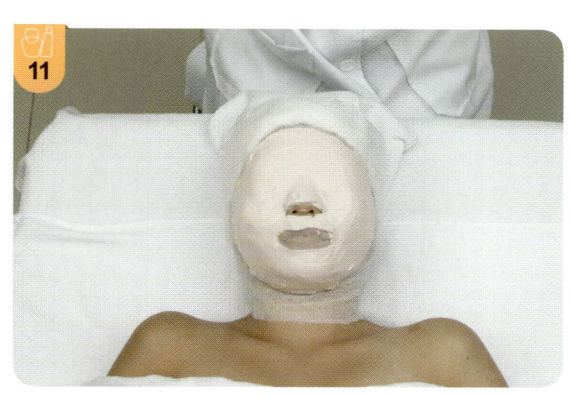

석고를 얼굴에서 분리한다.

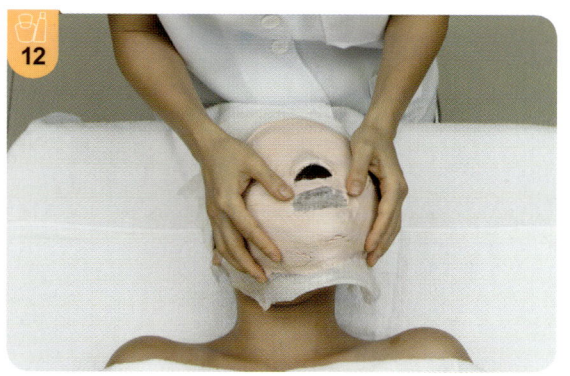

두건에 끼워 두었던 휴지를 제거한다.

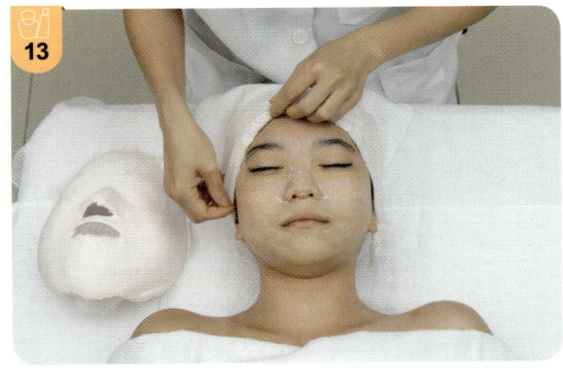

해면으로 태양혈 부위를 가볍게 눌러준다.

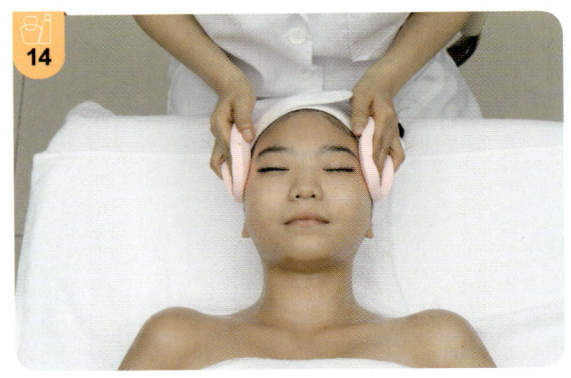

눈두덩 부위를 가볍게 눌러서 닦는다.

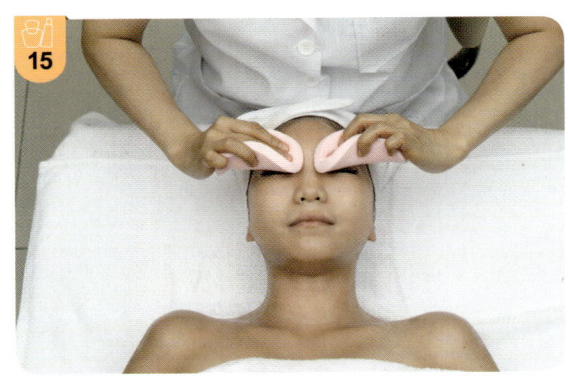

눈 아래 면을 가볍게 눌러서 닦는다.

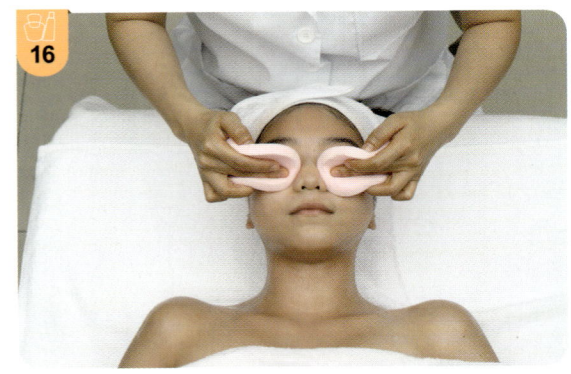

눈썹 부위를 가볍게 눌러서 닦는다.

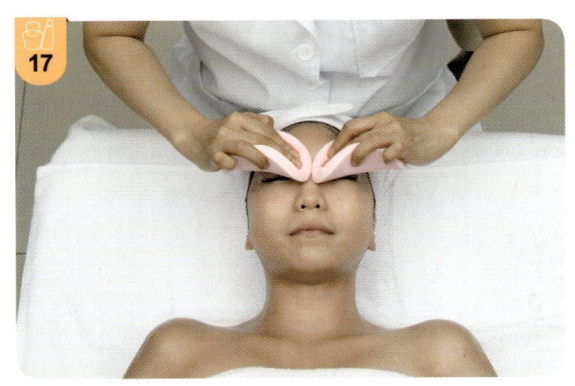

이마 부위를 가볍게 눌러서 닦는다.

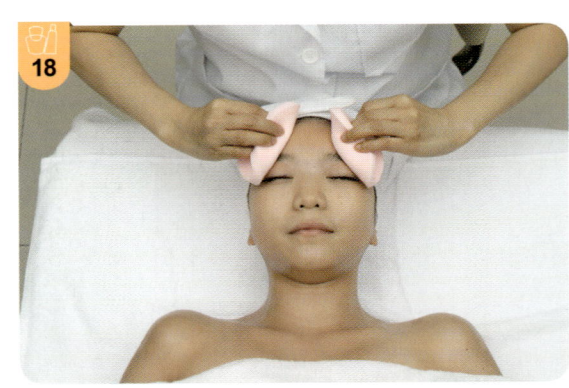

코 부위를 가볍게 닦으면서 쓸어내린다.

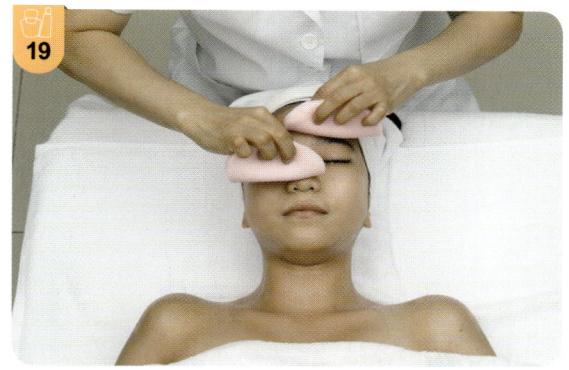

볼 부위를 가볍게 닦으면서 쓸어준다.

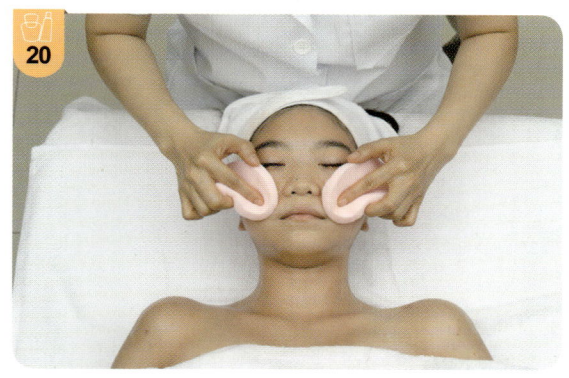

입술 부위를 가볍게 닦으면서 쓸어준다.

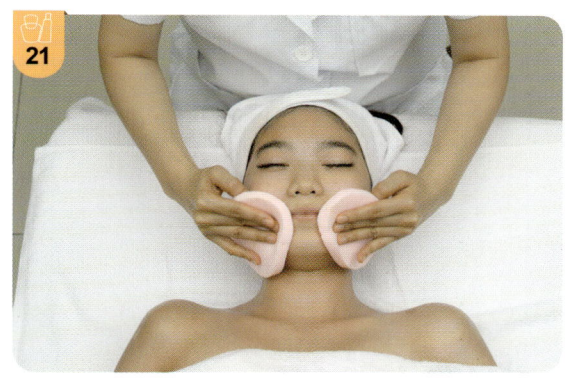

목 부위를 가볍게 닦으면서 쓸어준다.

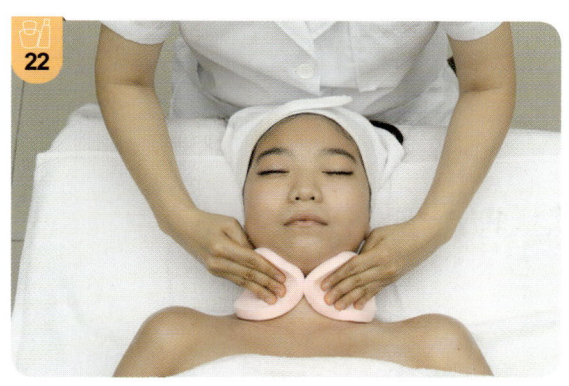

데콜테 부위를 가볍게 닦으면서 쓸어준다.

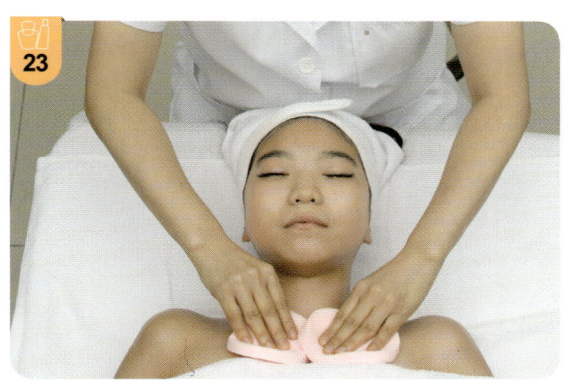

데콜테 부위를 정리한다.

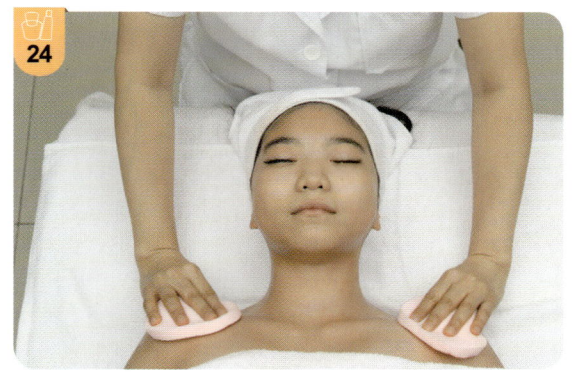

측면 부위를 정리한다.

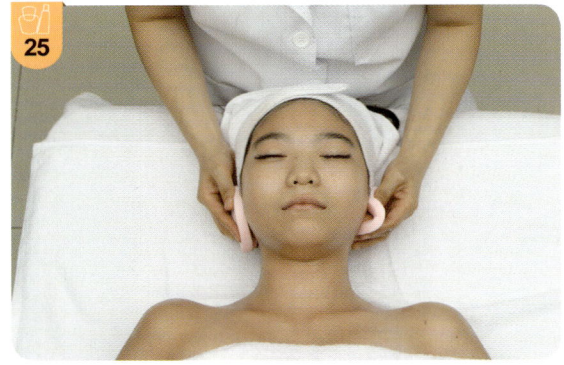

이마 부위를 정리한다.

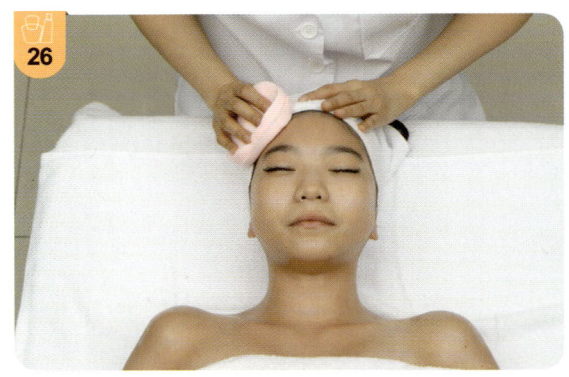

냉습포를 사용한다.

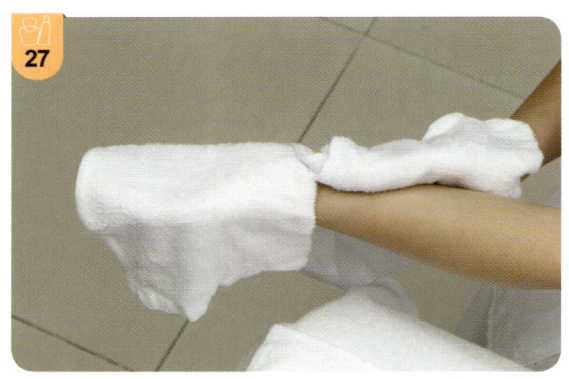

냉습포를 올린다.

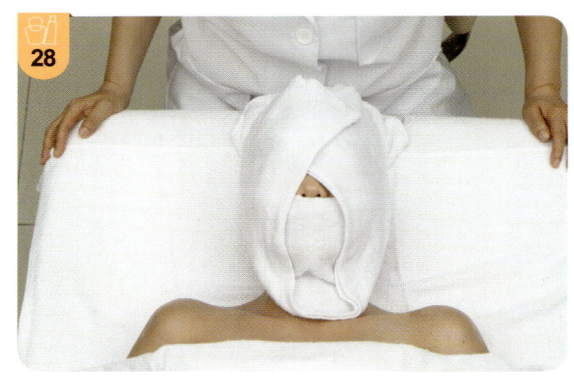

태양혈 부위를 눌러준다.

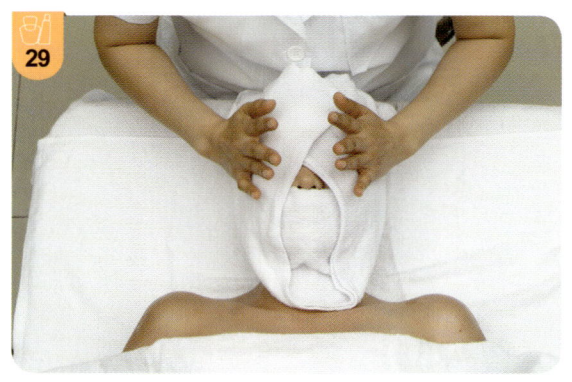

볼 부위를 눌러준다.

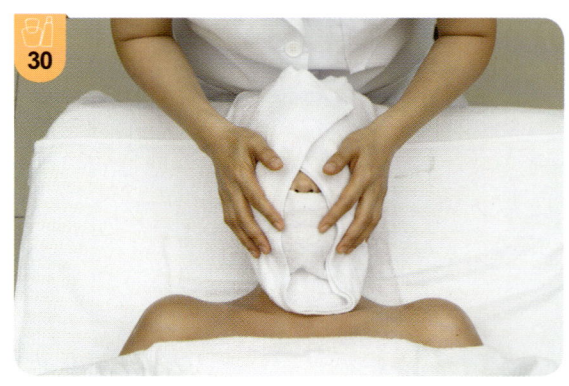

이마 부위를 눌러준다.

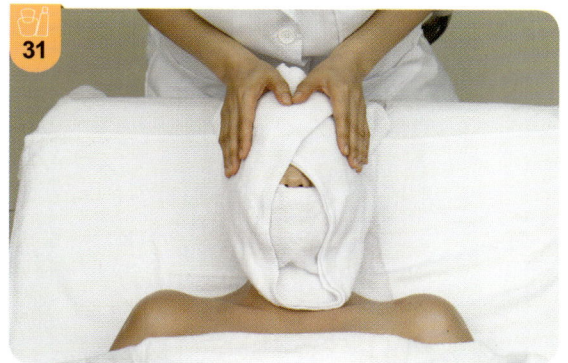

이마와 턱 부위를 눌러준다.

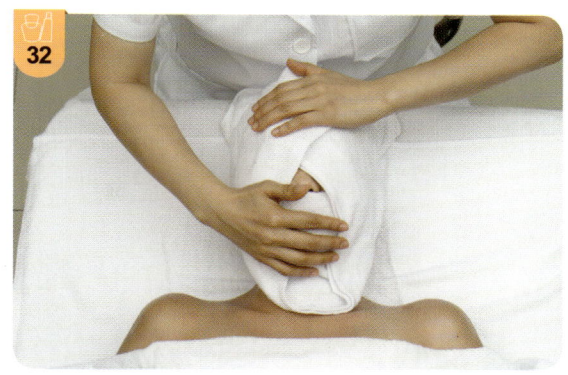

32번과 반대 부위를 눌러준다.

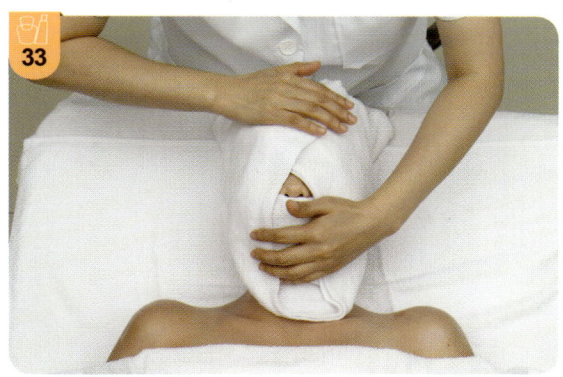

눈 부위를 닦아준다.

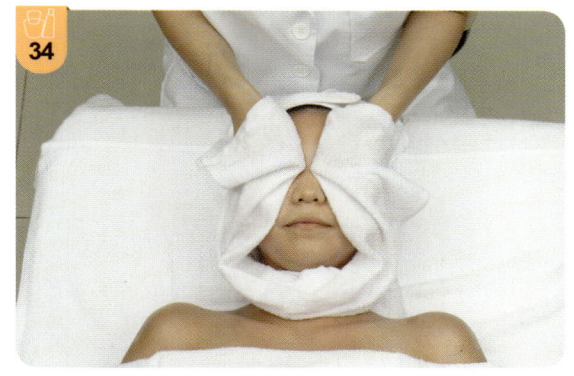

이마 부위를 닦아준다.

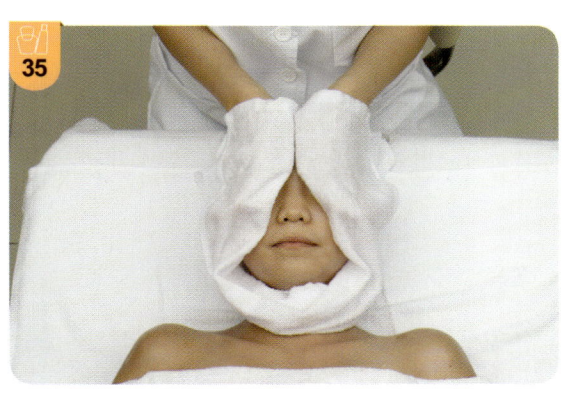

턱 부위를 닦아준다.

한쪽 면 전체를 닦아준다.

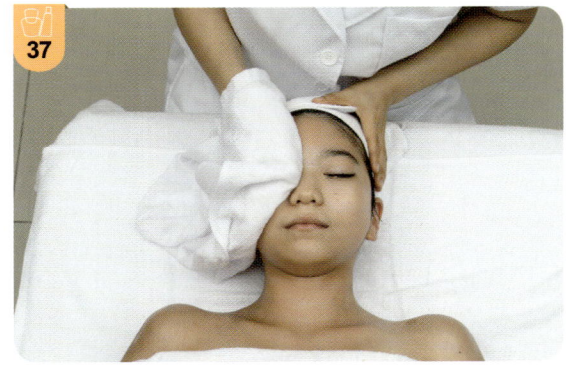

다른 쪽 면 전체를 닦아준다.

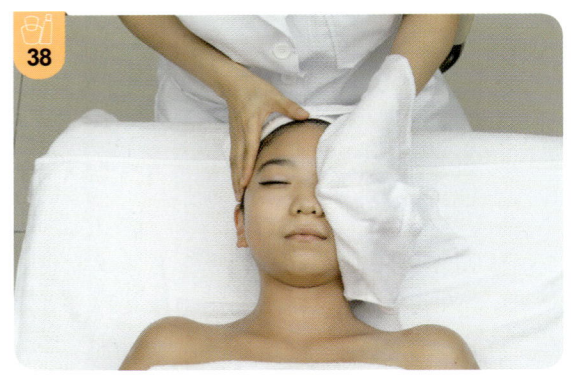

목 부위 및 데콜테 부위를 닦아준다.

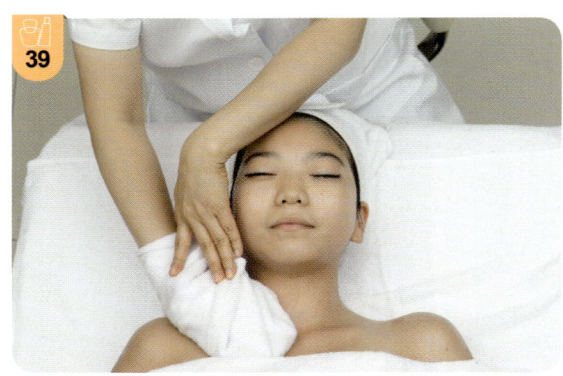

머리 전체 면을 닦아준다.

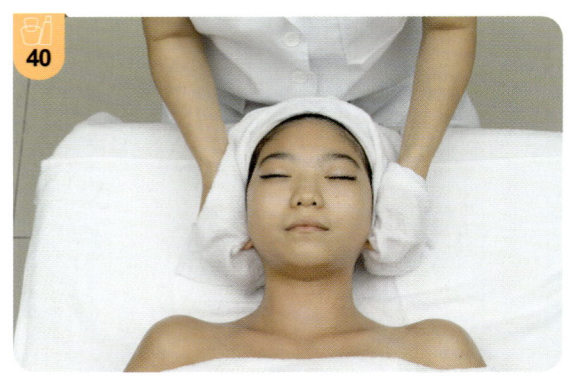

면 패드에 토너를 도포한다.

솜에 토너를 묻혀 눈 부위를 3단계로 닦아준다.

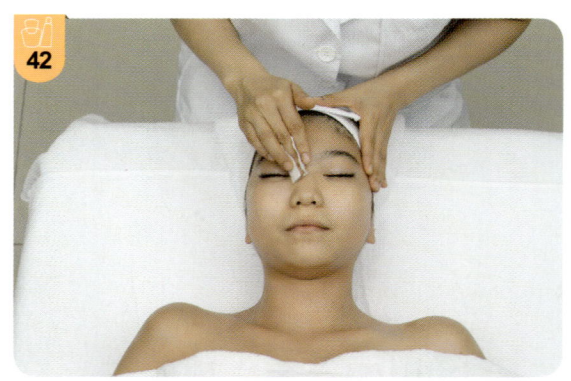

솜에 토너를 묻혀 볼 부위를 닦아준다.

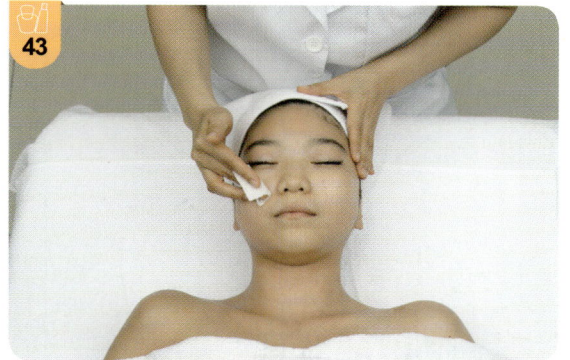

솜에 토너를 묻혀 이마 부위를 닦아준다.

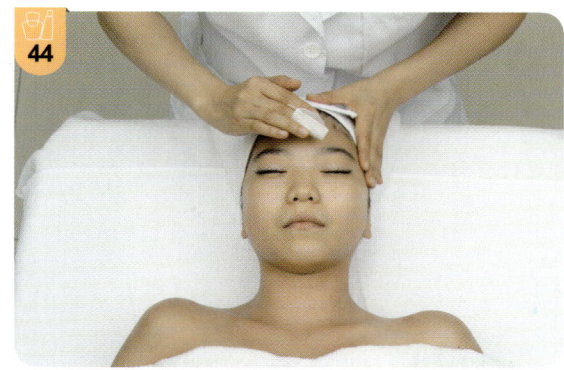

솜에 토너를 묻혀 목 부위를 닦아준다.

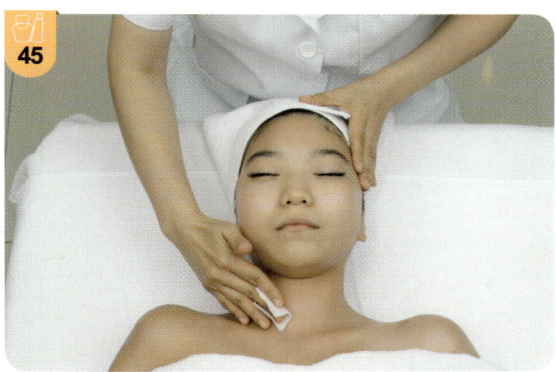

솜에 토너를 묻혀 데콜테 부위를 닦아준다.

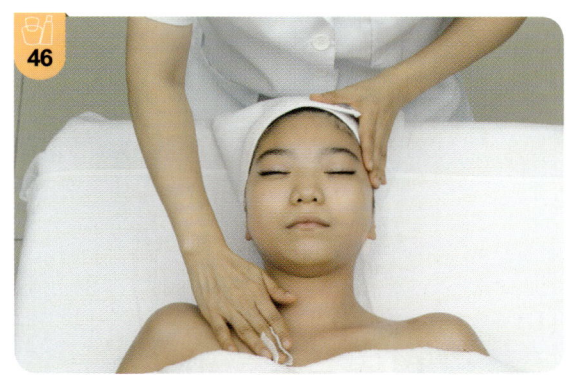

아이 크림을 바른다.

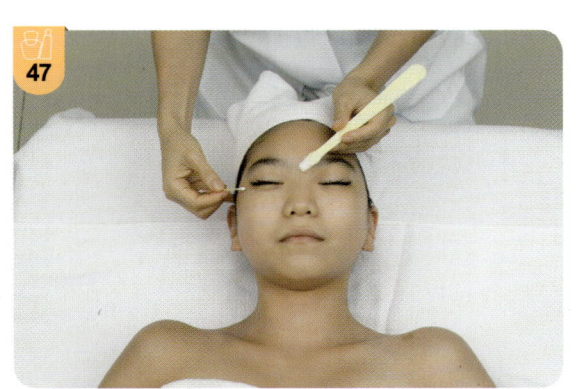

입술 부위를 바른다.

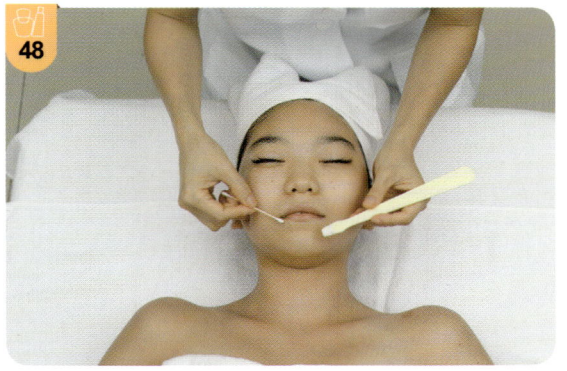

얼굴 전체 면을 도포한다.

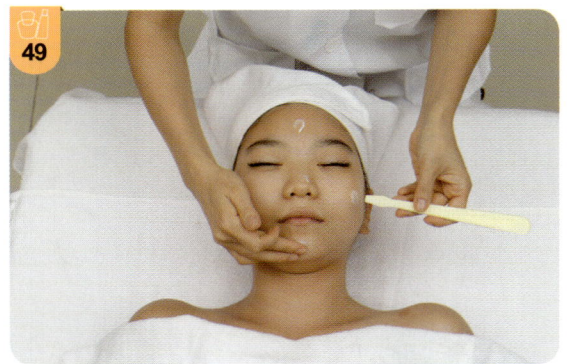

얼굴 전체 면을 바르면서 마무리한다.

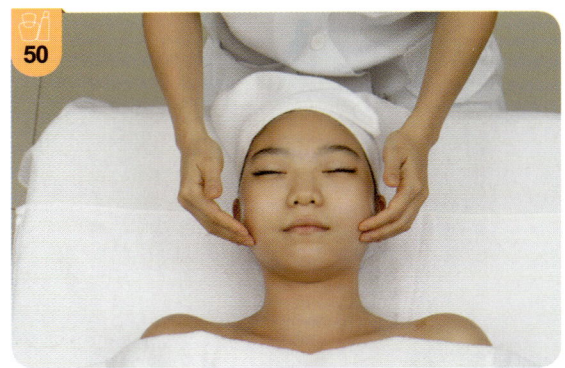

07 크림팩 도포 실기 테크닉

손을 소독한다.

눈 부위에 크림을 바른다.

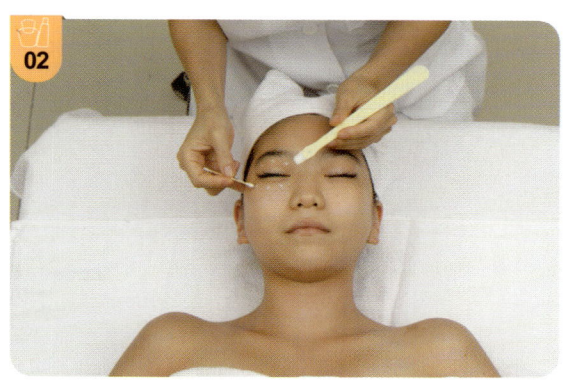

입술 부위에 크림을 바른다.

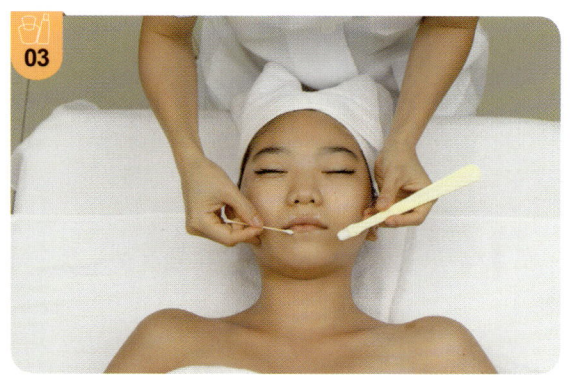

볼에 적당한 양의 크림팩을 담는다.

이마 부위에 팩을 도포한다.

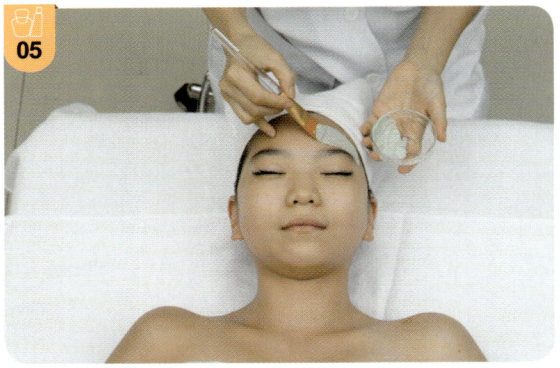

볼 부위를 팩으로 도포한다.

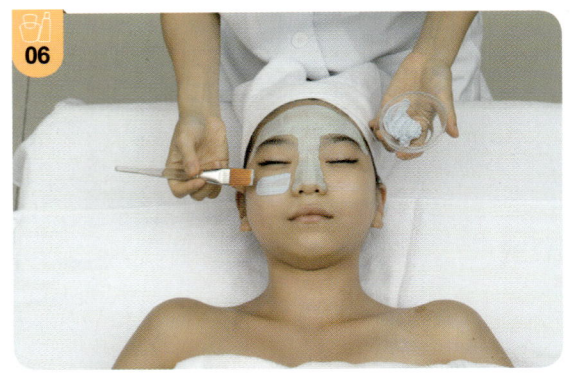

턱선과 볼 부위를 팩으로 도포한다.

목 중간 부위를 팩으로 도포한다.

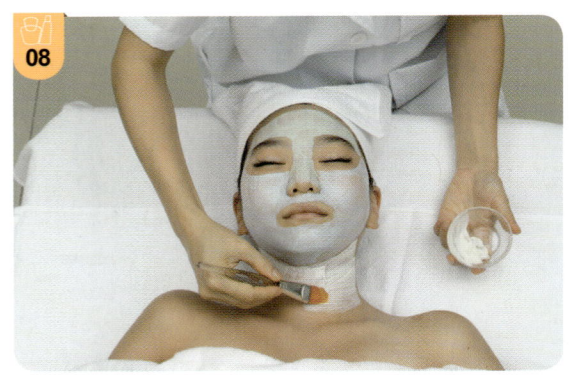

목 전체 면 부위를 팩으로 도포한다.

아이패드와 입술에 패드를 올린다.

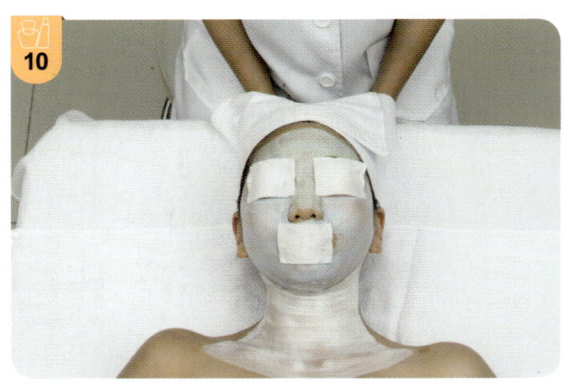

해면으로 눈 부위를 닦아낸다.

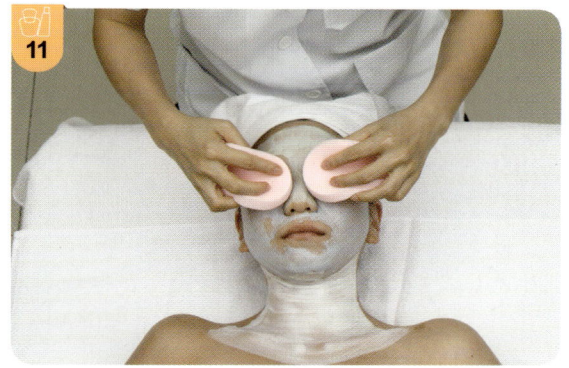

해면으로 눈썹 부위를 닦아낸다.

해면으로 이마 부위를 닦아낸다.

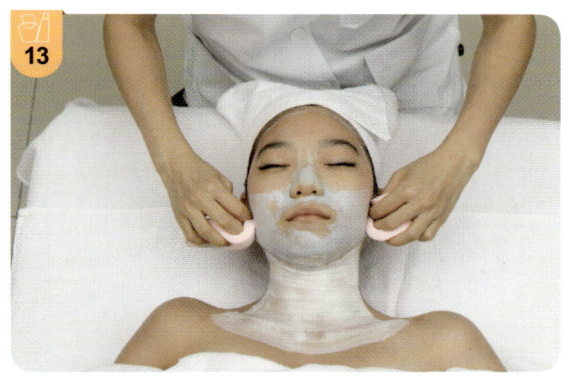

해면으로 볼 부위를 닦아낸다.

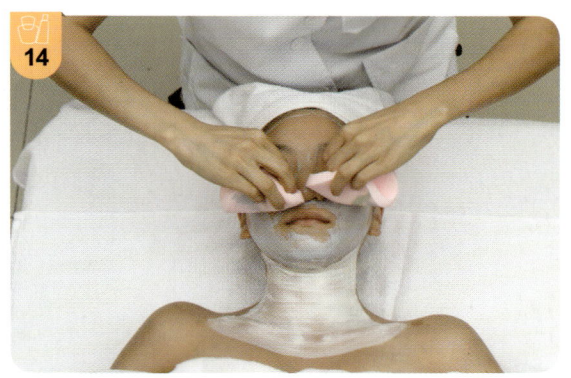

해면으로 볼 아래면 부위를 닦아낸다.

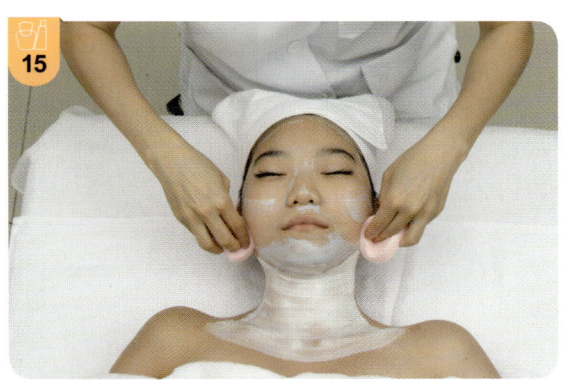

해면으로 턱선 부위를 닦아낸다.

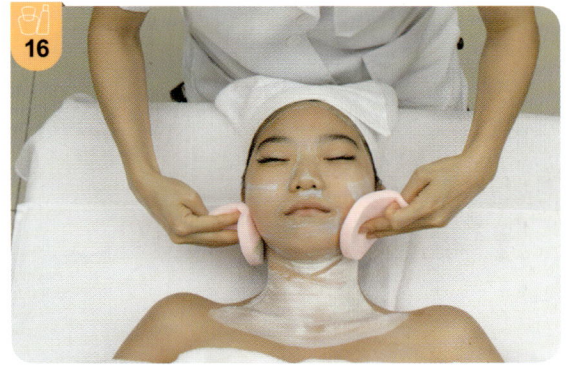

해면으로 데콜테 부위를 닦아낸다.

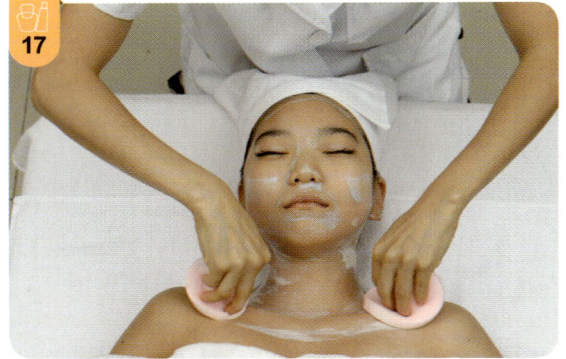

냉습포를 사용한다.

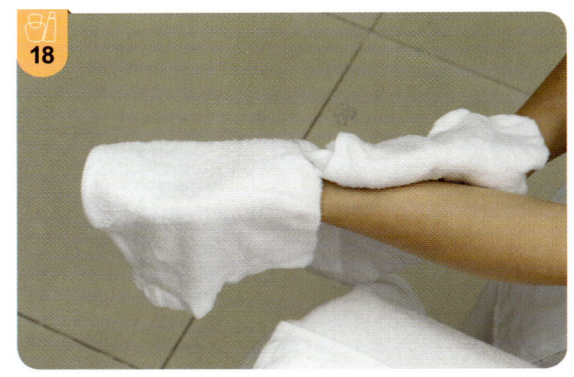

냉습포를 올린다.

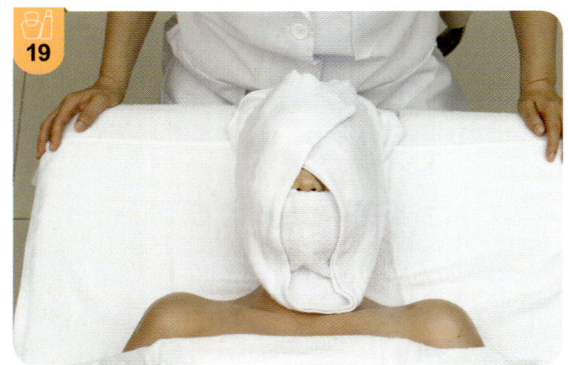

태양혈 부위를 눌러준다.

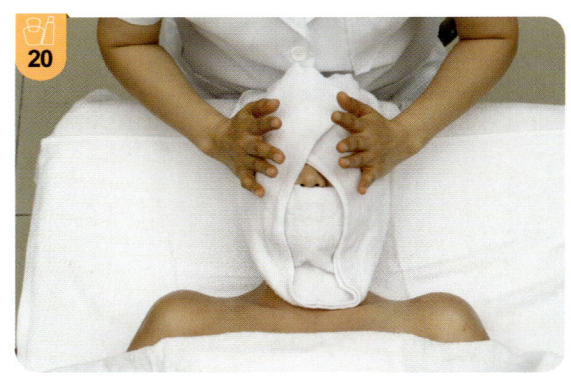

볼 부위를 눌러준다.

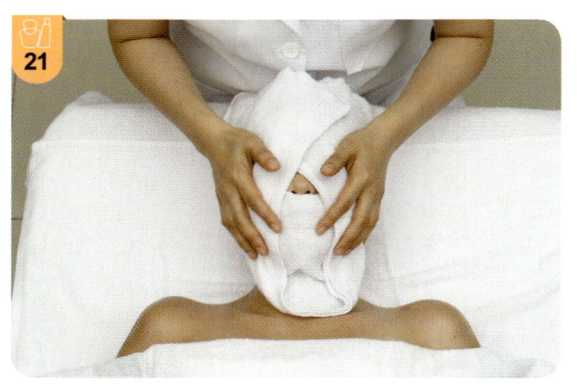

이마 부위를 눌러준다.

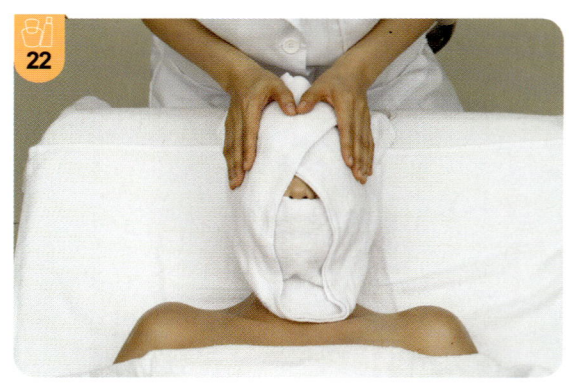

이마와 턱 부위를 눌러준다.

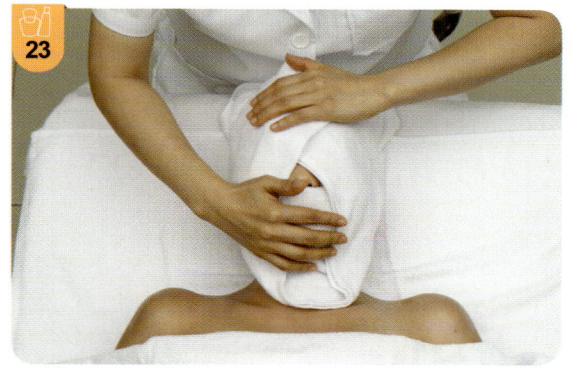

23번과 반대 부위를 눌러준다.

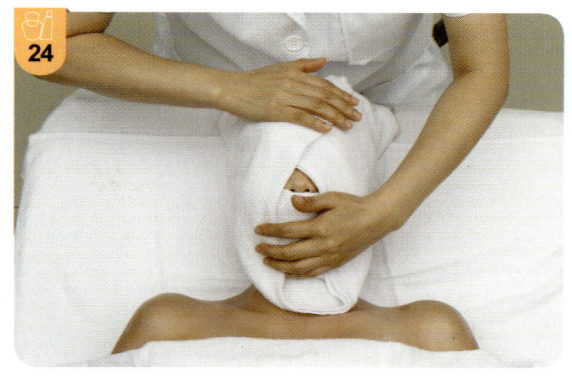

눈 부위를 닦아낸다.

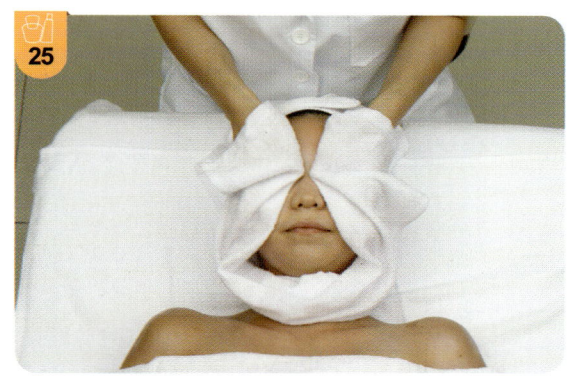

이마 부위를 닦아준다.

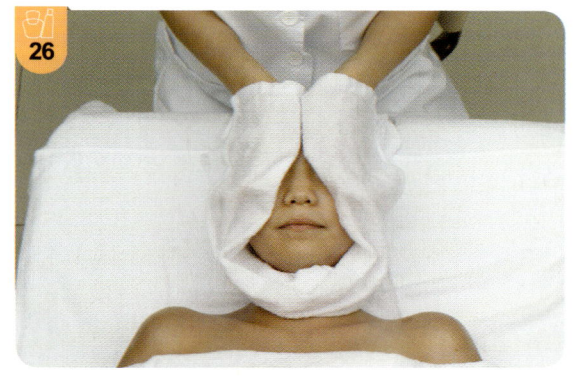

턱 부위를 닦아준다.

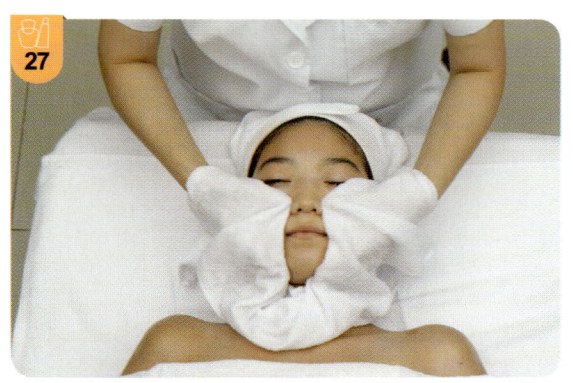

한쪽 면 전체를 닦아준다.

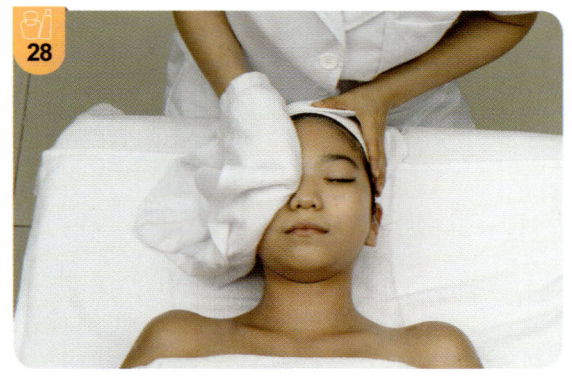

다른 쪽 면 전체를 닦아준다.

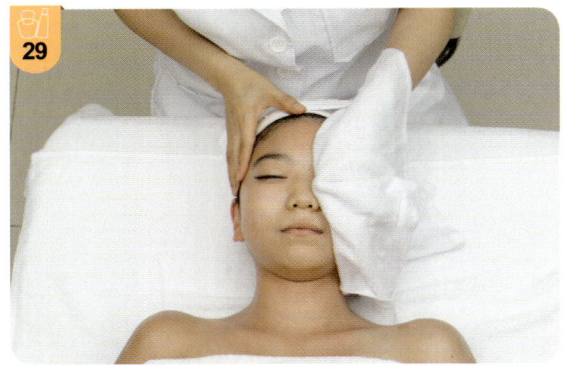

목 부위 및 데콜테 부위를 닦아준다.

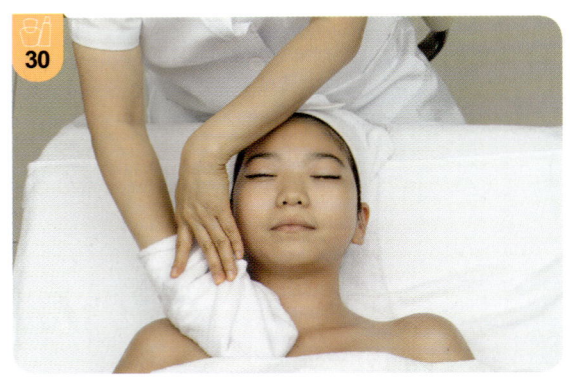

머리 전체 면을 닦아준다.

면 패드에 토너를 도포한다.

솜에 토너를 묻혀 눈 부위를 3단계로 닦아준다.

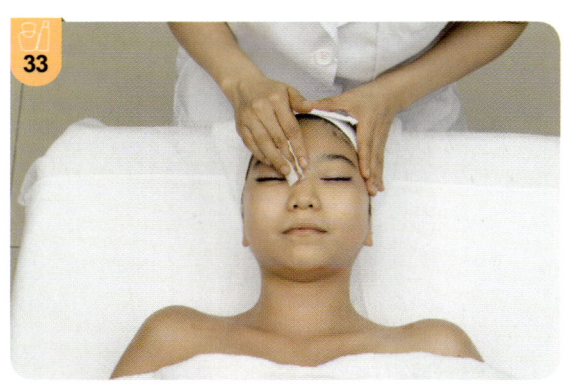

솜에 토너를 묻혀 볼 부위를 닦아준다.

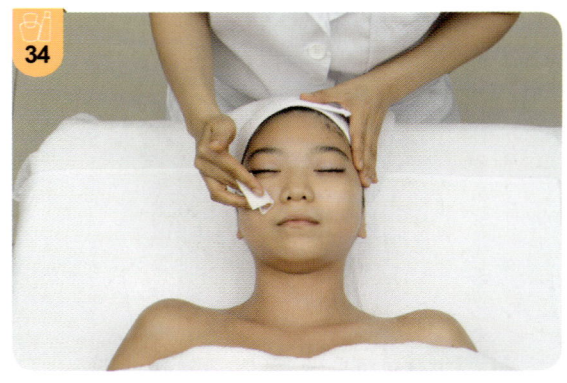

솜에 토너를 묻혀 이마 부위를 닦아준다.

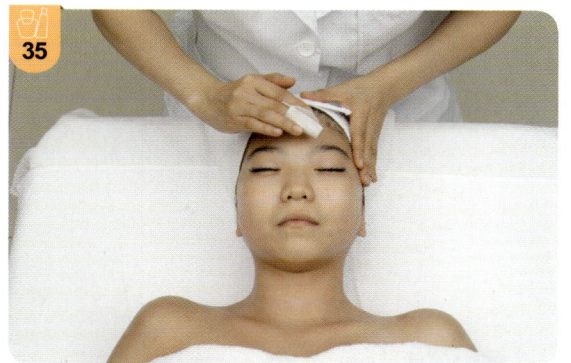

솜에 토너를 묻혀 목 부위를 닦아준다.

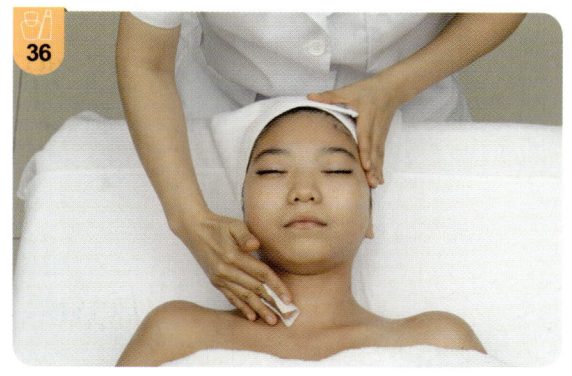

솜에 토너를 묻혀 데콜테 부위를 닦아준다.

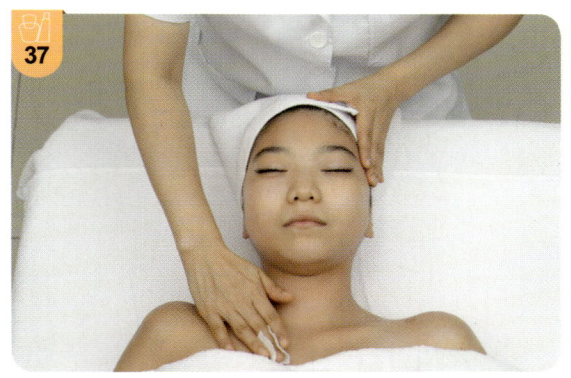

아이 크림을 바른다.

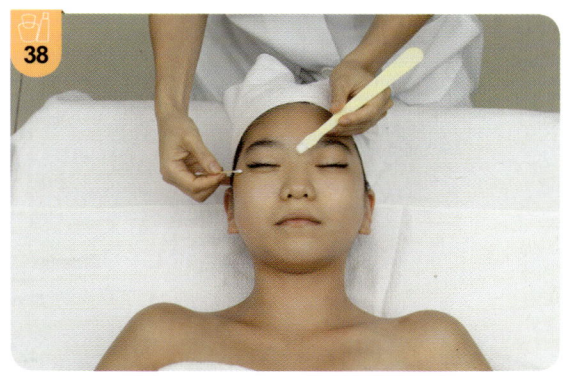

입술 부위를 바른다.

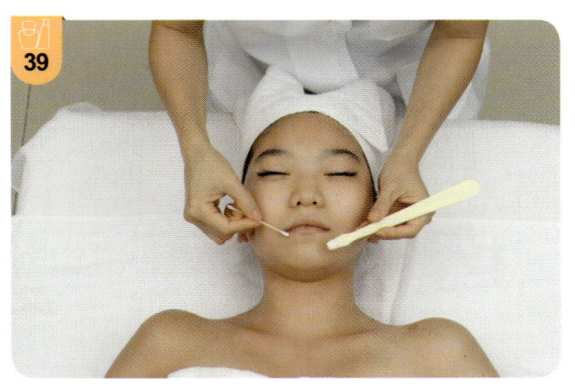

얼굴 전체 면을 도포한다.

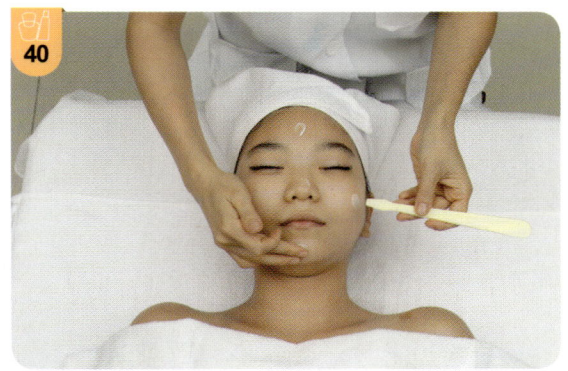

얼굴 전체 면을 바르면서 마무리한다.

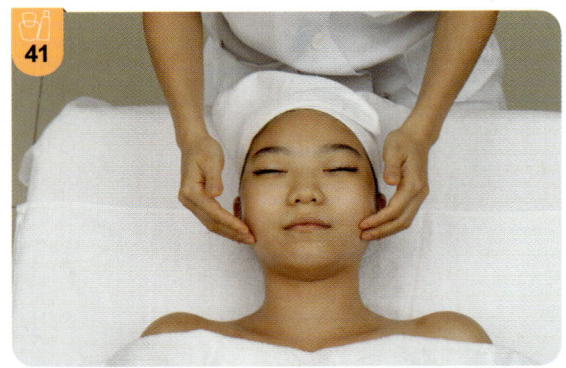

팔·다리 관리

02

- 팔 관리
- 다리 관리
- 제모 관리

1. 팔·다리 관리

국가기술자격 실기시험문제

| 자격종목 | 미용사(피부) | 과제명 | 팔, 다리 관리 |

비번호 :

※ 시험시간 : [○ 표준시간 : 2시간 15분]
　　　　　　 - 2과제 : 35분(준비작업시간 제외)

1. 요구사항

※ 팔, 다리 관리를 하기 위한 준비작업을 하시오

　가. 과제에 사용되는 화장품 및 사용 재료는 작업에 편리하도록 작업대에 정리하시오.
　나. 모델을 관리에 적합하도록 준비하고 베드위에 누워서 대기하도록 하시오.

※ 아래 과정에 따라 모델에게 피부미용 작업을 실시하시오.

순서	작업명		요구 내용	시간	비 고
1	손을 이용한 관리 (매뉴얼 테크닉)	팔(전체)	모델의 관리부위(오른쪽 팔, 오른쪽 다리)를 화장수를 사용하여 가볍고 신속하게 닦아낸 후 화장품(크림 혹은 오일타입)을 도포하고, 적절한 동작을 사용하여 관리하시오.	10분	총 작업시간의 90% 이상을 유지하시오.
		다리 (전체)		15분	
2	제 모		왁스 워머에 데워진 핫 왁스를 필요량만큼 용기에 덜어서 작업에 사용하고, 다리에 왁스를 부직포 길이에 적합한 면적만큼 도포한 후, 체모를 제거하고 제모부위의 피부를 정돈하시오.	10분	제모는 좌·우 구분이 없으며 부직포 제거전 손을 들어 감독의 확인을 받으시오.

2. 수험자 유의사항

1) 손을 이용한 관리는 팔과 다리가 주 대상범위이며, 손과 발의 관리 시간은 전체 시간의 20%를 넘지 않도록 하시오.
2) 제모 시 발을 제외한 좌·우측 다리(전체) 중 적합한 부위에 한번만 제거하시오.
3) 관리부위에 체모가 완전히 제거되지 않았을 경우 족집게 등으로 잔털 등을 제거하시오.
4) 제모 작업은 7×20cm 정도의 부직포 1장을 이용한 도포 범위(4~5 × 12~14 cm)를 기준으로 하시오.

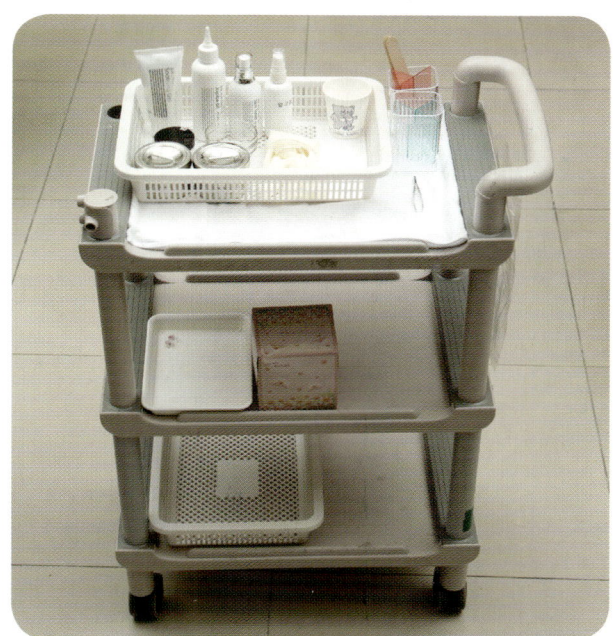

〈팔 · 다리 웨건〉

팔, 다리 관리의 목적 및 효능

다양한 수기요법을 이용한 자극으로 혈관계 및 림프계 순환을 촉진시켜, 늘어진 피부의 각화주기와 재생 주기를 정상화시키고, 피부의 탄력유지와 면역력 증대, 신진대사를 촉진한다.
즉, 인체순환을 촉진시켜 몸에 축적된 노폐물을 배출시키고, 근육의 긴장성을 풀어 기혈의 흐름을 원활히 하며, 체형의 밸런스를 맞춰주는 것이다.
특히, 심장과 멀리 있어 순환의 문제를 일으킬 수 있는 손과 발에는 인체의 반사구가 축소되어 있기에, 지압 및 마사지 등의 다양한 수기요법을 이용하여 말초 신경 자극과 혈액순환을 원활하게 도와준다.
이때, 관리사는 관리 시 손을 따뜻하고 부드럽게, 고객의 심리적 안정과 기분전환 및 긴장을 풀어주고, 습득한 정확한 관리법으로 최대의 효과를 얻도록 하며, 지나치게 강한 자극으로 울혈과 통증 등의 부작용이 생기지 않도록 유의해야 하고, 대체로 모든 시술은 근육의 결에 따라 행해져야한다.

단, 아래의 경우에는 관리를 금한다.
1). 출혈이나 통증, 심한 경련을 일으킬 수 있는 이의 관리를 금한다.
2). 피부병, 급성 염증, 종양, 뼈와 관절의 손상 등의 경우에도 관리를 금한다.

팔 관리 실기 테크닉

모델 준비 사항

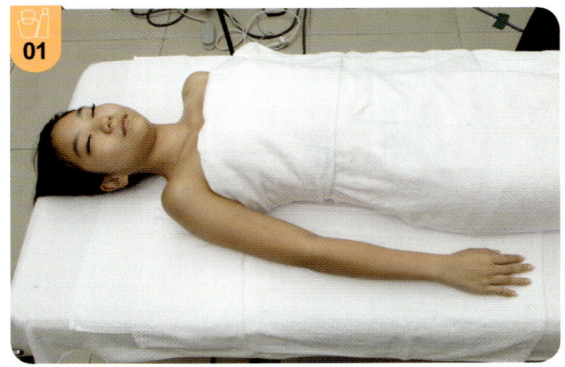

손을 소독한다.

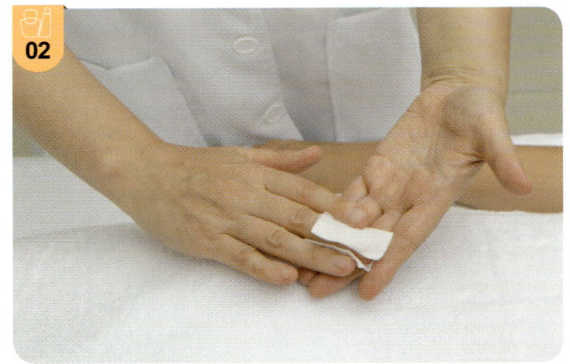

토너를 바른다.

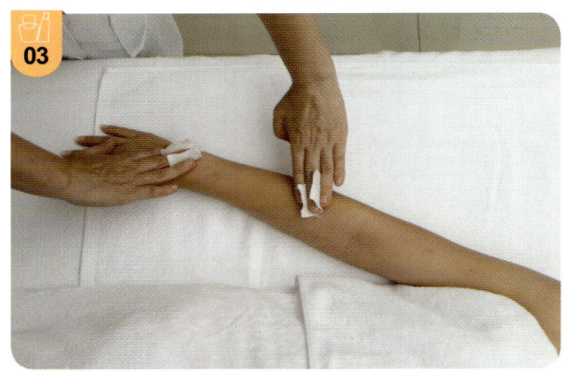

1단계 – 팔 전체에 양손으로 오일을 바른다.

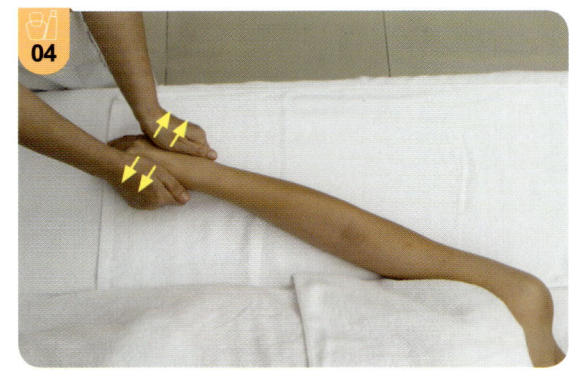

2단계 – 팔 전체에 양손으로 오일을 바른다.

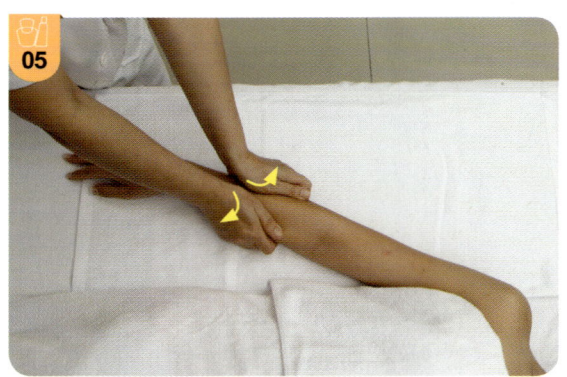

3단계 – 팔 전체에 양손으로 오일을 바른다.

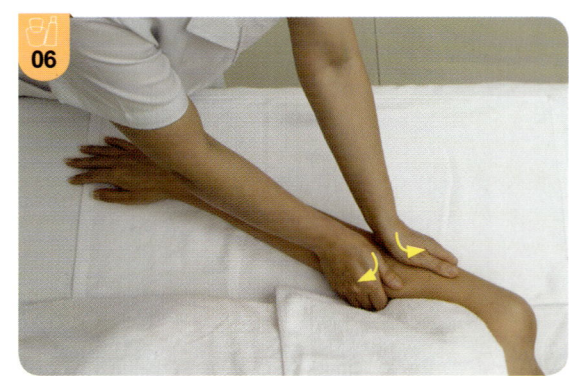

한 손으로 팔 안쪽의 오일을 바른다.

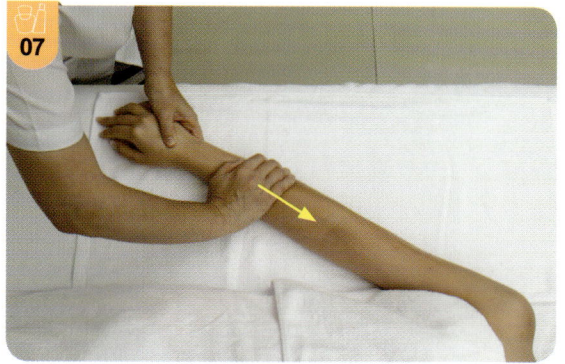

한 손으로 팔 바깥쪽의 오일을 바른다.

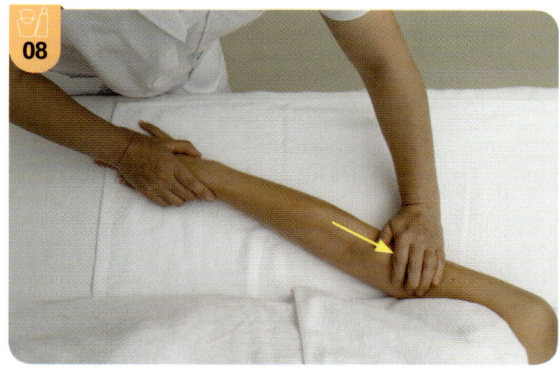

양손으로 팔을 눌러 바른다.

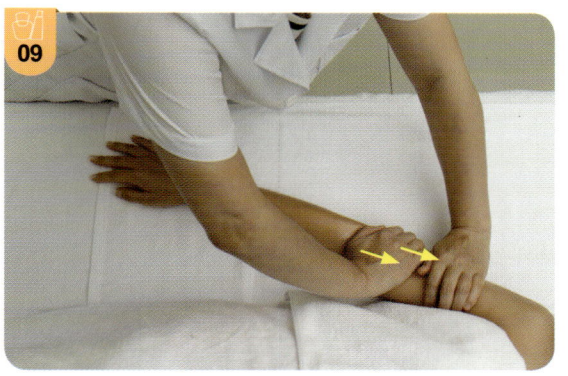

손 등을 감싼다.

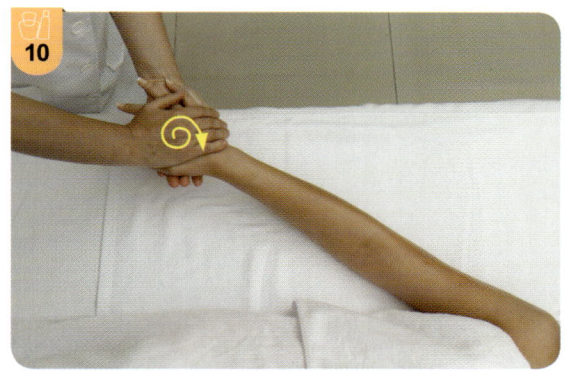

팔꿈치를 감싼다.

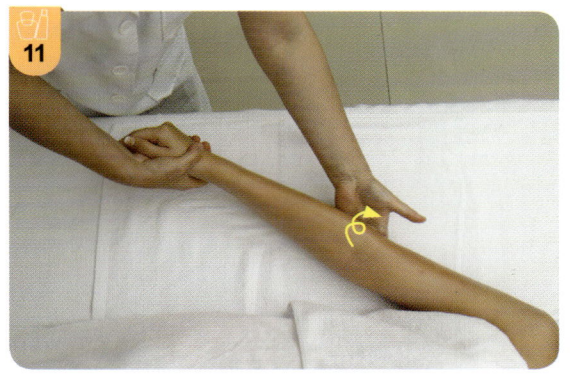

손목을 잡고 팔을 쓰다듬는다.

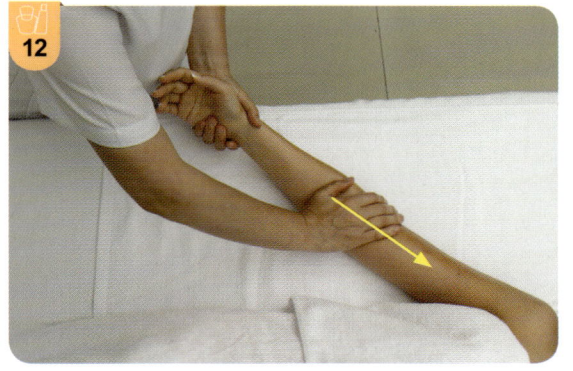

팔·다리 관리

손바닥으로 지그재그로 비벼 준다.

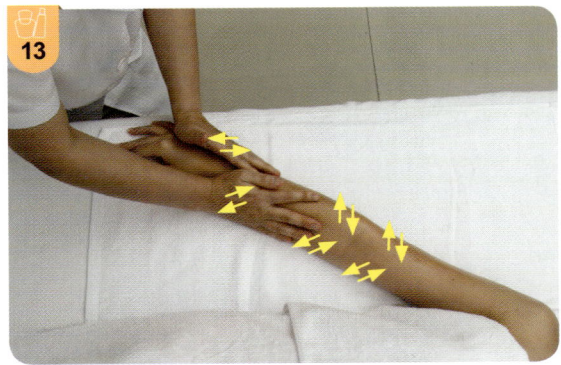

팔 안쪽으로 쓸면서 내린다.

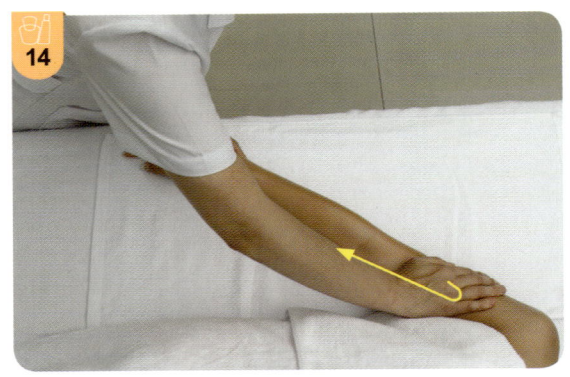

팔등을 지그시 잡고 한 손으로 쓸어준다.

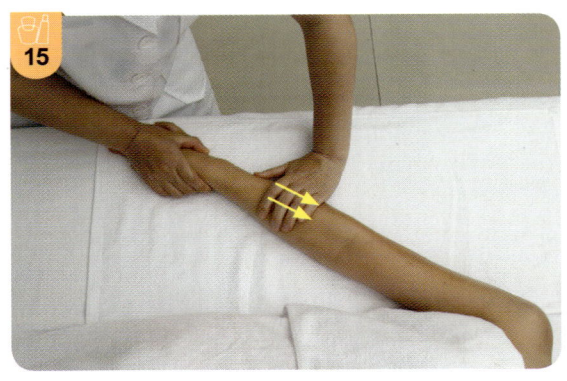

팔을 엄지손가락으로 가볍게 비틀어 준다.

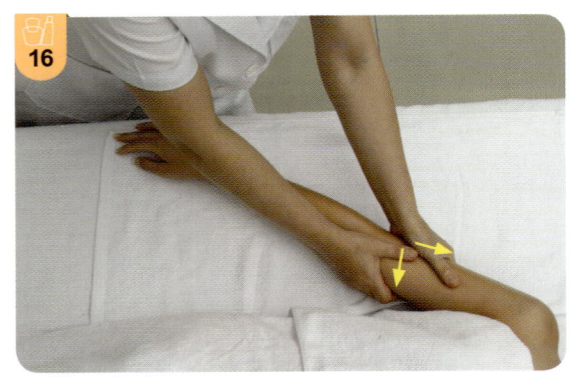

팔을 엄지손가락으로 가볍게 비틀어준다.

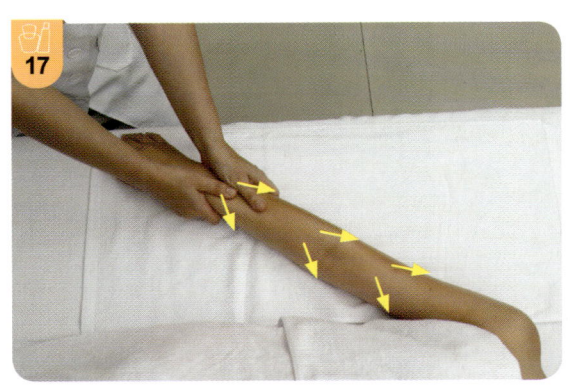

손등을 감싼다.

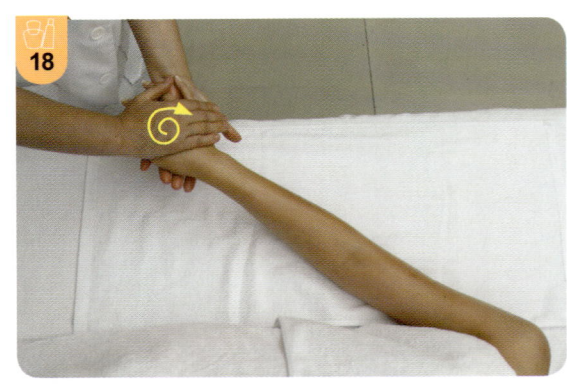

손가락을 지그시 잡아 빼준다.

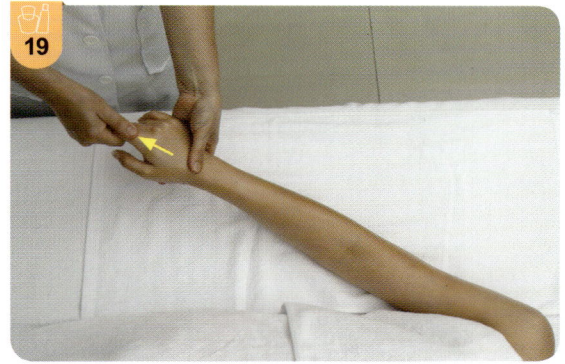

손등을 가볍게 눌러주며 쓸어준다.

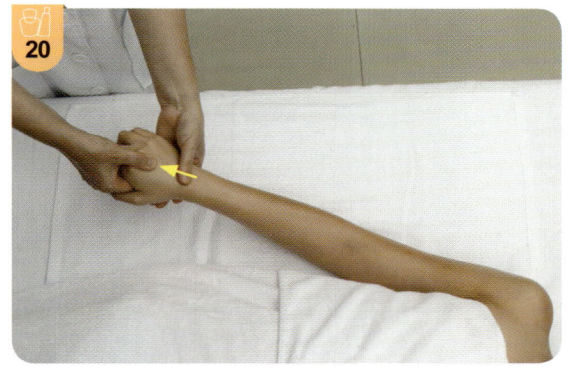

엄지로 손등을 지그재그로 쓸어준다.

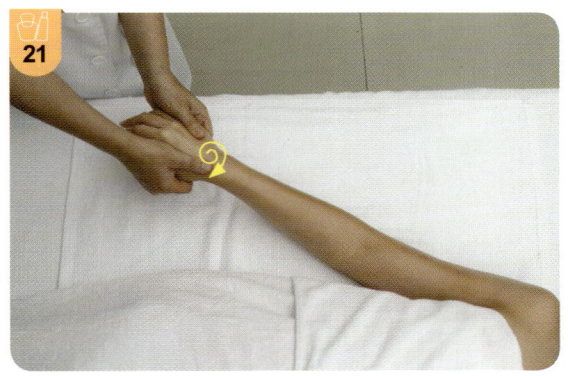

엄지로 팔 전체 부위를 번갈아 가며 쓸어준다.

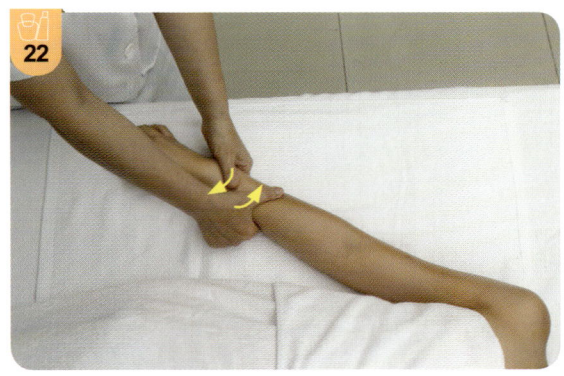

엄지로 팔 전체 부위를 번갈아 가며 쓸어준다.

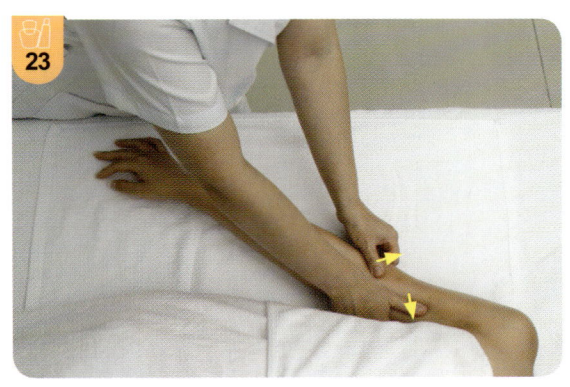

양손으로 팔을 감싸 비틀어준다.

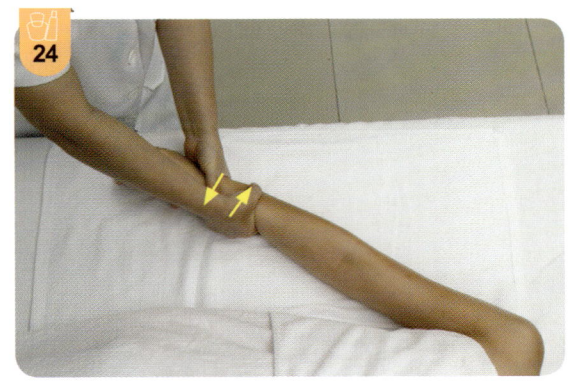

양손으로 팔을 감싸 비틀어준다.

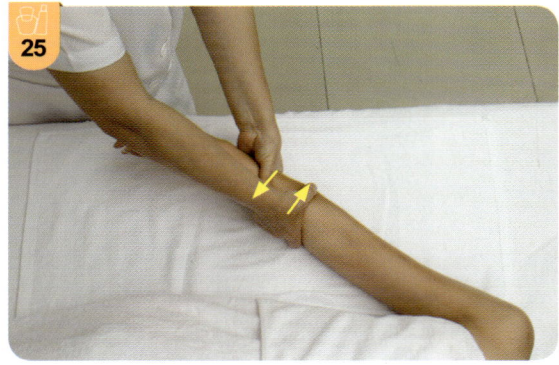

손바닥면 펴 주기

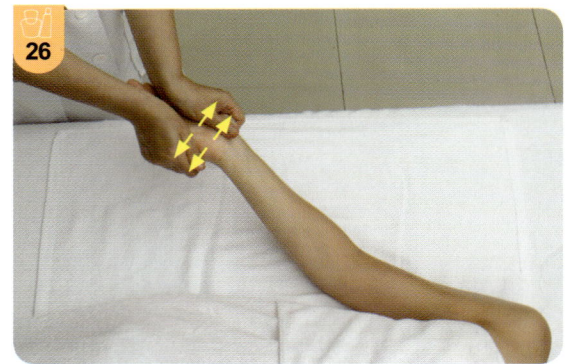

한손으로 팔목을 잡고 엄지로 팔 중앙부위를 눌러주며 쓸어주기

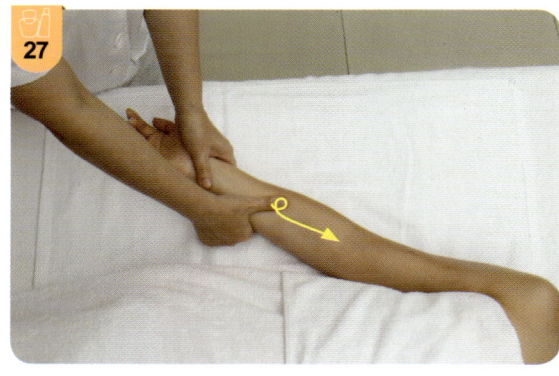

손을 바꾸어 팔 중앙 부위를 눌러주며 쓸어준다.

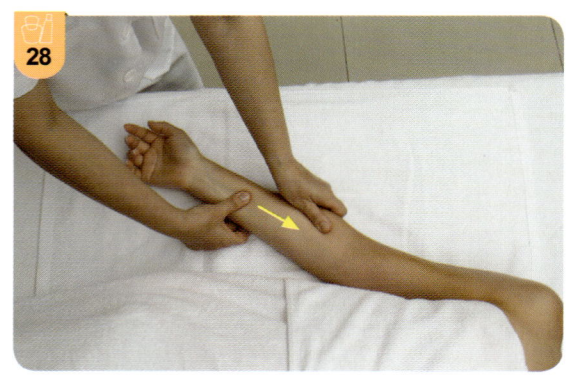

팔목을 비틀어준다.

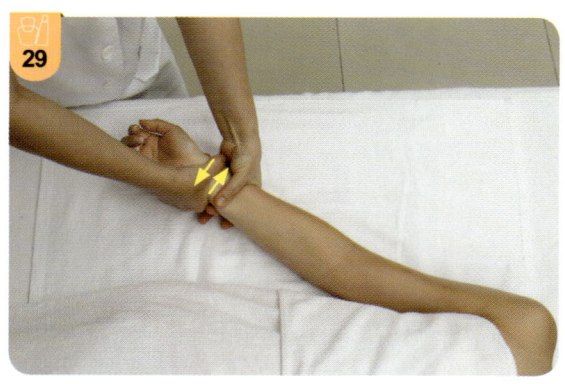

하완을 엄지로 쓸어준다.

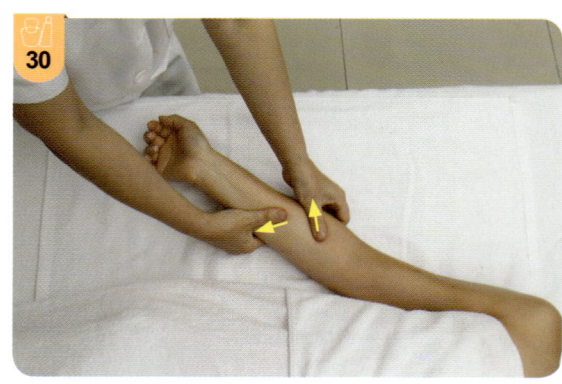

팔꿈치를 비틀어준다.

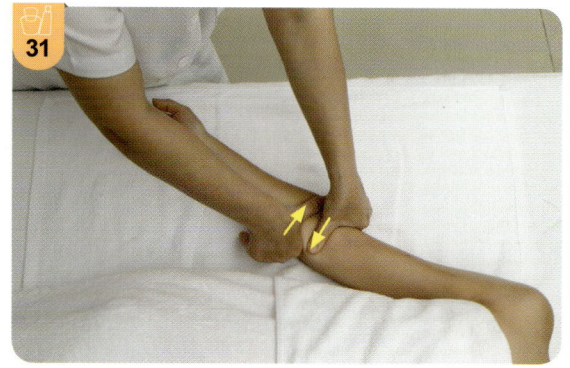

상완 부위를 손바닥 전체면으로 쓸어준다.

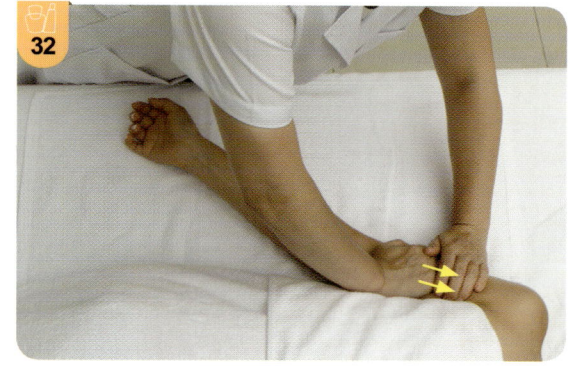

팔목을 잡고 하완을 들어준다.

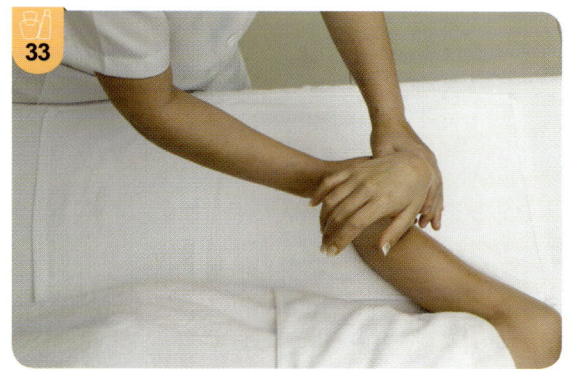

하완을 들고 한손으로 쓸어준다.

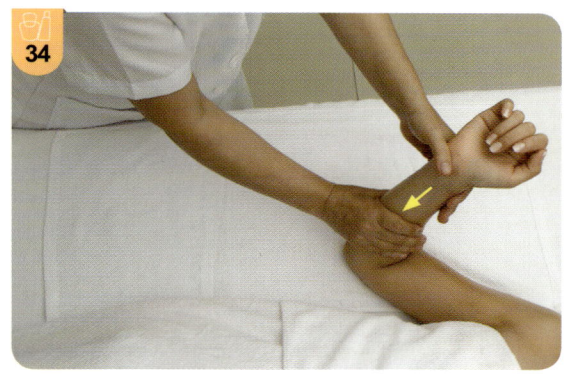

하완을 들고 한 손으로 쓸어준다.

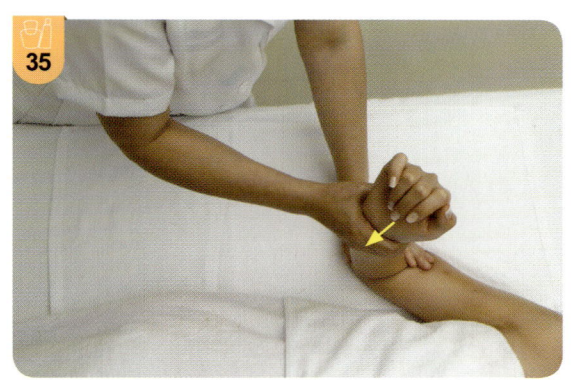

하완을 들고 양손으로 쓸어준다.

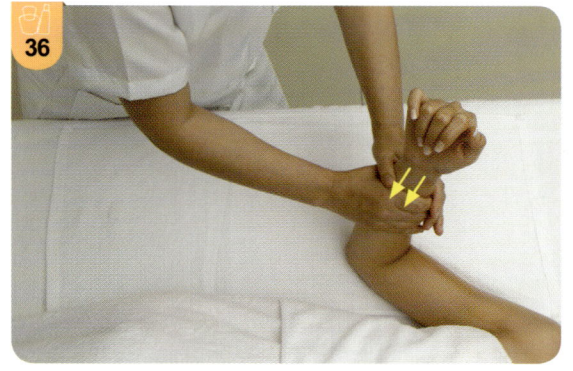

하완을 내려 한 손으로 쓸어준다.

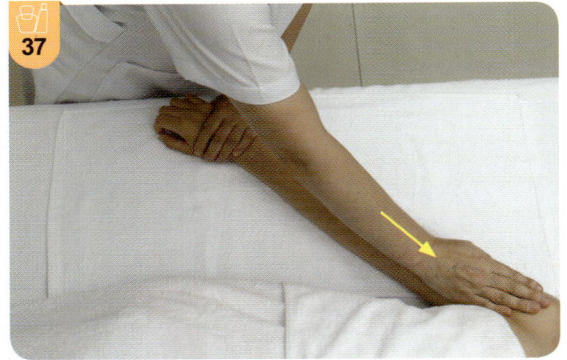

다른 손으로 팔 전체를 쓸어준다.

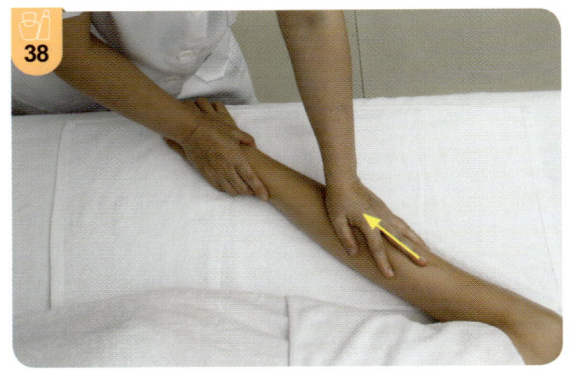

팔을 양손으로 잡고 들어준다.

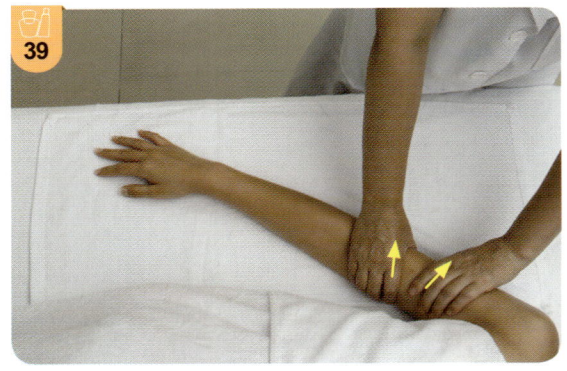

팔을 양손으로 잡고 들어준다.

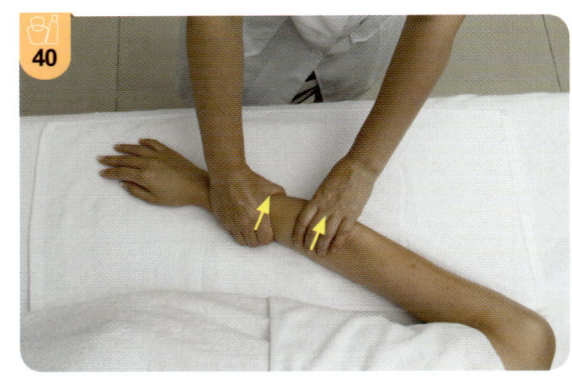

양 손바닥을 펴서 지그재그로 감싸준다.

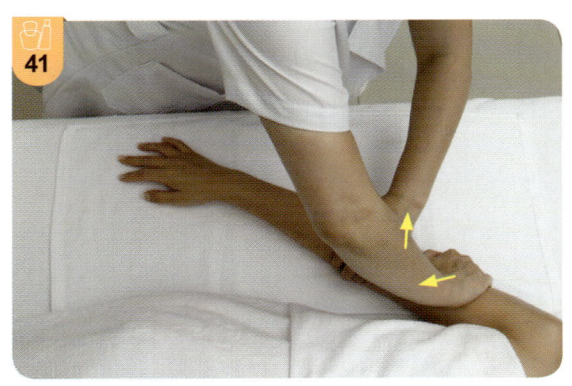

손바닥 전체로 팔을 지그재그로 비틀어준다.

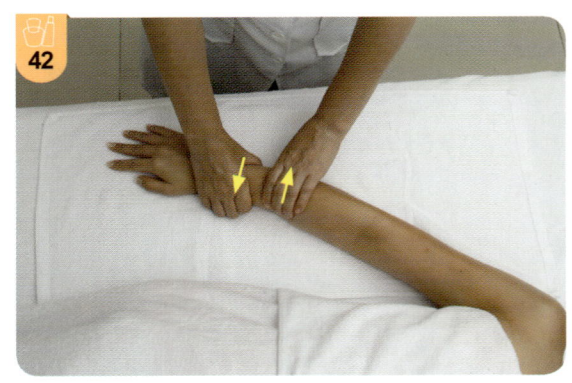

팔을 가볍게 잡고 어깨를 감싸준다.

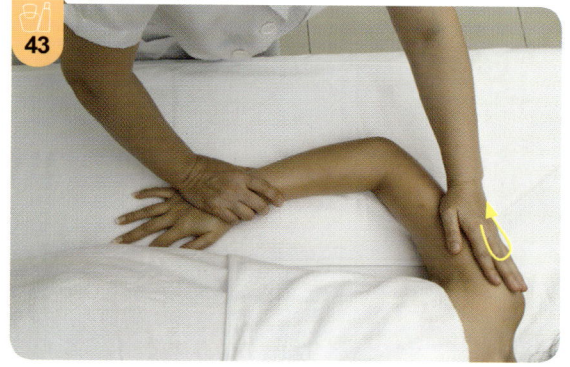

어깨에서 손바닥으로 눌러주며 내려준다.

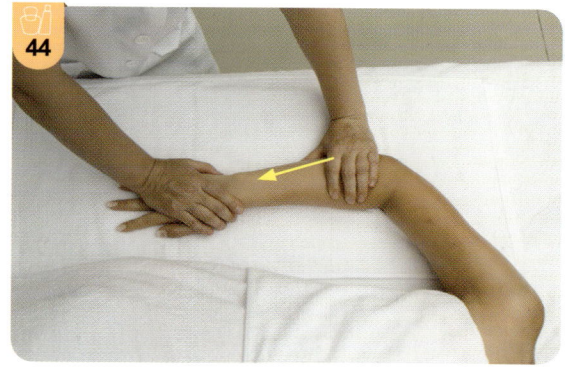

팔꿈치를 문지른다.

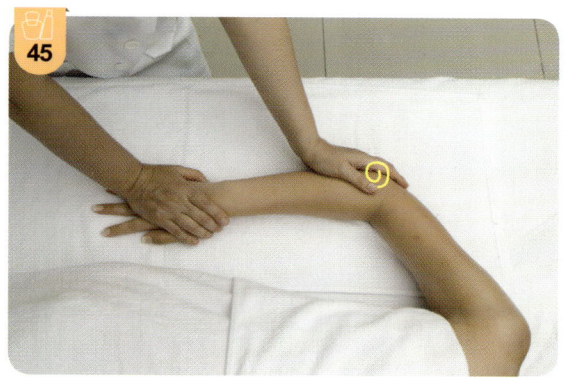

손바닥에 팔을 감싸 비벼준다.

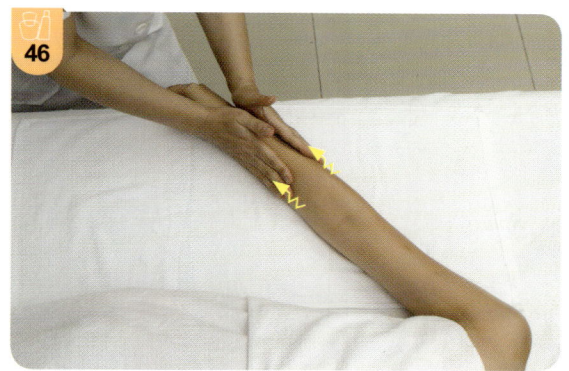

손바닥에 팔을 감싸 비벼준다.

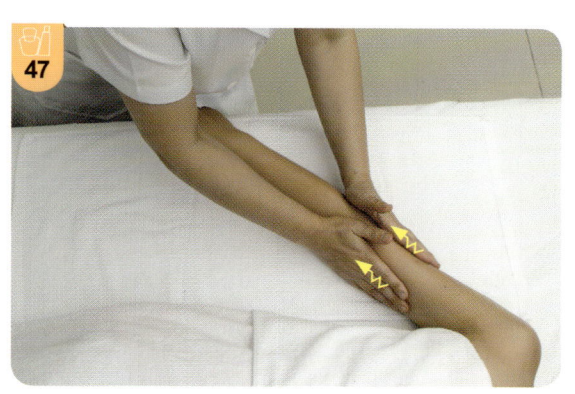

팔을 흔들어주면서 마무리한다.

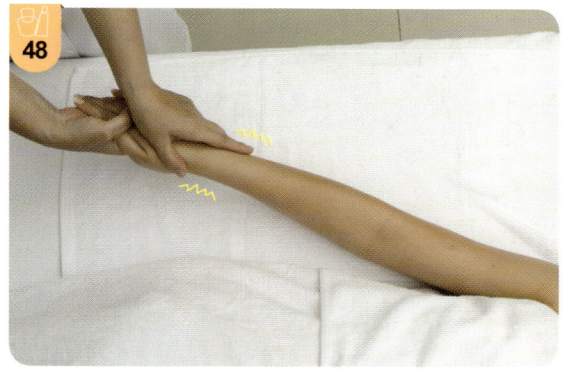

팔에 타월을 올린다.

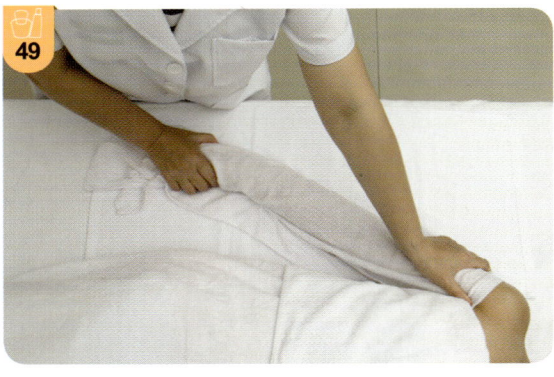

타월 위로 가볍게 눌러준다.

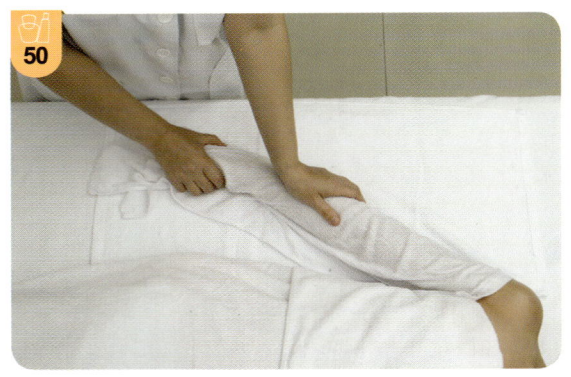

손을 잡고 눌러준다.

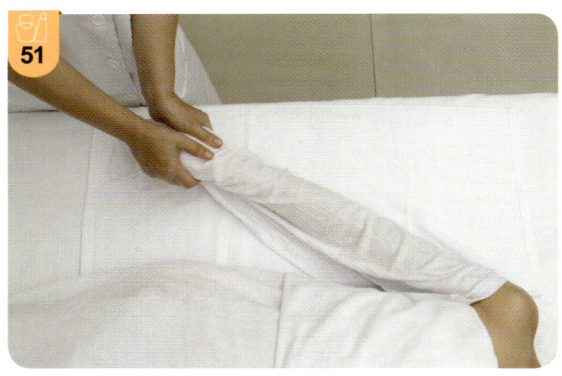

팔의 바닥쪽 부위를 닦아준다.

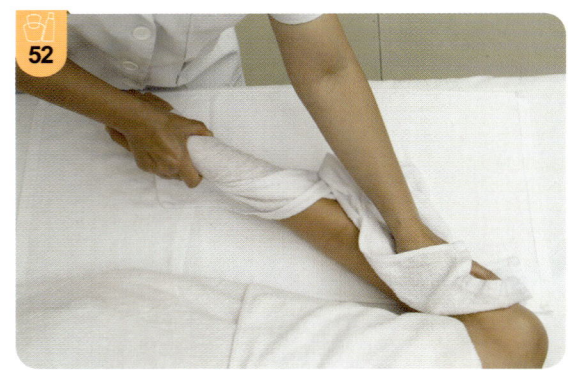

팔의 안쪽 부위를 닦아준다.

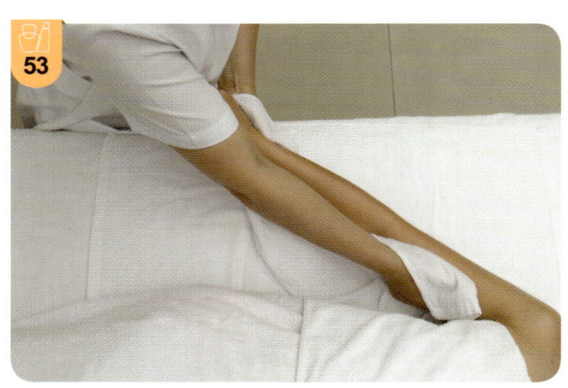

손가락을 닦아주면서 마무리한다.

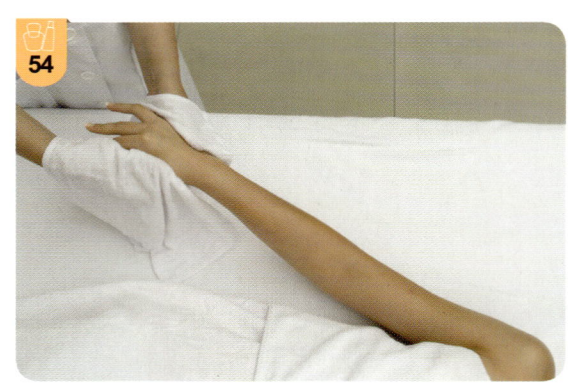

다리 관리 실기 테크닉

손을 소독한다.

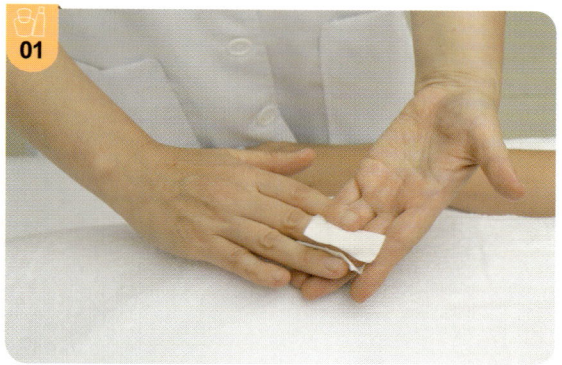

토너를 발라준다.

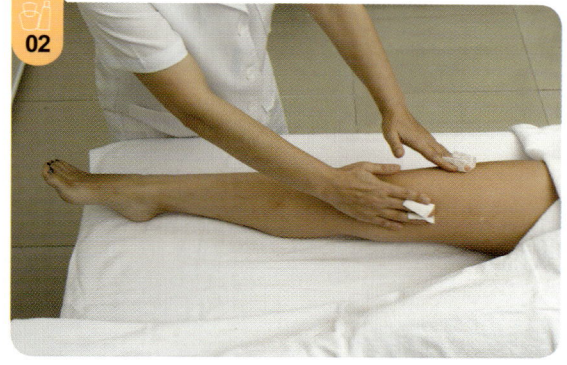

다리에 오일을 발라준다.

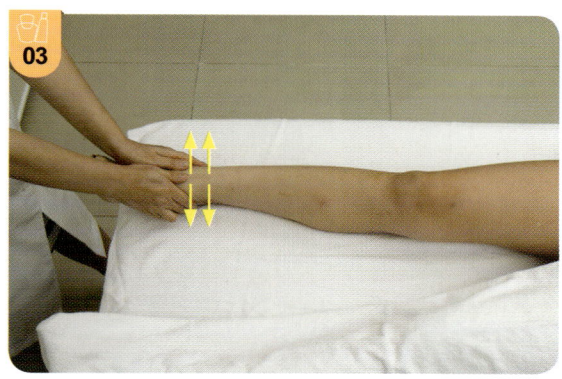

오일을 발라준다.

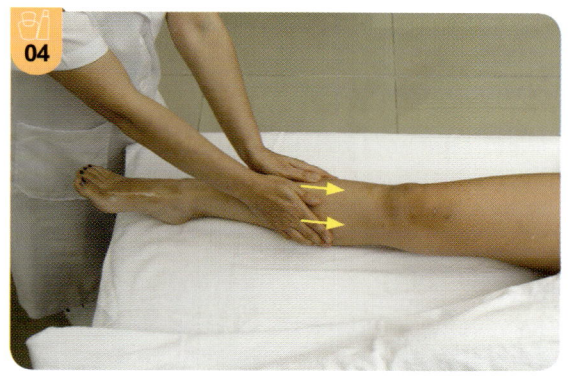

오일을 발라준다.

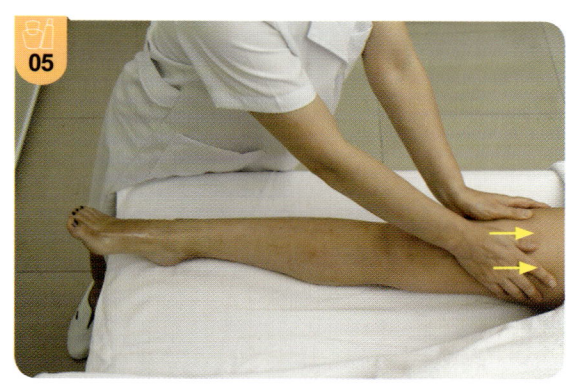

측면 부위를 쓸어준다.

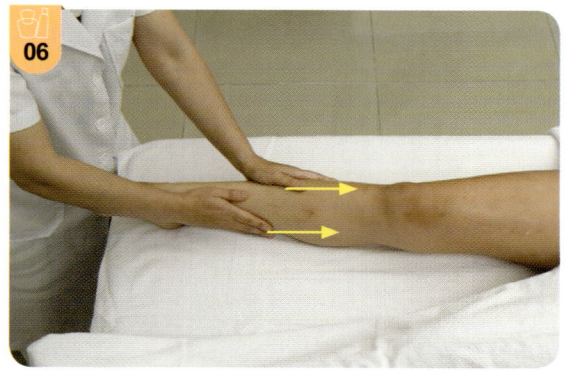

측면 부위를 쓸어준다.

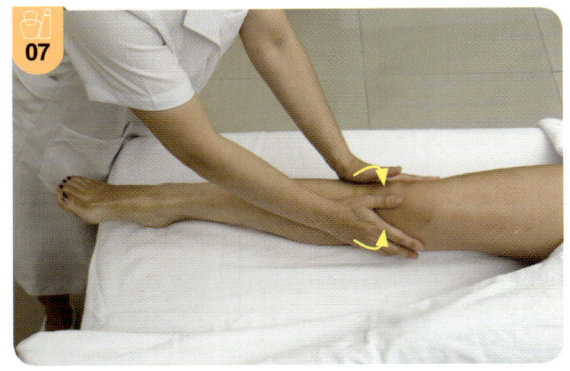

측면 부위를 쓸어준다.

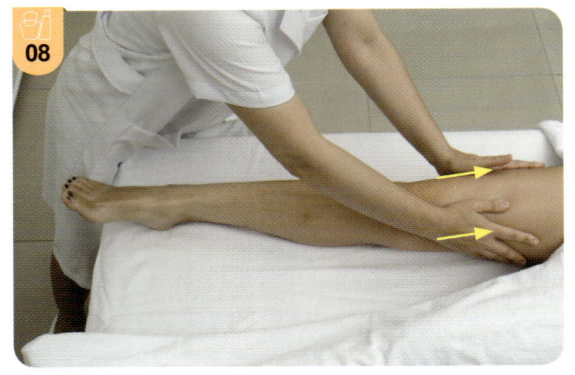

한 손으로 쓸어준다.

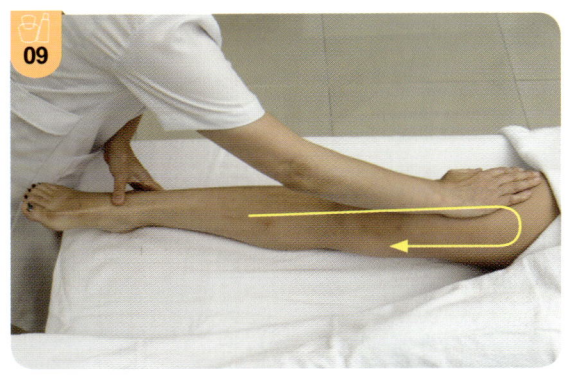

반대편을 쓸어준다.

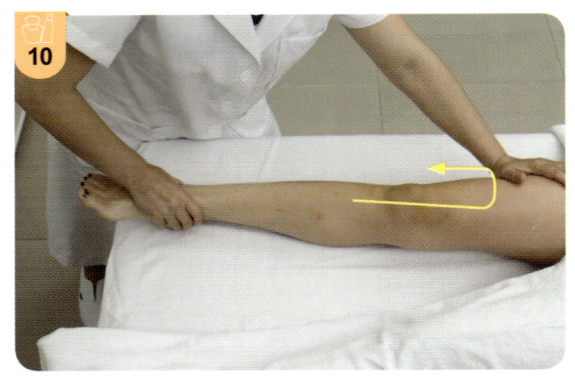

손바닥으로 무릎까지 쓸어준다.

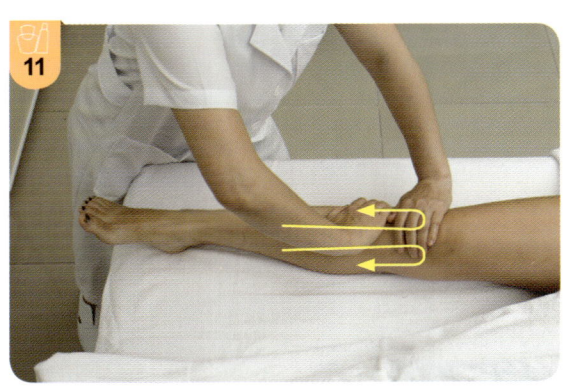

종아리 부위 감싸며 내려준다.

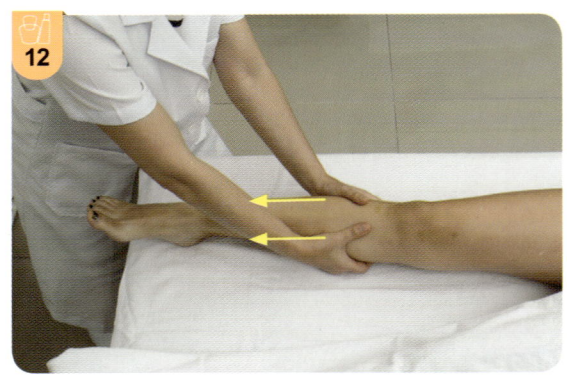

발을 감싸주면서 쓸어준다.

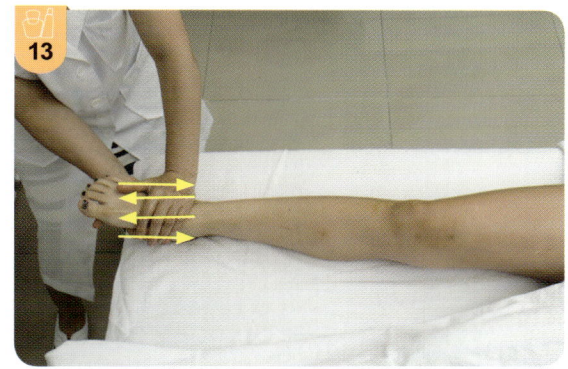

발등을 쓸어준다.

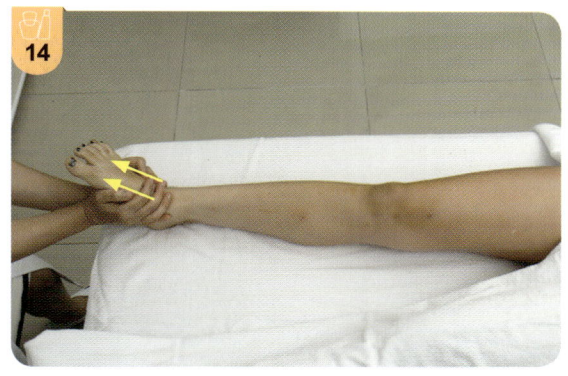

발등을 감싸며 쓸어준다.

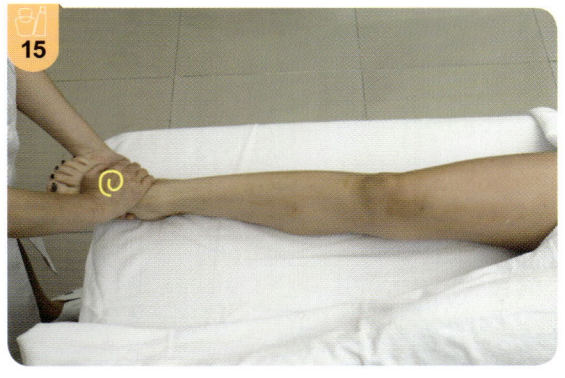

발등을 엄지로 쓸어주기

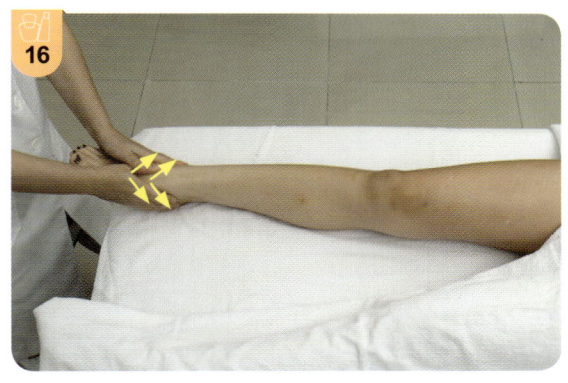

양손으로 감싸며 러빙한다.

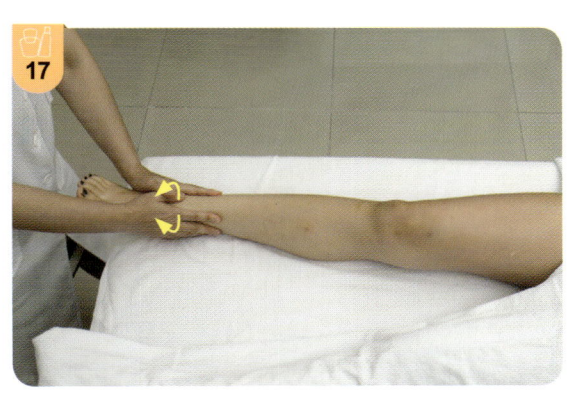

무릎까지 쓸어준다.

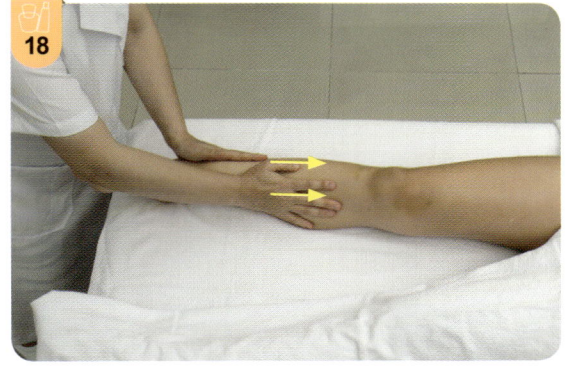

무릎 관절면 한쪽면을 쓸어준다.

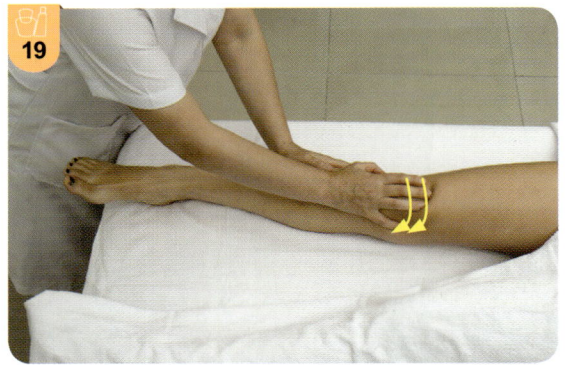

무릎 관절면 한쪽면 쓸기

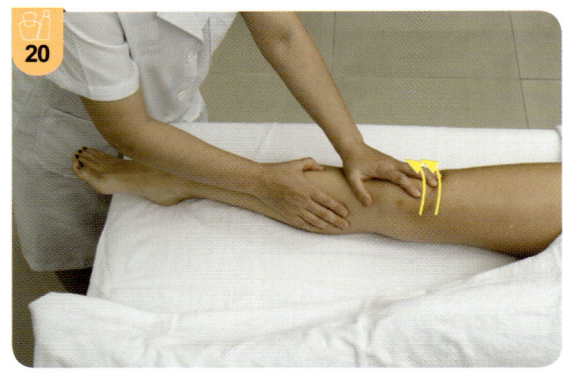

허벅지면 감싸며 쓸어준다.

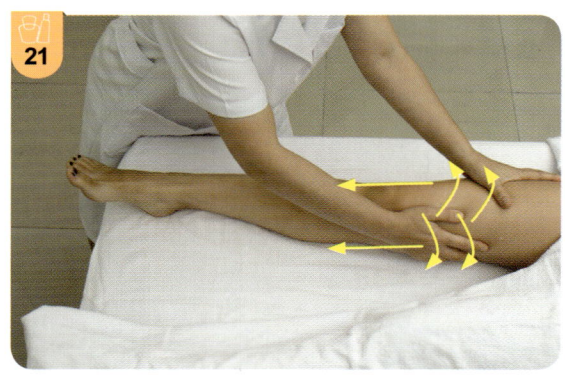

발가락 부위를 쓸어준다.

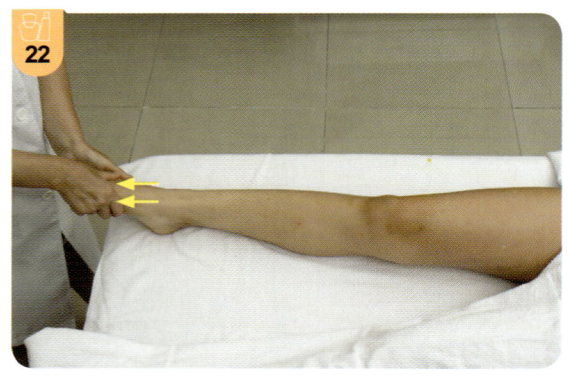

발등을 쓸어준다.

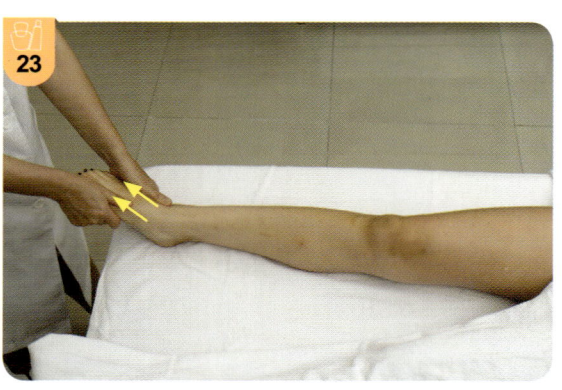

발가락을 지그시 잡고 빼준다.

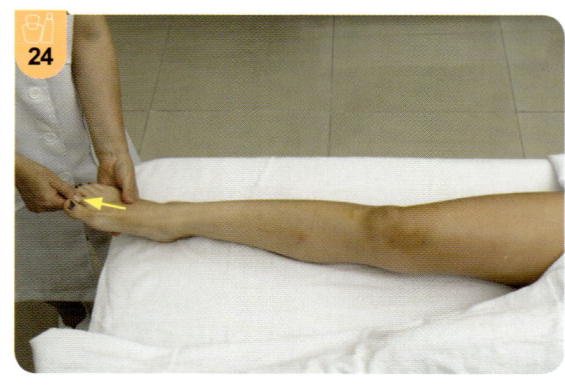

발등을 가볍게 눌러주면서 쓸어준다.

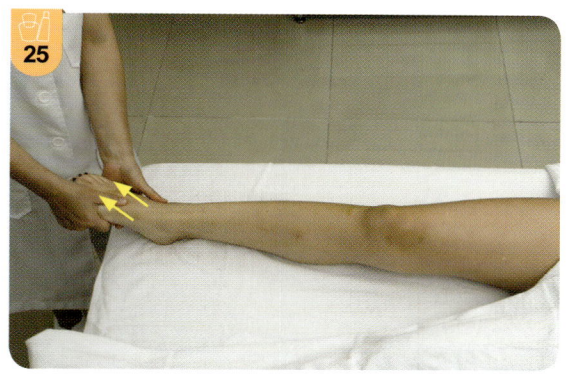

발등을 양손으로 비틀어준다.

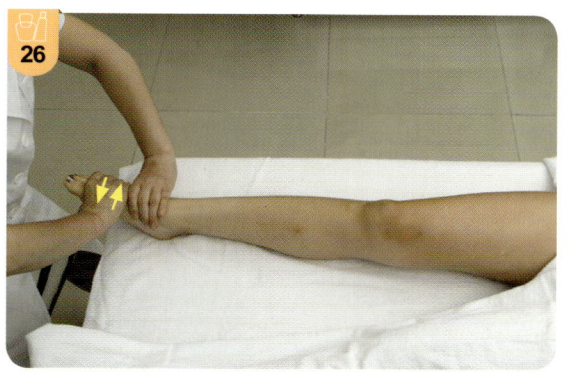

손을 크로스하여 쓸고 올려준다.

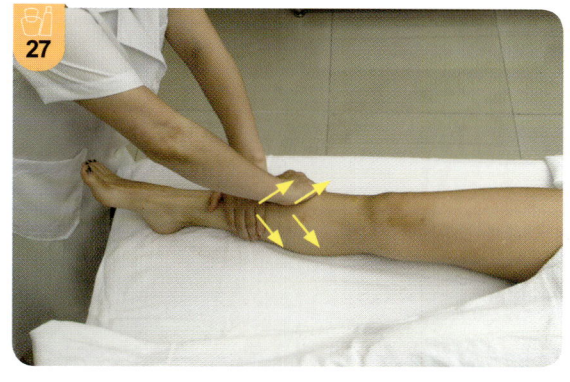

측면으로 쓸어 내려준다.

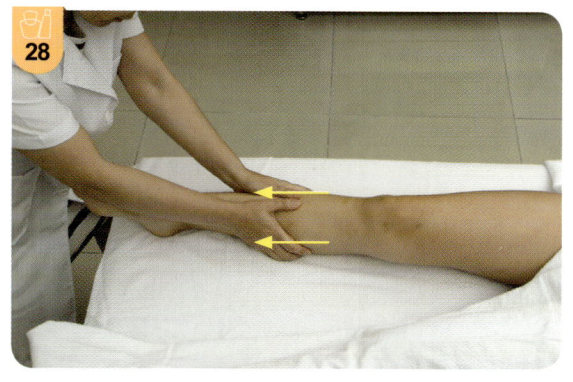

허벅지 비틀어 주기

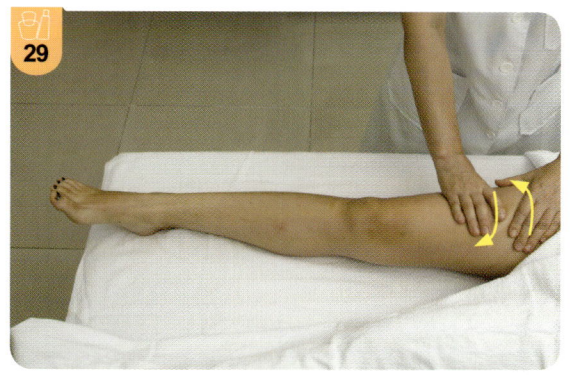

허벅지를 양손을 펴서 쓸어준다.

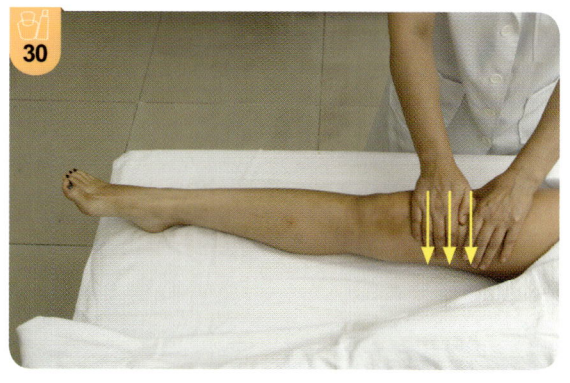

종아리 부위를 비틀어준다.

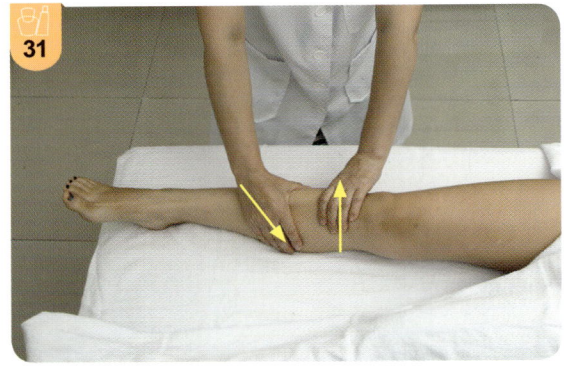

다리를 접어 종아리 부위를 비틀어준다.

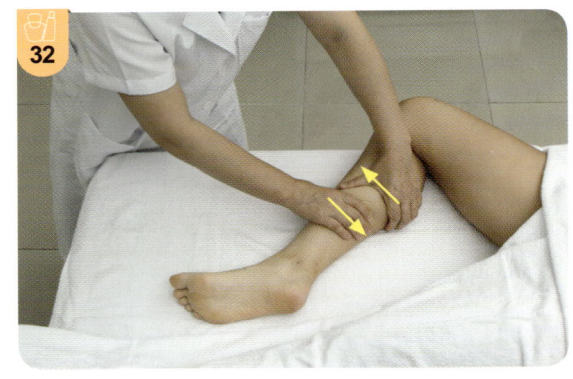

허벅지 부위를 감싸고 쓸어내린다.

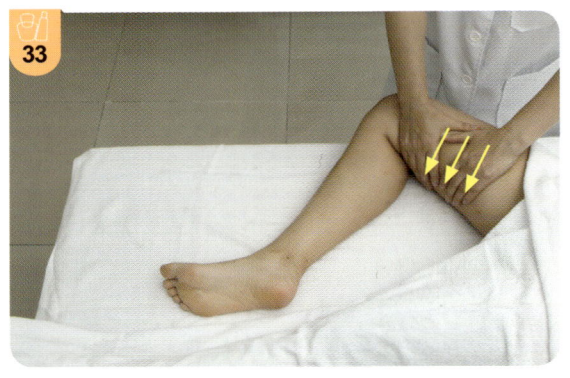

허벅지 부위를 감싸고 쓸어내린다.

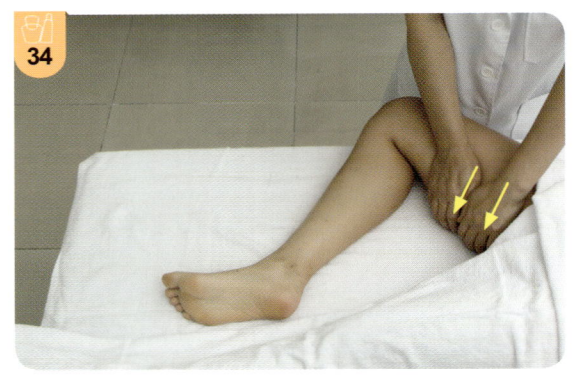

종아리 부위를 감싸고 쓸어내린다.

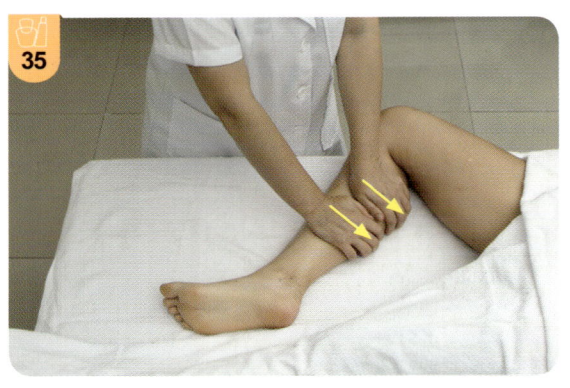

다리를 세워 종아리 부위를 비틀어준다.

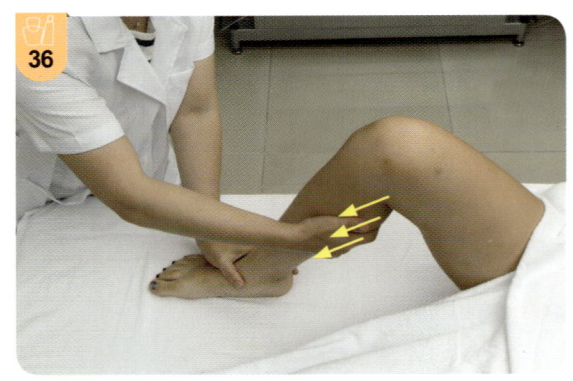

양손으로 종아리를 잡고 당겨준다.

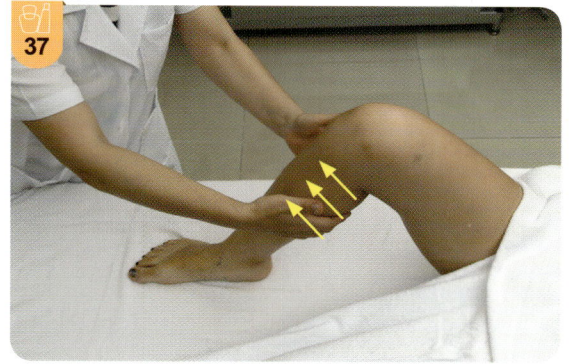

허벅지 뒷면을 지그시 눌러준다.

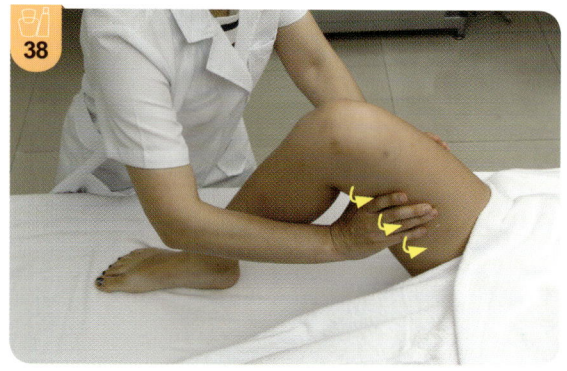

허벅지 앞 부위를 양손으로 비틀어준다.

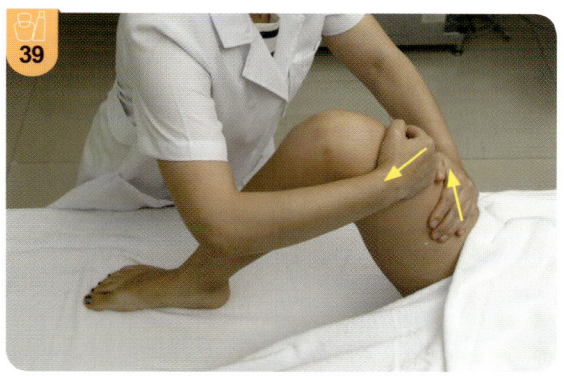

측면을 감싸고 비벼준다.

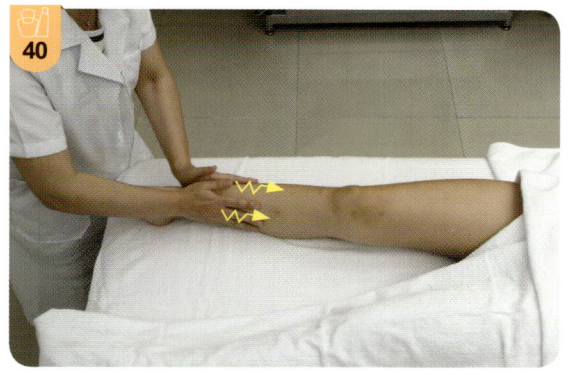

측면을 감싸고 비벼준다.

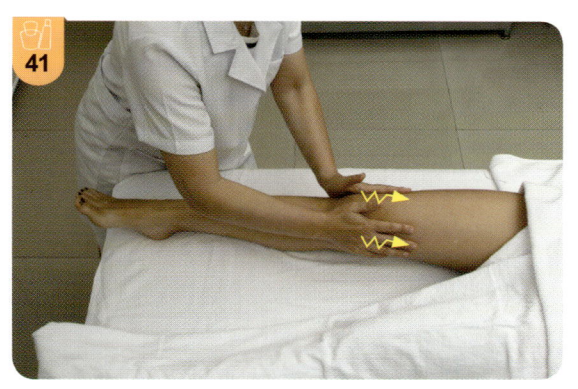

허벅지 부위에서 쓸어내린다.

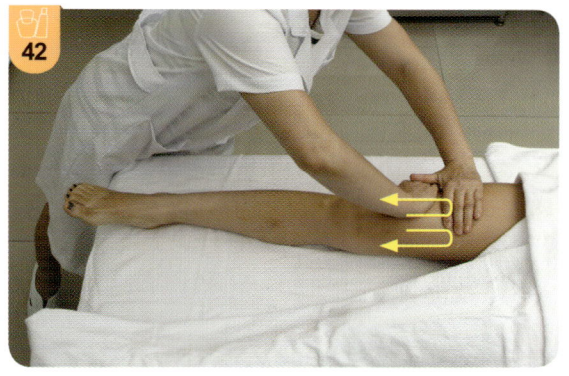

다리를 튕긴다.

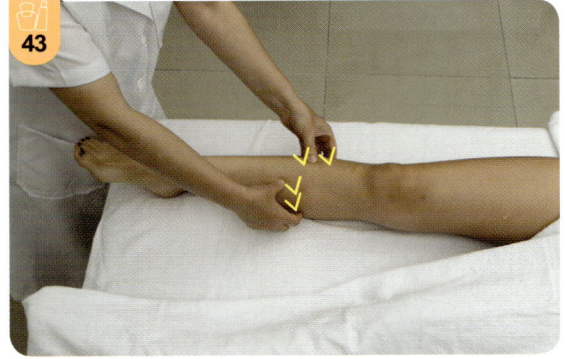

다리를 튕긴다.

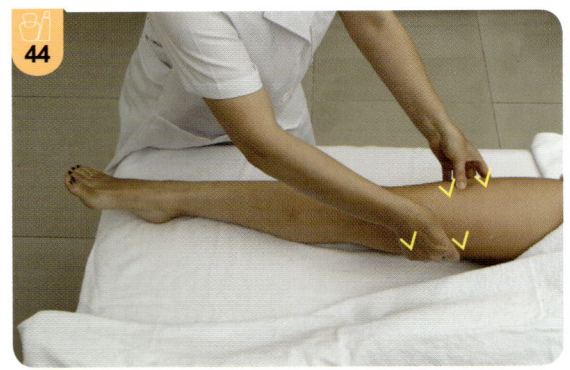

무릎 부위를 감싸며 틀어준다.

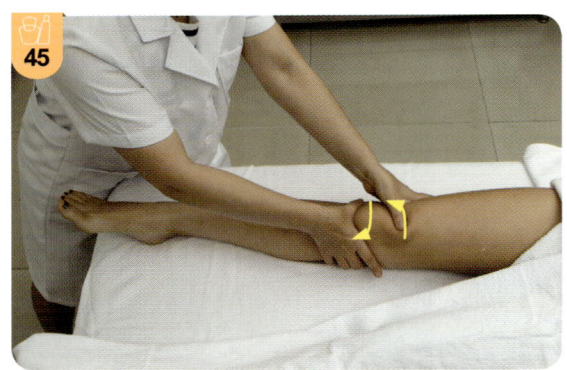

지그재그로 가볍게 쓸어준다.

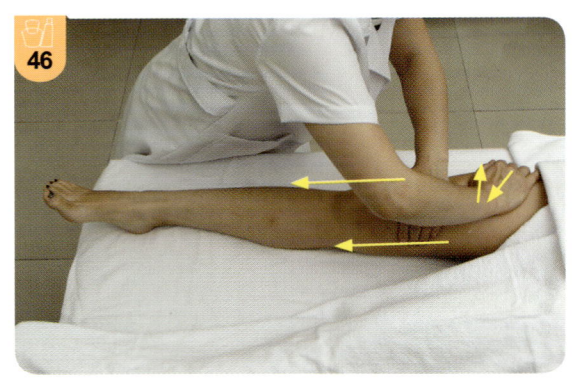

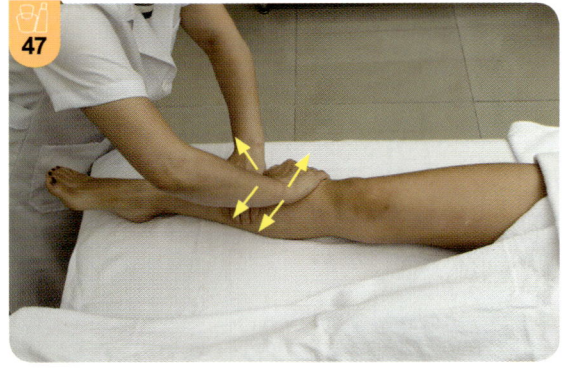

발목을 잡고 당겨준다.

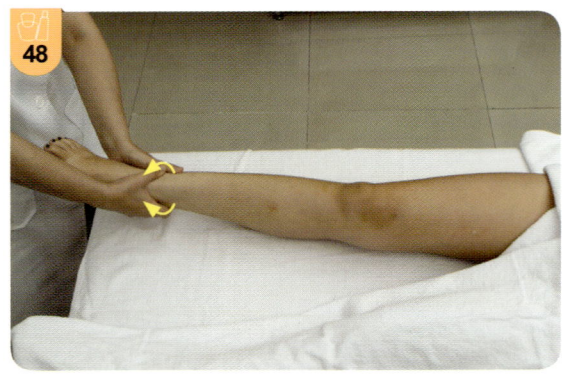

마무리를 한다.

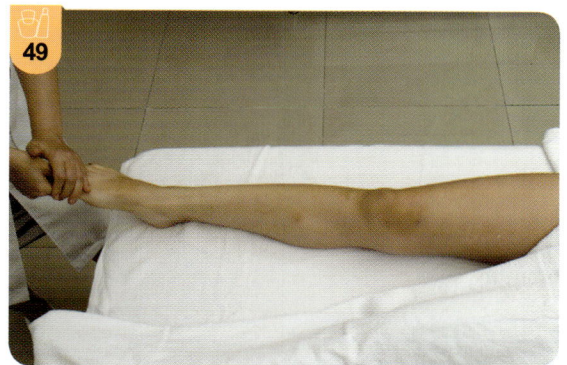

타월로 마무리한다.

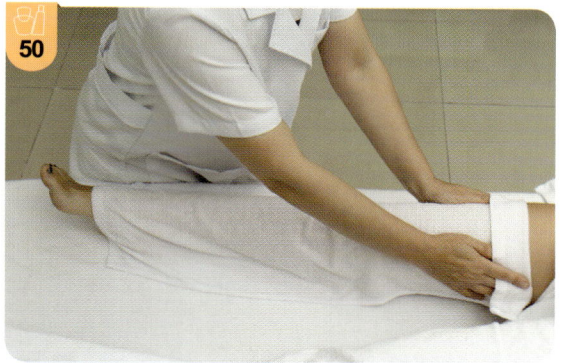

타월로 마무리한다.

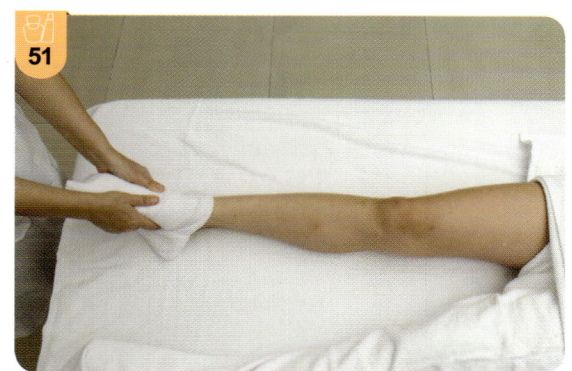

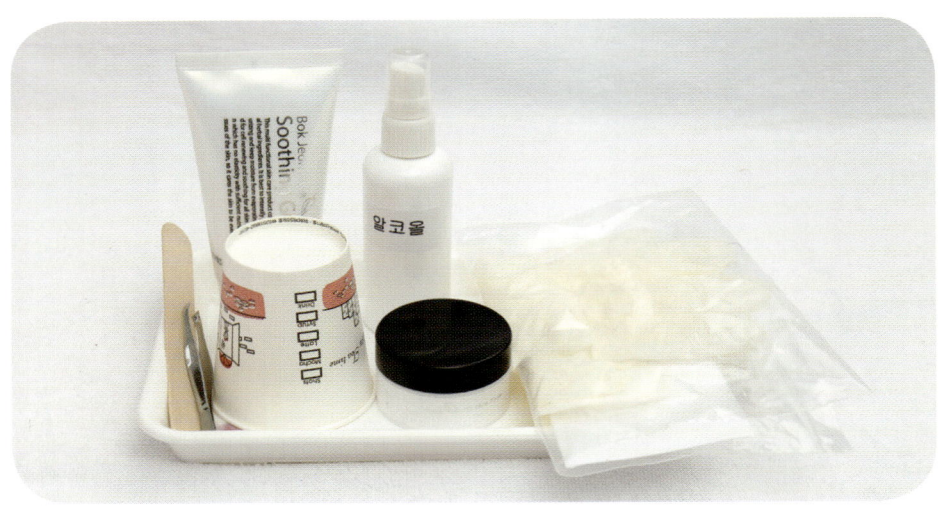

〈제모 웨건〉

제모관리 정의

미용적인 효과를 위하여 털을 모근부터 제거하는 방법이다. 피부 표면의 털 제거인 면도, 화학적 제모제 등의 방법보다 털이 다시 자라나는데 비교적 시간이 더 걸린다(약 4-5주).
* 여러 가지 제모의 방법 중 국가 자격증(피부)를 위한 실기시험은 온(Warm)왁스를 사용하여 신체부위의 털을 제거하는 것이다.

제모관리의 효과

① 얼굴이나 신체의 털을 제거하여 미용적으로 깔끔하며 정돈된 모습을 보이는 효과가 있다.
② 왁스와 부직포를 사용하여 제거하려하는 털을 쉽게 한번에 제거 가능하므로 즉각적인 효과를 가져 올 수 있다.
③ 화학적 제모에 비하여 피부에 자극이 덜 하다.

주의사항

① 탠닝, 화상이나 염증 및 상처가 있는 부위는 시술부위로 적합하지 않다.
② 혈관장애(정맥류), 사마귀나 점 부위의 털은 제거하면 안된다.
③ 왁스로 인한 화상을 방지하기위하여 시술 전 온도체크를 필수적으로 시행한다.

제모 관리 실기 테크닉

장갑을 착용하고 소독을 한다.

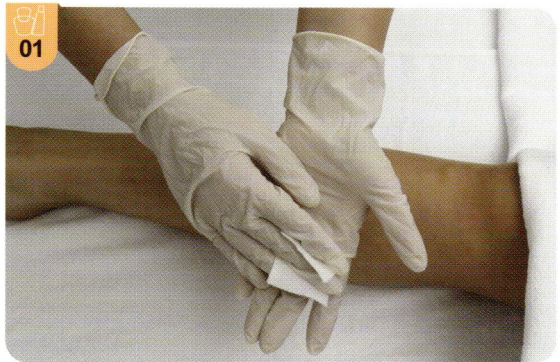

토너를 도포한다.

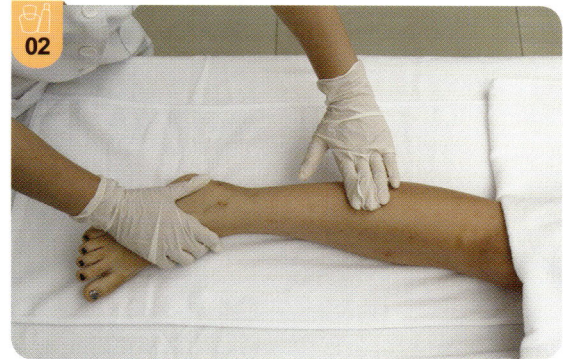

탈컴파우더를 털 반대방향에서 도포한다.

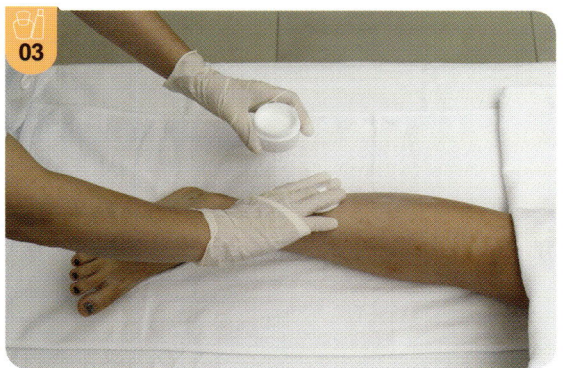

종이컵에 왁싱재료를 담는다.

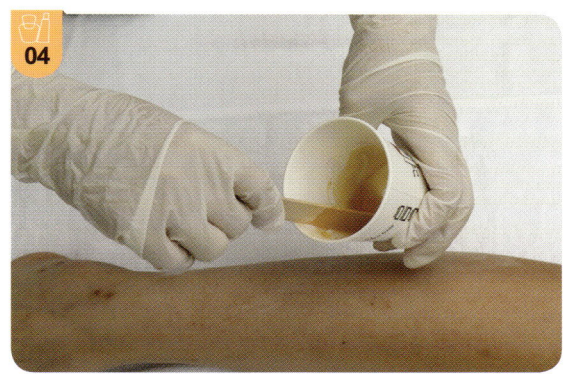

온도를 조절한다.

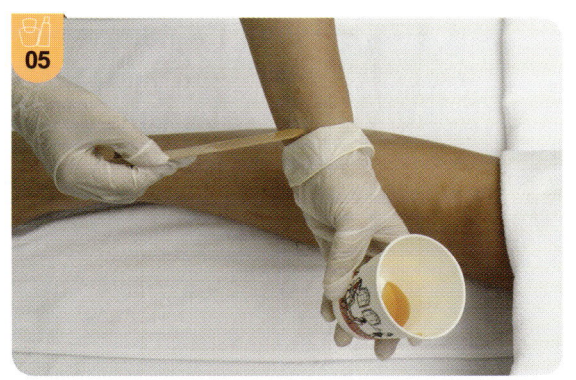

왁싱 부위에 바른다.

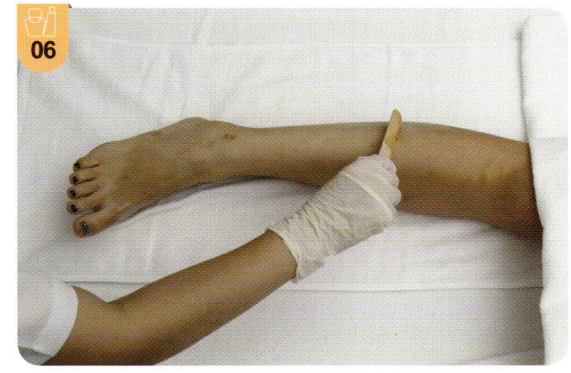

부직포를 부착한다.

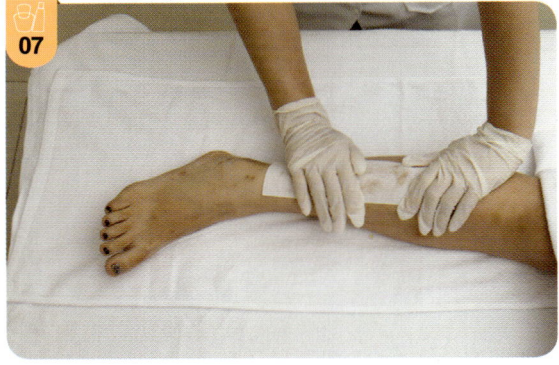

부직포 제거한다.

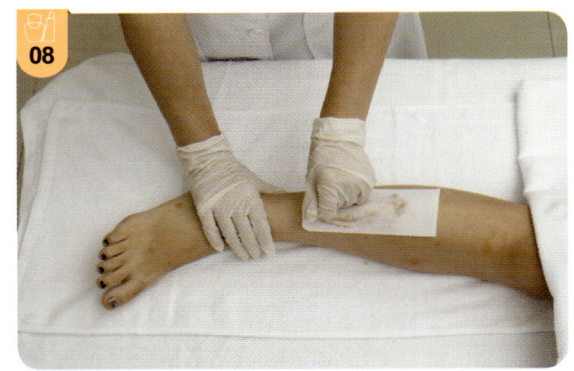

털이 제거된다.

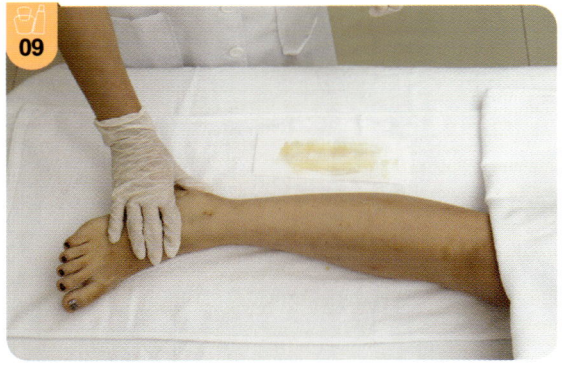

족집게로 남아 있는 털을 제거한다.

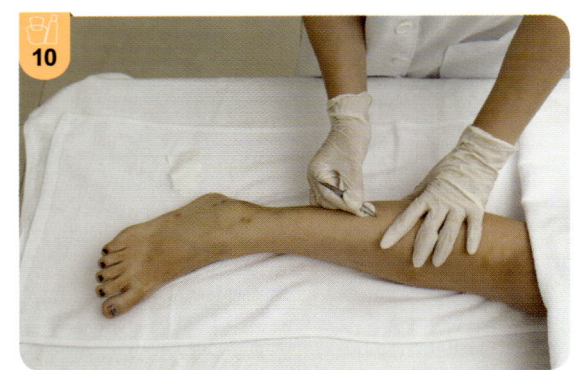

진정젤을 바른다.

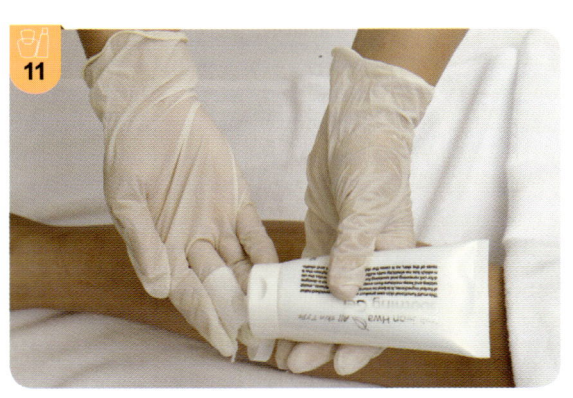

마무리를 한다.

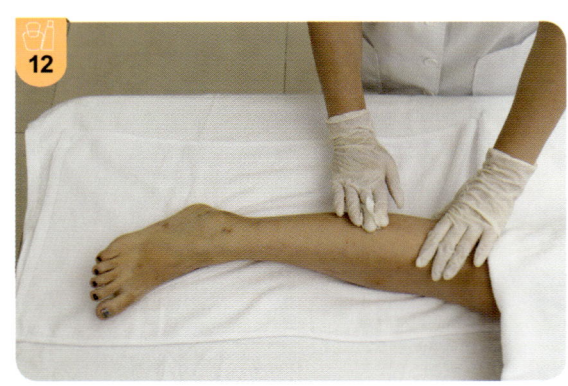

림프 관리

03

- 출제기준
- 림프관리 이론
- 림프 관리 실기 테크닉

1. 출제기준

국가기술자격 실기시험문제

자격종목	미용사(피부)	과제명	림프를 이용한 피부관리

비번호 :

※ 시험시간 : [○ 표준시간 : 2시간 15분]
　　　　　　- 3과제 : 15분(준비작업시간 제외)

1. 요구사항

※ 림프관리에 적합한 준비작업을 하시오.

　가. 과제에 사용되는 화장품 및 사용 재료는 작업에 편리하도록 작업대에 정리하시오.
　나. 모델을 작업에 적합하도록 준비하시오.

※ 아래 과정에 따라 모델에게 피부미용 작업을 실시하시오.

순서	작업명	요구내용	시간	비고
1	림프를 이용한 피부관리	적절한 압력과 속도를 유지하며 목과 얼굴 부위에 림프절 방향에 맞추어 피부관리를 실시하시오. (단, 에플라쥐 동작을 시작과 마지막에 하시오.)	15분	종료시간에 맞추어 관리하시오.

2. 수험자 유의사항

1) 작업 전 관리부위에 대한 클렌징 작업은 하지 마시오.
2) 관리 순서는 에플라쥐를 먼저 실시한 후 첫 시작지점은 목 부위(profundus)부터 하되, 림프절 방향으로 관리하며, 림프절의 방향에 역행되지 않도록 주의하시오.
3) 적절한 압력과 속도를 유지하고, 정확한 부위에 실시하시오.

2. 림프관리 이론

림프드레니지(Lymph Drainage)

림프드레니지는 부드럽고 가벼운 매뉴얼(manual) 기법으로 림프순환을 촉진하고 피부세포의 대사물질 제거를 용이하게 하여준다. 또한 재생과 치유작용을 빠르게 하며 물리적인 펌프 작용으로 인해 림프순환이 10~20배 정도 빨라져 피부 및 신체의 신진대사가 더욱 활성화 시킬 수 있는 Manual 기법이다.

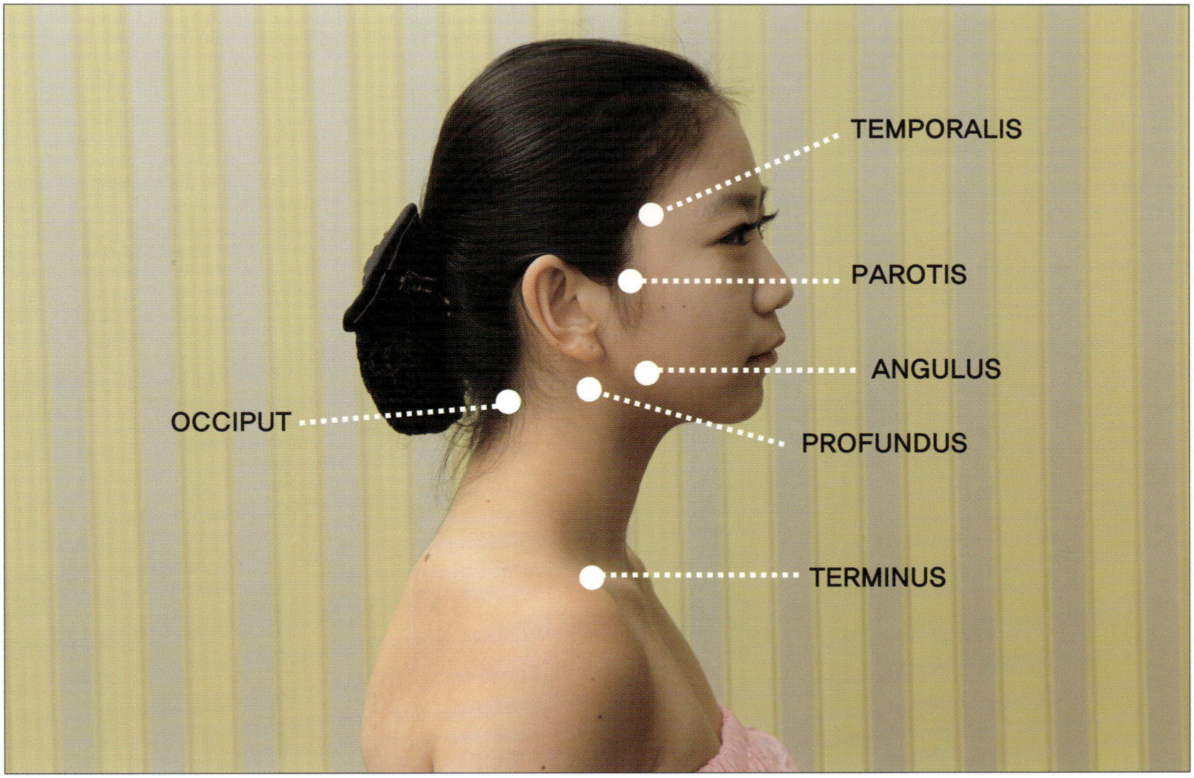

림프 순환 경로1

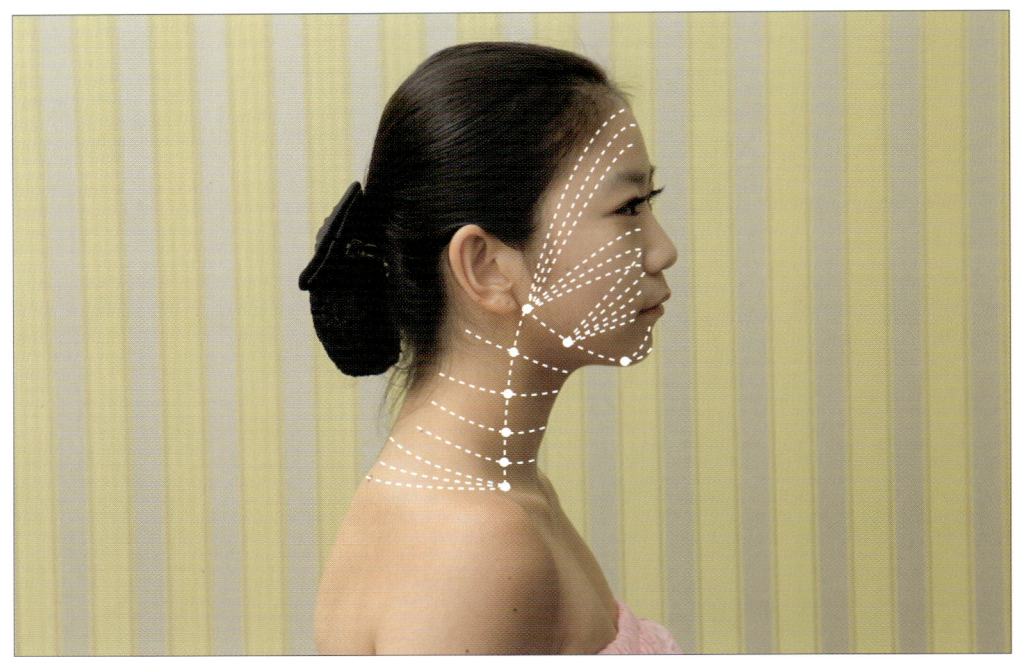

림프 순환 경로2

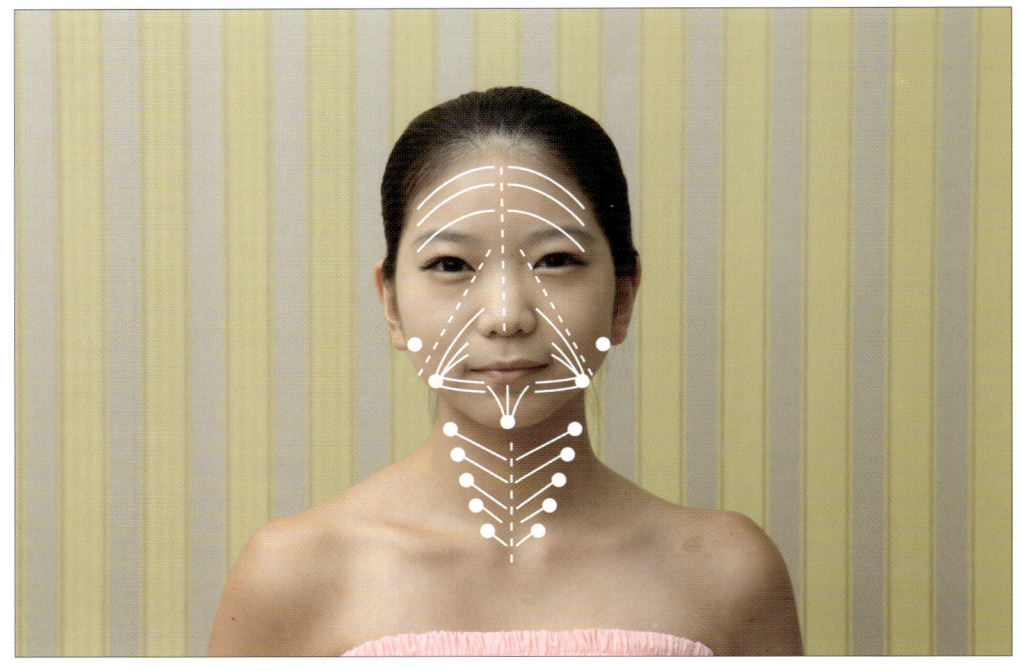

림프 순환 경로3

림프드레니지의 효과

1) 림프드레니지는 자율신경의 부교감 신경을 활성화시켜 저항력을 증진시키고 인체 생리 기능을 원활하게 하며 몸과 마음이 편안해져 숙면을 유도한다.
2) 림프드레니지는 반사 작용의 효과로 근육긴장 완화 및 동통을 경감시키는 효과가 있다.
3) 림프드레니지는 결체 조직의 과도한 체액을 흡수, 림프 체계에 의하여 배출 되므로 부종을 감소시킨다.
4) 림프드레니지는 림프계를 부드럽게 자극하여 신체의 순환을 원활히 하며 피부의 과도한 피지 및 노폐물을 제거하여 피부를 건강하게 한다.

림프드레니지의 기본 동작

1) 고정원동작(stationary circle) : 손가락을 나란히 림프배출 방향으로 시술하며 주로 목과 얼굴 부위에 시술한다.
2) 펌프 기법(pump technique) : 손바닥과 손목을 유연하게 움직이며 시술하고 주로 팔과 다리 부위에 시술한다.
3) 말아 올리기 기법(scoop technique) : 손등은 아래쪽, 손바닥은 위쪽하여 손을 구부려 손목을 이용하면서 위쪽으로 쓸어 올린 후 이완시킨다. 주로 팔 다리에 시술한다.
4) 회전 기법(rotary technique) : 주로 몸의 등과 같이 평평한 부위에 시술하며 손바닥을 나선형으로 움직이며 피부를 신장시킨 후 이완 시킨다.

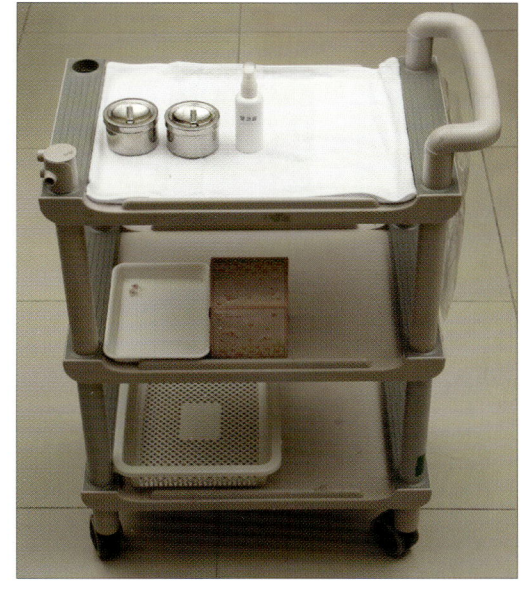

웨건 세팅

기본적인 순서는 목관리 → 얼굴관리의 순으로 하며 림프관리 방법은 닥터 보더 방식을 기준으로 한다.
종료시간에 맞추어 관리해야 한다.

1. 목관리 : 쓰다듬기 → 측경부 → 후두부(생략가능) → 턱부위(하악부위) → 귀부위 → 쓰다듬기
※ 일반적인 보더 방식에서 어깨, 승모근, 견봉 등의 관리는 제외하며, 후두부는 시간 관리상 제외해도 무방하다.

2. 얼굴관리 : 쓰다듬기 → 턱부위(입술밑) → 윗입술부위 → 코부위 → 볼부위 → 턱부위(하악부위) → 눈부위 → 눈썹부위 → 이마부위 → 귀부위 → 측경부 → 쓰다듬기
※ 기본적으로 목관리와 얼굴관리의 동작은 쓸어주기와 정지원 동작(Stationary Circling)을 주로 사용하며 반복 횟수는 조절할 수 있다.
※ 림프관리를 위한 자세는 서서하는 동작(모델을 마주보고 하는 테크닉), 앉아서 하는 테크닉 모두 가능하며 이에 따른 채점상의 차이는 없음

3. 림프 관리 실기 테크닉

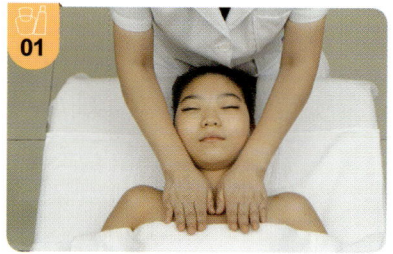 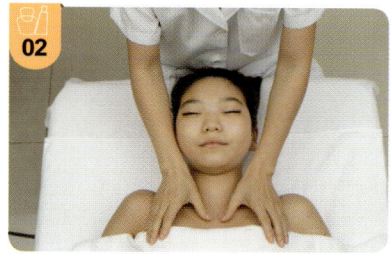 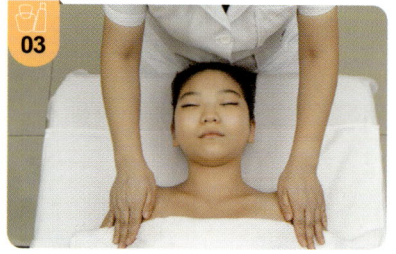

쓰다듬기(에플라쥐) - 흉골에서 액와 방향으로 엄지를 이용하여 5회 쓰다듬는다. (1, 2, 3)

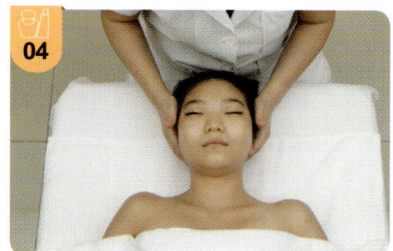 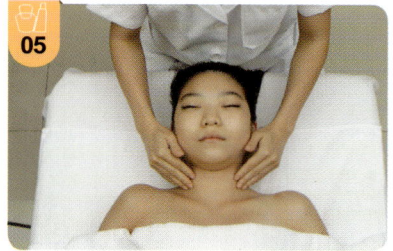 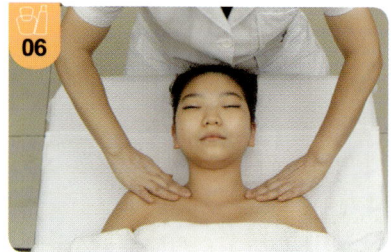

측경부 고정원 그리기 - Profundus, Middle, Terminus 부위를 각각 5회 정지원으로 그려준다. (4, 5, 6)

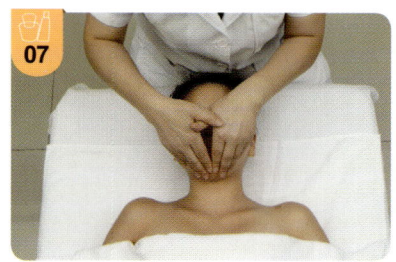 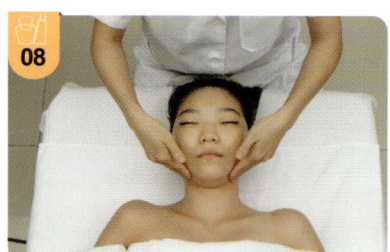 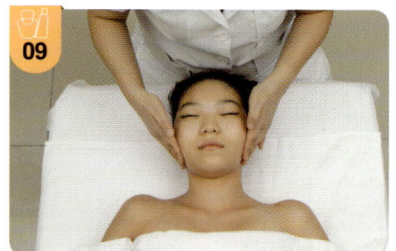

턱 부위(하악 부위) 고정원 그리기 - 턱 중앙에서 하악각까지 3부위를 각각 5회 정지원으로 그려준다. (7, 8, 9)

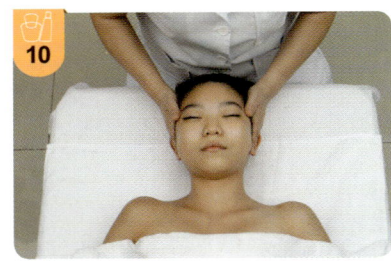

귀부위 고정원 그리기 - 2지와 3지 사이에 귀를 두고 Profundus 방향으로 5회 고정원으로 그려준다.(10)

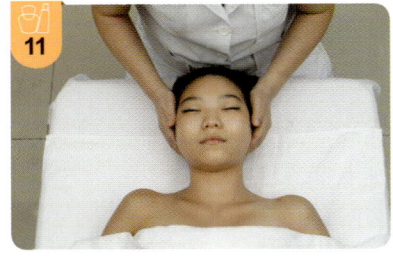 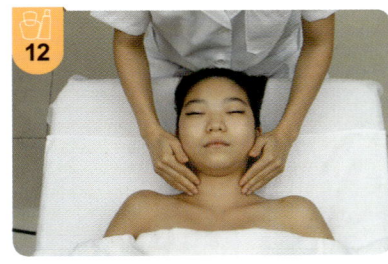 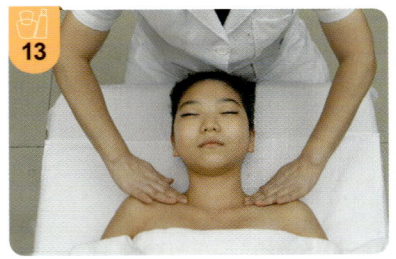

측경부 고정원 그리기 - Profundus, Middle, Terminus 부위를 각각 5회 정지원으로 그려준다.(11, 12, 13)

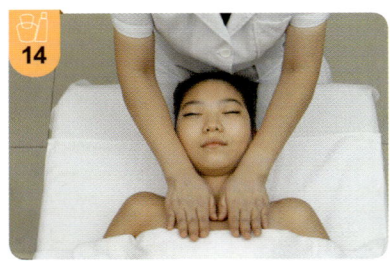 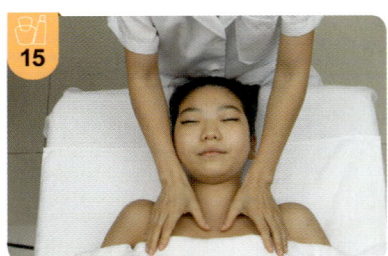 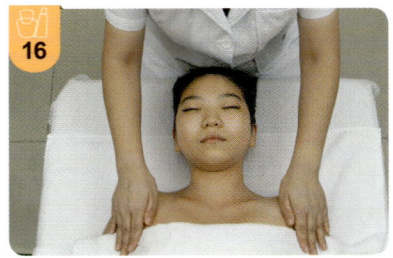

쓰다듬기(에플라쥐) - 흉골에서 액와 방향으로 엄지를 이용하여 5회 쓰다듬는다.(14, 15, 16)

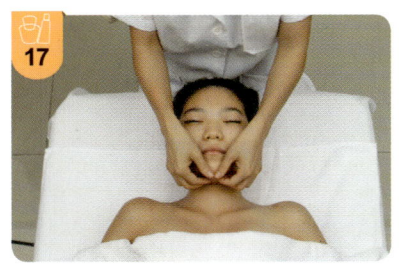 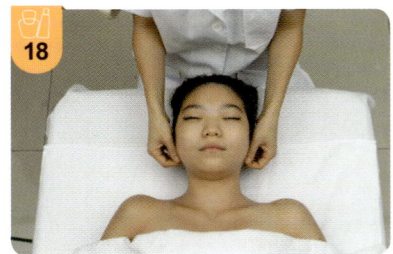 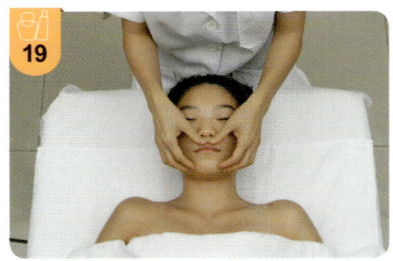

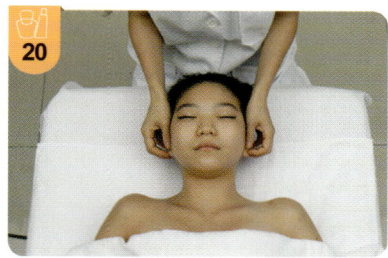 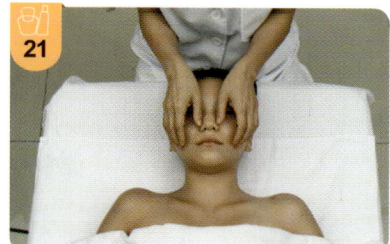 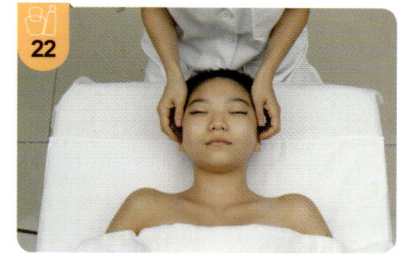

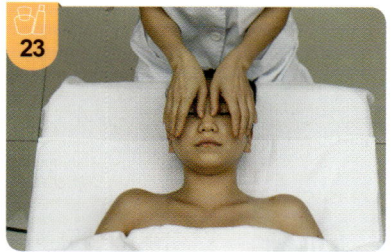 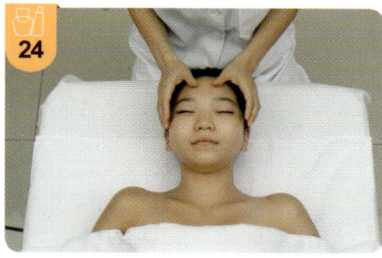 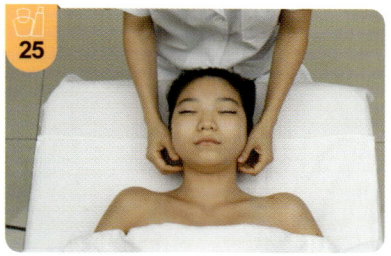

쓰다듬기(에플라쥐) - 아랫입술, 윗입술, 콧볼에서 뺨쪽 Profundus 방향으로 쓰다듬고 이마 중앙에 Temporalis 방향으로 쓰다듬는다.(17~25)

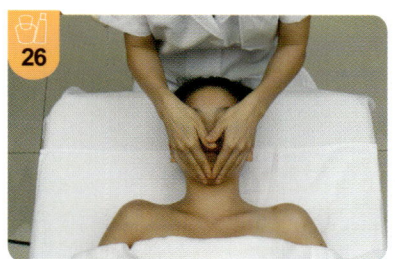 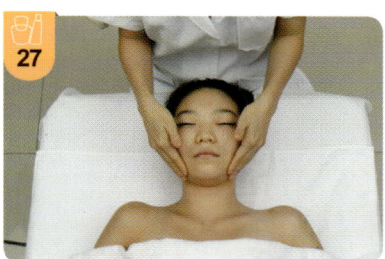 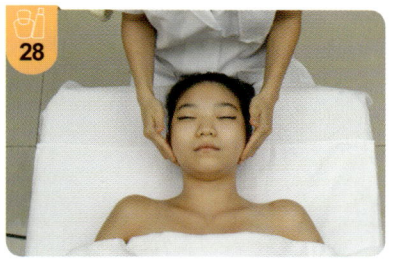

턱부위(입술밑) 정지원 그리기 - 입술 아래 턱중앙에서 하악각까지 3부위를 각각 5회 정지원으로 그려준다. (26, 27, 28)

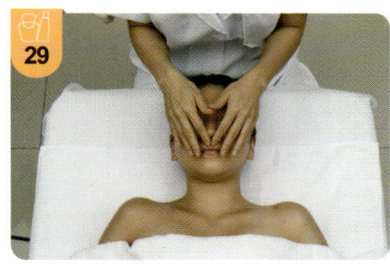 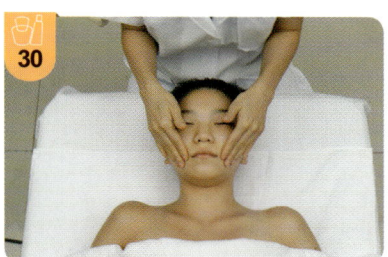 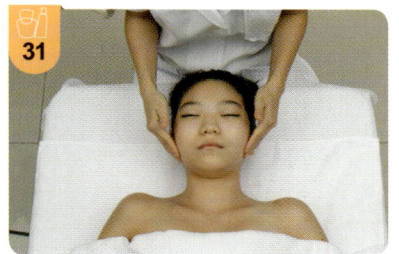

윗입술부위 정지원 그리기 - 윗입술 중앙, 입술가장자리, 하악각 부위를 각각 5회 정지원으로 그려준다. (29, 30, 31)

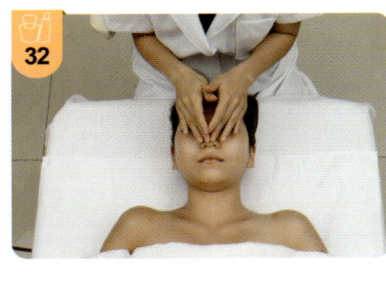
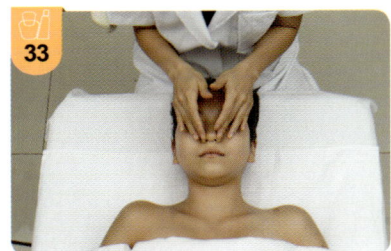
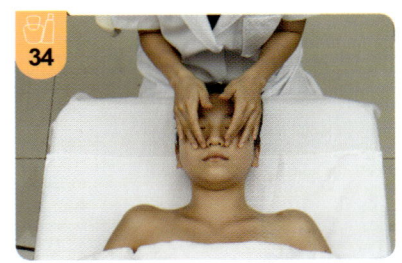
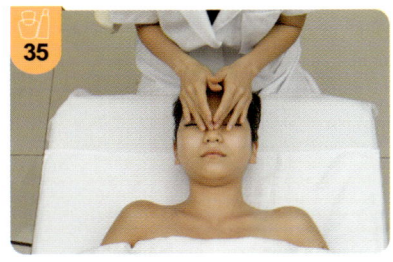
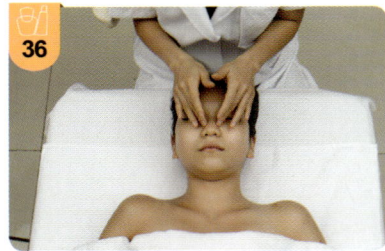
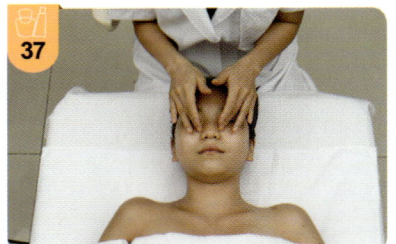
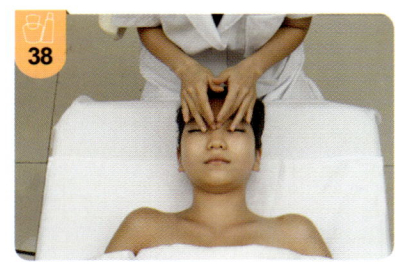
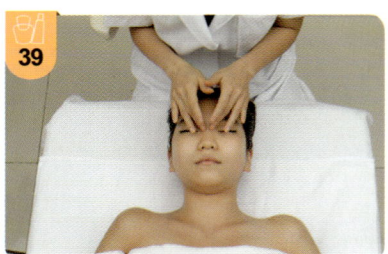
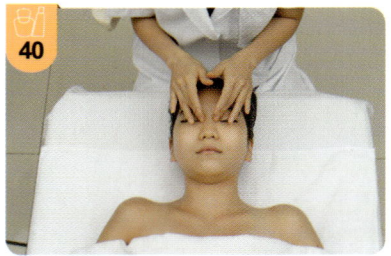
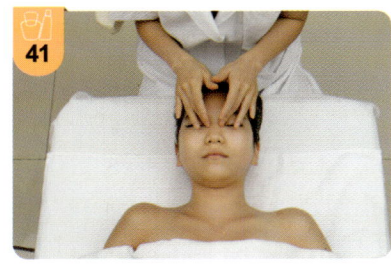
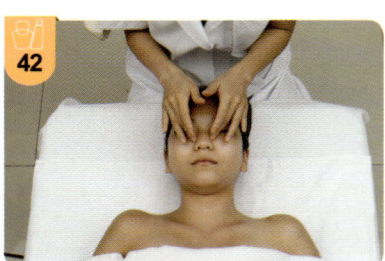
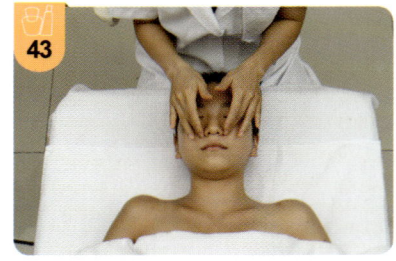

코부위 정지원그리기 – 코끝, 코중간, 코뿌리 부위를 3위치로 나누어 5회 정지원으로 그려준다. 코뿌리에서 코끝 방향으로 코벽을 3부위로 나누어 각각 5회 정지원으로 그려준다.(32~43)

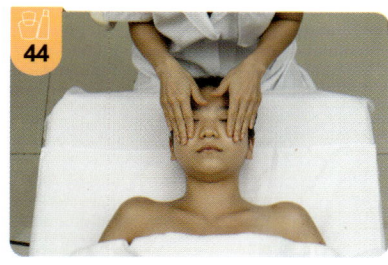 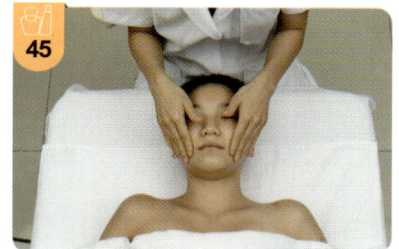 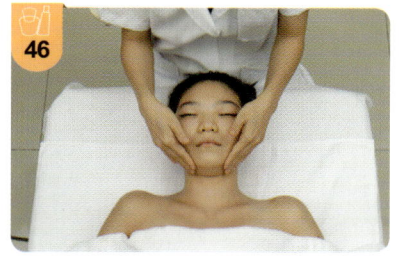

볼부위 정지원그리기 – 볼, 입술가장자리, 턱중앙 부위를 각각 5회 정지원으로 그려준다.(44, 45, 56)

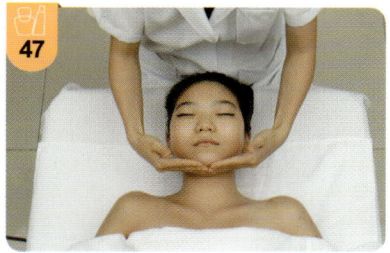 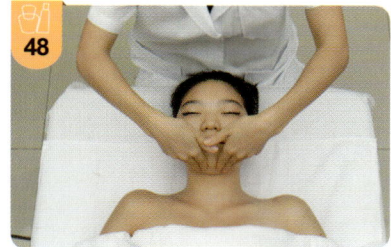 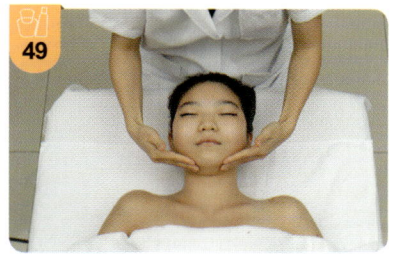

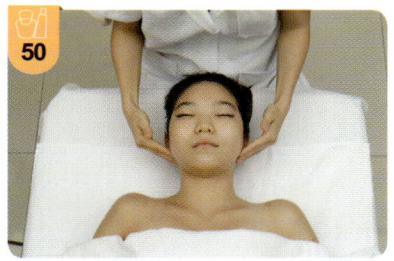

턱부위(하악부위) – 턱중앙에서 하악각까지 5회 나선형 정지원으로 그려준다.(47, 48, 49, 50)

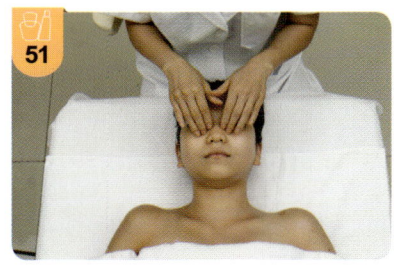 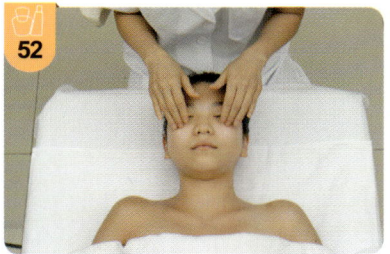 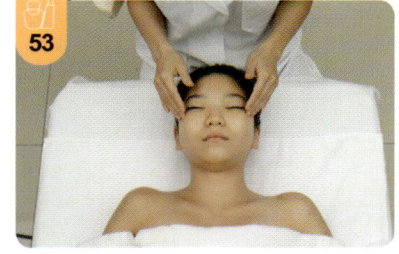

눈부위 정지원그리기 – 눈아래 3부위를 각각 5회 정지원으로 그려준다.(51, 52, 53)

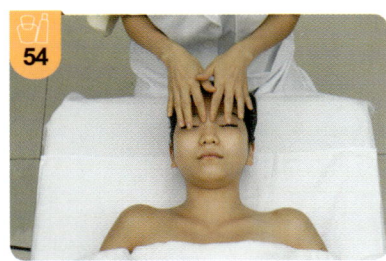
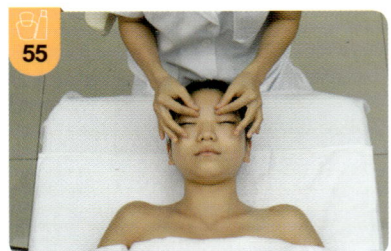
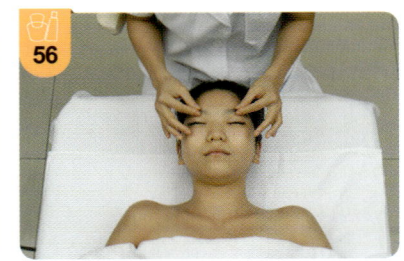
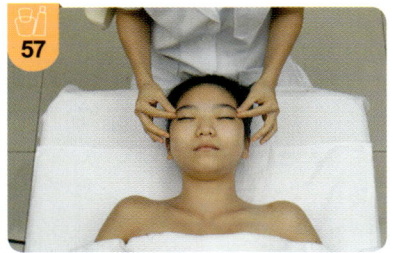
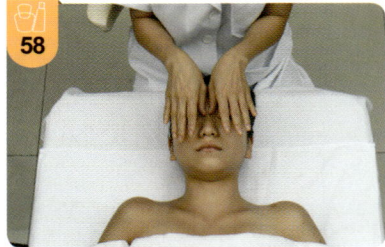
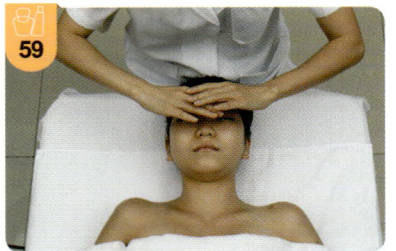
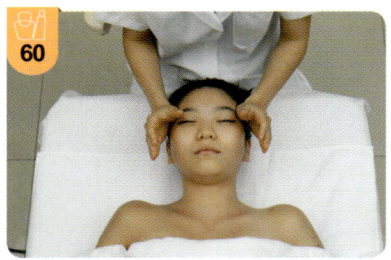
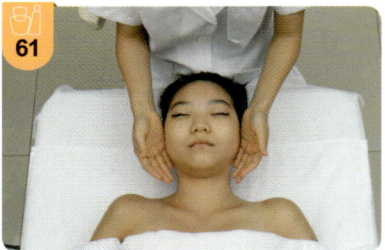
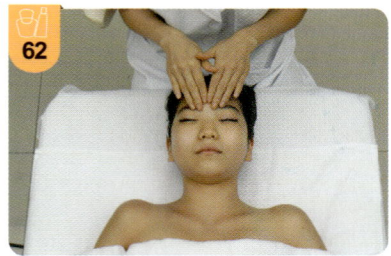
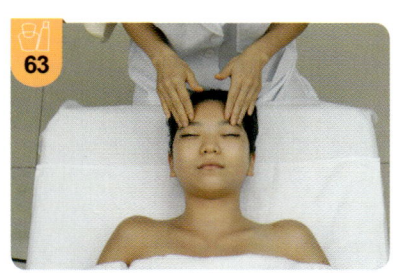
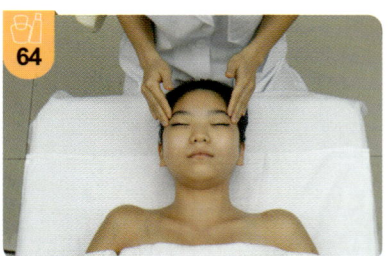
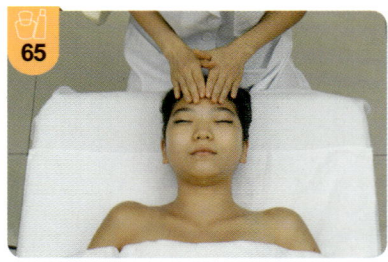

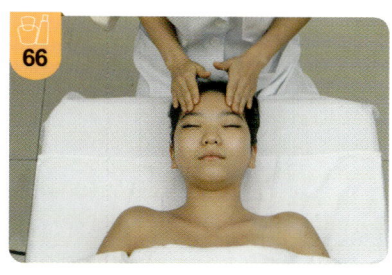 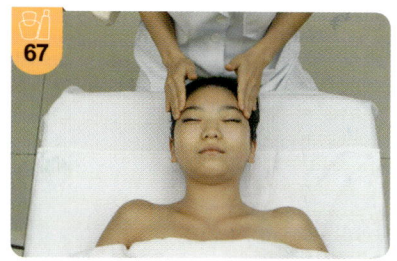

눈썹부위 정지원그리기 - 코 윗부분을 2지로 5회 쓸어 올린 후 눈썹을 1지와 2지로 5부위 집어준다. 코벽을 따라 1지로 쓸어 올린 후 눈썹과 얼굴라인을 감싸준다. 눈썹 3부위를 각각 5회 정지원으로 그려준다. (54~67)

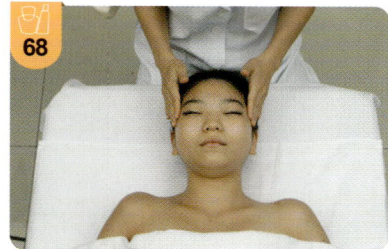 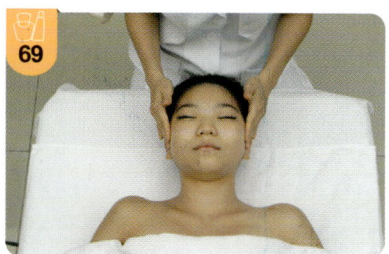

이마 부위 고정원그리기 - 이마 중앙에서 Temporalis 까지 3부위를 각각 5회 정지원으로 그려준다. (68, 69)

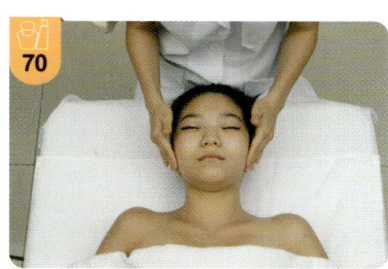

귀부위 고정원 그리기 - 귀 앞부분(Parotis부위)을 3등분 하여 각각 5회 정지원으로 그려준다. (70)

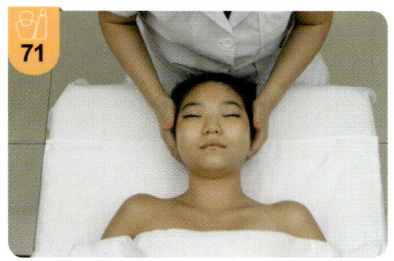 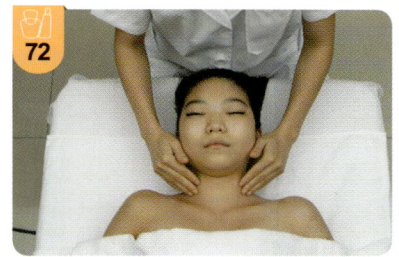 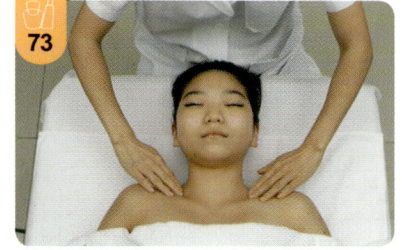

측경부 고정원그리기 - Profundus, Middle, Terminus 부위를 각각 5회 정지원으로 그려준다. (71, 72, 73)

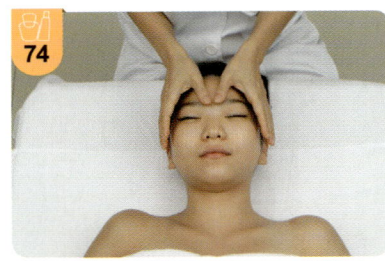
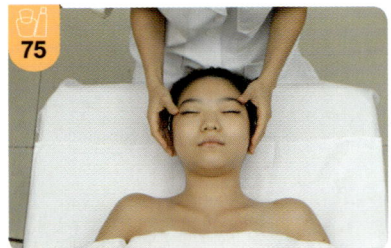
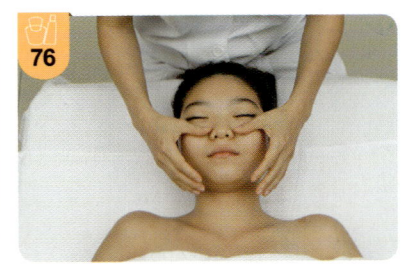

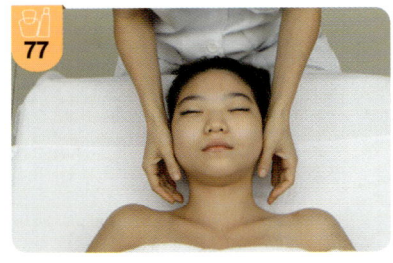
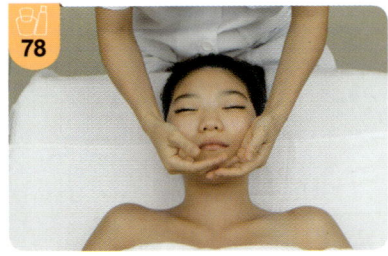
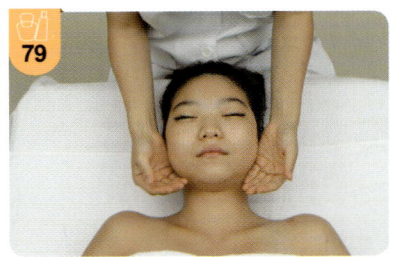

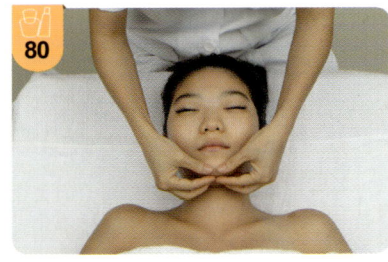
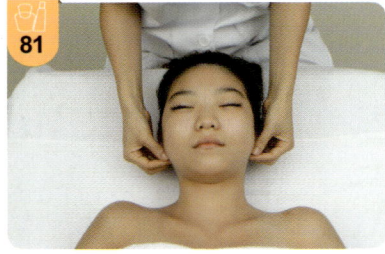

쓰다듬기(에플라쥐) - 이마중앙에서 Temporalis 방향으로 쓰다듬은 후 코옆, 입술, 입술 아래에서 하악각 방향으로 쓰다듬고 턱 모서리 하악각 방향으로 쓰다듬는다.(74~81)

산업 공단 FAQ 질문사항

미용사(피부) 공개문제 관련 FAQ (Vol. 1.6) 공개문제 관련

Q 2012년부터 실기시험이 바뀌나요?

A 2012년 하반기 (7월 2일) 상시 실기 검정 제 22회부터 얼굴관리(1과제)에 마스크 및 마무리 과제가 추가됩니다. 공단자격홈페이지(www.q-net.or.kr) → 고객만족(화면 상단) → 자료실 → 공개문제 → 검색 항목 중 '글제목' 선택 → 종목명 입력 및 검색 → 목록 중 [공개문제] 선택 → 다운로드 → 열기로 하반기부터 적용되는 새로운 "공개문제" 확인하면 되겠습니다. 2012년 상반기 (상시 실기 검정 제21회)까지는 실기시험이 기존과 동일하게 진행됩니다.

Q 미용사(피부) 실기시험은 과제 구성이 어떻게 됩니까?

A 미용사(피부) 실기시험은 공개된 바와 같이 1과제 「얼굴관리」, 2과제 「팔, 다리관리」, 3과제 「림프를 이용한 피부관리」의 순으로 구성되어 시험이 시행됩니다. 공개 문제 등은 수정사항에 의하여 새로 등재되므로 정기적으로 확인을 해야 합니다.

Q 과제별 시험 시간은 어떻게 됩니까?

A 시험시간은 전체 2시간(순수작업시간 기준)이며, 각 과제별 시간은 1과제 70분, 2과제 35분, 3과제 15분입니다. 단, 2012년 하반기 (7월 2일)부터는 얼굴관리(1과제)에 마스크 과제가 추가됨에 따라 1과제 시험 시간이 85분, 전체 2시간15분(순수 작업시간 기준)으로 변경됩니다.

Q 기본 준비작업은 어떻게 해야 하나요?

A 과제 시작 전에 준비작업 시간을 따로 부여하며, 이때 과제에 필요한 작업물과 도구, 베드 등을 작업에 적합하게 준비한 다음 대기하고 있으면 됩니다. 모델은 바로 작업이 가능한 상태로 되어 있어야 하며, 눕혀서 대기하면 됩니다.

Q 손을 이용한 피부관리와 마사지는 어떤 차이가 있나요?

A 미용사(피부)의 피부관리는 마사지라는 용어를 사용하지 않습니다. 시중의 마사지와 손을 이용한 피부관리(매뉴얼 테크닉)는 목적하는 바가 분명히 다릅니다. 피부미용에서의 손을 이용한 피부관리는 원칙적으로 화장품 등의 물질의 원활한 도포 및 그것을 돕기 위한 일련의 손 동작을 의미하며 근육을 강하게 누르거나 마사지하여 일정 부위를 자극하거나 쾌감을 유도하는 일련의 마사지 법과는 분명한 차이가 있습니다.

피부관리 계획표의 작성은 어떻게 하나요?

 당일날 시험장에서 얼굴부위별 타입에 대한 내용과 사용할 딥클렌징제를 지정(당일 시험장 측에서 제시함)하면 그에 따른 피부관리 계획표를 작성하게 되며, 이는 데려온 모델의 피부타입과는 관계없이 이루어집니다. 그리고 이후의 작업은 모델의 피부타입과는 관계없이 피부관리계획표 상의 제품을 기준으로 수행하면 됩니다. 기타 피부관리 계획표의 기재사항은 공개문제를 참고하면 됩니다.

 눈썹 정리 과제는 어떻게 작업하면 됩니까?

 눈썹 정리는 가위, 눈썹 칼, 족집게를 이용하여 하면 됩니다. 족집게의 사용 시는 반드시 감독위원의 입회 및 지시에 따라야 되며, 3개 이상만 뽑아내면 됩니다. 넓은 면의 잔털과 모양내기는 눈썹 칼을 이용하면 됩니다. 눈썹 정리 시 제거한 눈썹은 옆에 티슈에 모아 놓았다가 감독위원의 지시에 따라 휴지통에 버리면 됩니다.(하나도 없는 경우는 미리 눈썹 정리를 다 해온 것으로 판단하여 채점상 불이익을 받을 수 있습니다.) 단, 2012년 하반기 (7월 2일)부터는 눈썹 정리 시 한쪽 눈썹에만 작업하도록 변경됩니다.

 딥클렌징 과제는 어떻게 작업하면 됩니까?

 모델의 피부 타입과는 관계없이 4가지 타입 중 당일 지정해주는 제품 타입을 이용하여 관리를 해야 합니다.

 팩은 어떻게 하면 되나요?

 시험장에서 지정해주는 얼굴과 목 타입에 맞는 제품을 사용하면 됩니다. 얼굴에서 T 존과 U 존, 그리고 목 부위의 세 부위별로 타입을 제시(전체가 한 가지 타입이 될 수도 있고, 세 부위가 각각 다른 타입이 될 수도 있음)하여 팩을 도포하도록 되어있습니다.

 마스크 어떻게 하면 되나요?

 석고 마스크와 고무모델링 마스크 중 시험장에서 지정해주는 제품을 사용하면 됩니다. 마스크를 위한 기본 전처리를 실시한 후, 얼굴에서 목의 경계부위까지 (턱 하단 포함) 코와 입에 호흡을 할 수 있도록 도포하면 됩니다.

 팔, 다리 관리시간은 어떻게 되고 또 관리 부위는 어떻게 되나요?

10분 동안 팔 관리를 하고, 이어 다리 부위를 15분 동안 관리하는 방식으로 진행됩니다. 관리 부위는 공개된 것처럼 오른 쪽 팔과 오른 쪽 다리 부위 총 2부위를 대상으로 순서대로 작업하게 됩니다. 팔은 전체를 관리대상으로 하고, 다리의 경우도 전체를 대상으로 범위가 넓어졌습니다. 다리는 서혜부를 제외한 아래쪽 전부를 말하며, 뒤쪽도 포함되므로 뒤쪽은 다리를 들어서(다리를 세우거나, 개구리 다리 모양으로 옆으로 해서) 관리를 하면 됩니다.

Q 제모는 어떻게 하나요?

A 제모는 제공되는 왁스를 종이컵에 덜어가서 사용하여 작업하면 됩니다. 제모 작업의 작업 부위는 양쪽 다리 전체 중 제모하기에 적합한 부위를 하면 되며, 제모 면적은 수험자 지참 재료인 부직포(7×20cm)를 이용할 때 적합한 정도인 4~5× 12~15cm 정도이면 됩니다. 단, 부직포를 제거할 때는 감독위원의 입회하에 작업을 하면 됩니다.

Q 림프를 이용한 관리는 어떻게 하나요?

A 림프를 이용한 관리는 15분의 시간으로 진행되며, 림프관리시에는 종료와 동시에 끝낼 수 있도록 하면 됩니다. 림프를 이용한 관리는 시술 부위는 얼굴과 목을 대상으로 하며 림프절을 따라 손을 이용하여 피부관리를 하면 되며, 순서는 데콜테 부위의 에플라쥐를 가볍게 하신 후 손동작의 시작점은 프로폰두스부터 시작하면 되고, 목관리-얼굴관리 순으로 하고 마지막 동작은 에플라쥐로 끝내면 됩니다.

Q 시중의 피부 관리실 등을 보면 업소에 따라 피부관리하는 방법이 상당히 다르고 또 업소나 사람마다 행하는 시술법이 다른 것 같은데 어떤 것을 기준으로 하게 되나요?

A 미용사(피부)는 기능사 등급의 시험입니다. 즉 피부미용사의 업무를 행하기 위한 기본적인 동작과 시술을 보는 것이기 때문에 화려한 테크닉이나 특별한 시술법을 요구하지 않습니다. 손을 이용한 피부관리는 기본 동작의 정확도, 연결성, 리드미컬한 움직임 등 기본 동작과 자세 등을 가장 중점으로 채점하는 것을 기본 방향으로 하고 있습니다.

Q 시험 시 검정장에서 제공되는 것은 무엇이 있나요?

A 공통으로 사용되는 기자재(왁스 워머, 온장고 등)와 베드 등은 검정장에서 준비가 됩니다. 지참 시 필요한 준비물은 공개 문제 혹은 원서 접수 시에 www.q-net.or.kr에서 확인이 가능합니다.

Q 모델은 직접 데리고 와야 하나요?

A 모델의 경우도 미용사(일반)와 동일하게 수험자가 대동하고 와야 합니다. 그리고 자신이 데려온 모델은 자신이 관리하게 되며, 사전 준비 시간에 모델에게 필요한 준비물(가운, 슬리퍼 등)은 모델에게 미리 줘야 합니다.

Q 모델의 조건은 어떻게 되나요?

A 모델은 기본적으로 메이크업을 하고 와야 하며, 모델의 나이 상한 제한은 없어졌으며 만 17세가 되는해 출생자부터 모델로서 가능합니다. 그리고 국적이 한국인 사람 외에 조선족이나 중국계 한족 및 동남아인, 백인 등은 모델로서 가능합니다만 피부색 등이 일반적인 한국인과 많이 달라 감독위원의 채점에 지장을 줄 수 있는 모델은 불가합니다. 그 외에 심한 민감성 피부 혹은 심한 농포성 여드름이 있는 사람(스크럽이나 고마쥐의 1회 관리 시에도 문제

가 생기는 피부를 의미), 성형수술(코, 눈, 턱윤곽술, 주름제거 등)한지 6개월 이내인 사람, 임신 중인 사람, 피부관리에 적합하지 않은 질환 혹은 피부질환을 가진 사람, 암환자 등은 모델이 될 수 없으며, 눈썹이 없거나 적어(일반적인 기준으로 가로길이의 2/3 정도가 되지 않는 경우) 눈썹관리 작업에 적합하지 않은 사람, 체모가 없거나 아주 적어 제모시술에 적합하지 않은 사람은 감점 등의 불이익이 있을 수 있습니다. 여성 수험자는 여성모델을, 남성 수험자는 남성 모델을 준비하면 되며 사전에 모델에게 작업에 요구되는 노출에 대한 동의를 받으셔야 합니다.

 남자가 응시하게 되는 경우는 모델을 어떻게 해야 하나요?

 남자의 경우는 남자 수험자들만 따로, 남성 모델을 대상으로 피부관리를 하게 됩니다. 그리고 모델은 기본적으로 화장이 되어 있어야 하며, 만약 화장이 필요한 남성 모델의 경우 검정장의 대기실에서 모델조건에 맞는 화장을 할 수 있도록 할 예정이니 이를 위한 준비를 따로 하면 됩니다. 그리고 남자 모델은 시험장의 베드에서 관리를 받기 위해 상의를 탈의 하여야 하며, 다리 관리시에는 하의를 탈의 하거나, 다리 관리 범위에 지장이 없도록 하의를 관리 하도록 해야 됩니다.

 볼에 화장품을 덜어서 사용해야 합니까?

 기본적으로 관리 시 위생상태의 유지를 위해 한 번의 양으로 모두 사용되지 않는 한 필요한 양만큼 볼에 덜어둔 뒤 관리 시 사용되는 것이 권장됩니다. 볼 3개를 모두 사용했을 경우에는 티슈 등으로 닦아낸 뒤 소독을 하고 재사용 하는 것은 허용됩니다(필요한 경우 소형 볼을 더 지참할 수 있음).

 습포는 어떻게 사용해야 합니까?

 온습포 혹은 냉습포는 관리에 반드시 사용되어야 하는 단계가 있습니다. 그 외의 경우에는 습포를 사용하는 것에 대하여는 관리상의 선택 혹은 방법으로 간주하여 점수화 하지는 않습니다(언제 사용해야 하는 것은 채점과 관계된 사항이므로 답변하지 않습니다.). 그리고 온습포의 사용은 비치된 온장고를 이용하면 되며, 반드시 사용할 때마다 가져와야 합니다. 그리고 온장고 이용 시에는 집게(비치될 예정임, 개인 집게 사용가능)와 트레이(쟁반)를 사용하여 습포를 가져오면 됩니다.

 1과제의 손을 이용한 관리시 관리 부위는 어디까지 입니까?

 1과제의 손을 이용한 관리시 관리 대상이 되는 부위는 데콜테까지입니다. 단, 가슴 및 겨드랑이 안쪽 부위는 포함하지 않습니다.

 재료를 구비하는데 비용이 많이 소모됩니다. 실기 재료비를 많이 받고 재료를 지급하는 것으로 바꿀 수는 없나요?

실기검정에 필요한 재료는 어느 정도의 비용이 소모된다는 점은 십분 이해하고 있습니다. 그러나 검정 시 필요하다고 제시된 재료들은 실기 검정을 위해 연습 혹은 준비에 모두 사용되는 것입니다. 재료는 한번의 시험만을 위해서가 아니라 지속적으로 적용되는 모든 점을 감안하여서 결정됩니다. 실기재료를 지급하여 검정을 시행하는 경우에는 시험 준비(연습)를 위해서 필요한 물품들을 구입해야 하고, 또 시험을 위해서 같은 재료들에 대한 비용을 다시 지불해야 하며, 한번에 합격하지 못할 경우 같은 것을 또 지불해야 하는 등 오히려 더 많은 비용의 소모가 있는 등 외에도 여러 가지 단점을 가지고 있습니다. 이러한 여러 가지 사항을 감안하여 결정된 사항이오니 불편하더라도 이해해 주시면 감사하겠습니다.

※ 미용사(피부)에 관련된 기본 사항은 본 공단 홈페이지(http://www.q-net) 자료실(공개문제)에 이미 공개되어 있는 미용사(피부) 관련 FAQ를 참고하기 바랍니다.
※ 기타 공지 되지 않은 사항 중 안내가 필요한 사항은 추후 FAQ를 통해 안내하거나, 원서 접수시 q-net의 수험자 지참 재료 목록을 통해 공지하겠습니다.
※ 추후 공지되는 사항은 본 공단 홈페이지를 통해 확인하실 수 있습니다.

미용사(피부) 공개문제 관련 FAQ (Vol. 2.6) 재료관련 사항

미용사(피부) 실기시험 문제에 대한 재료관련 공통 질의 사항을 정리하여 알려드립니다.

 위생복(관리사 가운)과 실내화, 마스크는 어떤 것으로 준비해야 합니까?

 위생복은 현재 미용사(일반)에서 사용하고 있는 흰색 반팔 의사 가운 및 흰색 바지로, 몸의 모든 복식은 흰색으로 통일하면 됩니다. 실내화도 역시 미용사(일반)에서 사용하는 앞, 뒤가 트이지 않은 실내화(운동화는 안되며, 반드시 실내화를 지참해야 함)를 준비하면 되고 관리 작업상 굽이 있는 경우도 가능합니다. 마스크의 경우는 약국 등에서 판매하는 일회용 흰색 마스크를 사용하면 됩니다. 즉, 복장은 외부에서 보았을 때 머리부분의 악세사리를 제외하고 모두 흰색(양말 등 포함)이면 되며, 반팔 가운 밖으로 긴팔 옷을 입는다던지, 가운 밖으로 다른 색의 옷이 보인다던지 하면 채점 상 불이익을 받을 수 있습니다(흰색은 가능) 기타 자세한 사항은 "미용사(피부) 수험자 복장 감점 적용범위"를 참고하기 바랍니다.

 타월은 어떻게 준비하고 또 사용용도는 어떤가요?

 타월은 대, 중, 소로 지정된 사이즈(대형의 경우 10% 정도의 크기 차이는 무방합니다.)로 준비하면 되며, 대형은 베드 깔개와 1,3과제에서의 모델을 덮는 용으로, 중형은 2과제에서 신체 부위를 가리는 용도 및 목 등 부위 받침용으로, 소형은 기타 및 습포용으로 사용하면 됩니다. 수량은 대형과 중형은 지정된 수량을 준비하면 되고, 소형은 작업에 필요한 습포의 양에 따라 최소 5장이상 가져오시면 됩니다(온장고에는 최대 6장까지 보관할 수 있습니다.). 그리고 대형의 경우 보통 피부 미용업소에서 사용하는 베드용 타올의 폭으로 되어있는 것(100~135×180cm)도 무방합니다.

 모델용 가운은 어떻게 준비하나요?

 모델용 가운은 지정된 색의 가급적 무늬가 없는 것으로 준비하면 됩니다. 현란하거나 큰 무늬를 제외한 작은 무늬(일명 땡땡이 등)가 있는 정도는 허용하며, 밴드형과 벨크로(찍찍이)형 중 하나를 준비하면 됩니다. 그리고 겉가운은 검정시설 상 모델 대기실과 검정장이 떨어져 있어 이동을 해야 하는 경우가 많으므로 이때 사용하는 것으로 색깔 역시 지정된 색 계통으로 일반 가운형을 준비하면 됩니다.

 남성 모델용 옷은 색상이 상하의 통일인가요?

 남성 모델용 옷은 상의는 흰색, 하의는 베이지 혹은 남색으로 준비하면 됩니다.

 모델용 슬리퍼는 특별한 제한이 없나요?

 모델용 슬리퍼는 특별한 제한은 없습니다.

알콜 및 분무기는 분무기에 알콜을 넣어오면 되는 건가요?

 펌프식 혹은 스프레이식의 분무기에 알콜을 넣어오시면 되고 이것은 화장품, 기구 혹은 손 등의 소독시에 사용됩니다. 그리고 스프레이식을 사용하여 소독하는 것에 대한 감점 등의 사항은 없습니다.

 정리대는 가져가야 하나요?

 왜건은 기본적인 검정장 시설에 속하므로 모두 구비되어 있습니다. 그러므로 가져오실 필요가 없습니다.

 미용솜과 일반솜은 무엇을 얘기하는 건가요?

 미용솜은 일반 화장솜을, 일반솜은 탈지면(코튼)을 의미합니다. 둘 다 소독용 혹은 클렌징용으로 사용됩니다.

 보울과 대야(해면볼)는 어떤 사이즈를 준비하면 됩니까?

 보울은 소형의 유리 혹은 플라스틱 볼을 준비하면 되고 화장품을 덜어서 사용하는 용도로 이용됩니다. 그리고 대야(해면볼)는 물을 떠놓거나 해면 볼로 사용됩니다. 대야의 경우는 대형 볼을 사용해도 됩니다.

 팩 시 거즈와 아이패드는 어떻게 사용되고 준비하여야 합니까?

 거즈는 팩 시 얼굴 전체에 깔고 그 위에 팩을 도포하는 용도로 사용되는 것이 아니고, 팩이나 딥크린징 시 입술을 덮는 용으로 사용되는 거즈를 의미합니다. 아이패드도 역시 팩이나 딥크린징 시 눈을 덮는 용도로 사용되며, 상품화된 아이패드를 사용하던지, 아니면 일반적으로 화장솜을 덮어서 사용해도 됩니다. (단, 하반기부터 실시되는 마스크 시에는 얼굴전체에 깔고 그 위에 마스크를 도포하는 용도로 사용됩니다.)

 팩 시 거즈와 아이패드는 어떻게 사용되고 준비하여야 합니까?

 거즈는 팩 시 얼굴 전체에 깔고 그 위에 팩을 도포하는 용도로 사용되는 것이 아니고, 팩이나 딥크린징 시 입술을 덮는 용으로 사용되는 거즈를 의미합니다. 아이패드도 역시 팩이나 딥크린징 시 눈을 덮는 용도로 사용되며, 상품화된 아이패드를 사용하던지, 아니면 일반적으로 화장솜을 덮어서 사용해도 됩니다. (단, 하반기부터 실시되는 마스크 시에는 얼굴 전체에 깔고 그 위에 마스크를 도포하는 용도로 사용됩니다.)

 제모시의 부직포는 무엇이며 제시된 규격대로만 준비해야 합니까?

 부직포는 제모시에 사용되는 머슬린 천으로 사용되는 용도의 종이(혹은 천)을 의미하며 일반적으로 롤로 말려서 상품화되어 판매되고 있습니다. 규격에 맞추어 준비해오면되고, 한 장만 사용하므로 정해진 크기의 부직포를 가지고 제모 작업을 할 수 있을 정도로 제모 부위를 정하면 됩니다.

보관통의 재질은 반드시 금속이어야 하나요?

 보관통의 재질은 금속, 플라스틱, 유리 모두 관계없이 준비하면 됩니다.

 딥클렌징용 화장품 4가지를 모두 준비해야 하나요?

 딥클렌징 시에는 지정된 타입을 사용하는 것이므로 목록의 4가지를 모두 준비해야 하며, 각각을 피부 타입 별로 따로 더 많이 준비할 필요는 없습니다. 이 중 효소는 가루를 물에 개어서 크림상으로 만들어 사용하는 것을 준비해야 합니다. AHA의 경우는 액체형으로 준비하며, 시중에 있는 제품 중에서 함량표시가 되어있는 것이 많지 않으므로 함유 표시는 있되, 함량이 겉으로 표시 안 된 제품을 가져오는 경우 함량을 확인하여 준비하고 만약에 지정된 함량 이상의 것을 사용하였을 때 심한 트러블이 생기는 경우는 수험자에게 귀책이 돌아갈 수 있습니다.

 팩은 어떤 피부 타입을 준비하면 됩니까?

 팩은 기본적으로 중성(정상), 지성, 건성의 3가지 피부타입을 기본으로 준비하면 되고, 필요에 따라 여드름 혹은 민감성 등 기타 타입을 1~2가지 정도 더 준비해도 무방합니다만 필수 조건은 아닙니다. 그리고 팩은 기본적으로 크림 타입을 준비해 오면 되며, 투명하거나 팩의 도포 타입 및 도포 방향 등을 구별할 수 없는 것은 제외됩니다.

 탈컴파우더는 베이비파우더를 준비해 와도 됩니까?

 탈컴파우더를 사용하는 목적과 실제 효과가 베이비파우더와 유사하므로 베이비파우더로 대체해도 됩니다만 탈컴파우더를 권장합니다(이와 관련해서 감점 등은 없습니다.).

 진정로션 혹은 젤 용으로 알로에 젤을 사용해도 됩니까?

 일반적으로 알로에의 함유량이 높은 알로에 젤이 진정용으로 많이 사용되고 있으므로 가능합니다.

 아이크림과 립크림은 같이 사용하는 경우가 많은데 같이 사용해도 되나요?

 아이크림과 립크림은 각각 따로 준비해도 되고 같이 사용해도 됩니다.

 메이크업 리무버와 클렌징 제품이 혼동됩니다. 설명해 주세요.

 메이크업 리무버는 포인트 메이크업 리무버와 페이셜 클린저를 의미하며, 클렌징 제품은 바디 클렌징 제품으로 현재 시험에서는 알코올을 함유하고 있는 화장수 등으로 가볍게 닦아내는 클렌징을 하도록 되어 있으므로 이에 필요한 화장품을 준비하면 됩니다(추후 스크럽 및 클렌저를 사용하는 클렌징을 요구하는 문제가 공개되는 경우에는 거기에 맞는 제품을 준비하면 됩니다.).

팔, 다리 관리용 화장품은 어떤 타입이 사용됩니까?

 팔, 다리 관리용 화장품은 오일 타입 및 크림 타입 둘 다 사용이 가능합니다.

 화장품은 어떤 형태로 가져와야 합니까?

 화장품은 판매되는 제품으로 가져오면 되고, 사용하던 것도 무방합니다만 덜어오는 것은 안됩니다. 그리고 외부 등에 관련된 화장품의 타입이나 용도 등이 프린트 혹은 스티커(제품회사에서 붙인, 단 인쇄된 것이어야 하며, 조잡하게 프린트 되어 개인이 만들 수 있는 것과 구분이 되지 않는 것은 붙이지 말 것)등으로 적혀져 있으면 됩니다. 모든 피부용의 경우 "all skin type 혹은 모든 피부용"이라고 적혀 있지 않아도 범용 혹은 모든 피부에 사용할 수 있다는 등의 내용이 설명서 혹은 제품에 안내되어 있으면 사용 가능합니다. 그리고 딥클렌징제의 경우는 4가지 타입으로 목록상의 제품 성상에 맞는 제품이면 사용이 가능합니다. 그리고 화장품은 브랜드를 차별하지 않으며, 같은 회사의 라인으로 통일시킬 필요도, 제품용량의 일정이상이 들어있을 필요도 없습니다.

 기타 자신이 가지고 오고 싶은 도구를 가져오는 것은 가능한가요?

 목록상의 재료의 수량을 더 가져오시는 것은 가능합니다. 그러나 개인 왁스 및 왁스 워머는 따로 전원이 준비되지 못하므로 불가능하고 베게 등은 타올로 대체 가능하므로 불필요하며, 면시트 등은 검정장의 시설에 따라 적용사항이 다를 수 있으니 불필요합니다. 기타 화장품 등은 더 가져오셔도 됩니다.

 2012년 목록에서 추가된 것은 어떠한 제품인가요?

 2012년 하반기(7월2일)부터 1과제에 마스크 및 마무리가 추가됨에 따라 마스크 작업에 필요한 지참 준비물이 추가됩니다. (고무볼, 석고 마스크, 고무모델링 마스크, 베이스크림) q-net의 수험자 지참 재료 목록을 통해 하반기부터 적용되는 새로운 "공개문제"에 따른 수험자지참재료목록의 추가사항을 확인하면 되겠습니다.

※ 재료는 문제의 변경이나 기타 다른 사유로 수량 및 품목 등이 변경될 수도 있으니 정기적인 확인을 부탁드립니다.
※ 미용사(피부) 국가기술자격 종목의 실기 공개문제는 한국산업인력공단 검정포탈사이트 큐넷(www.q-net.or.kr)의 "고객만족→자료실→공개문제" 항목에서 확인하실 수 있습니다.
※ 기타 공지 되지 않은 사항 중 안내가 필요한 사항은 추후 FAQ를 통해 안내하거나, 원서 접수시 q-net의 수험자지참재료목록을 통해 공지하겠습니다.
※ 추후 공지되는 사항은 본 공단 홈페이지를 통해 확인하실 수 있습니다.

미용사(피부) 실기시험 관련 FAQ 마스크 과제 추가 관련

Q 기존의 팩 작업이 변경되었나요?

A 기존의 팩 및 마무리(15분) → 팩(10분)으로 변경되었습니다. 팩 작업은 10분 동안 기존과 동일하게 진행하고 팩이 건조되면 해면이나 습포 등을 이용하여 제거하며 토닝 후, 마스크 작업 준비를 하면 됩니다. 기존의 팩 작업 후에 했던 마무리는 마스크 작업 후에 합니다.

Q 고무 마스크 작업은 어떻게 해야 하나요?

A 마스크를 위한 기본 전처리를 실시하며 (젖은 아이패드 사용)석고마스크와 동일한 작업 범위로 적용하여 도포합니다. 앰플이나 거즈는 적용할 필요는 없습니다.

Q 시중에 판매되고 있는 마스크의 종류가 다양한데 어떤 것을 준비해야되나요?

A 석고 마스크와 고무 마스크의 추가 성분에 따른 제품의 종류에 특별한 제한을 두진 않습니다.(예 : 비타민, 콜라겐, 녹차 등)

Q 석고 마스크 작업은 어떻게 해야 하나요?

A 마스크를 위한 기본 전처리를 실시하며 석고 베이스 크림을 도포하고,(젖은 아이패드와 젖은 거즈를 사용) 물에 갠 석고 파우더를 얼굴에서 목의 경계 부위까지 (턱 하단 포함)도포하되, 코와 입에 호흡을 할 수 있도록 도포하여야 합니다.

Q 석고 마스크 작업을 위해 미온수를 준비해야 하나요?

A 시험 중 수험자 편의를 위해 미온수를 별도로 제공 및 사용하지 않으며 석고팩의 종류를 제한하지 않기 때문에 반드시 미온수를 사용할 필요는 없습니다. 석고 마스크의 경우 냉(cool)타입도 사용가능합니다.

Q 마스크 작업에 필요한 재료(파우더, 물)는 어떻게 가져 오나요?

A 마스크 파우더의 경우 시중에서 판매 되는 제품의 양이 많기 때문에 필요량만큼 위생적으로 청결한 상태의 용기나 지퍼백에 덜어 오시면 됩니다. 마스크에 사용되는 물의 경우도 시험장의 개수 시설에서 이용하거나 필요량만큼 위생적으로 청결한 상태의 용기에 덜어 오시면 됩니다.

마스크 도포 시 자리에 일어서서 도포해도 되나요?

 기존의 팩 작업과는 달리 마스크는 제형특성상 흘러내릴 수가 있으므로 타인의 수험이나 시험 진행에 방해되지 않는 범위 내에서 필요에 따라 일어서서 도포해도 됩니다.

 마스크 도포가 끝난 후 도포된 부위의 가장자리에 티슈 처리를 해도 되나요?

 마스크의 완성 상태를 평가해야 하므로 마스크가 도포된 가장자리에 티슈 처리 등 별도의 추가 작업을 해서는 안 됩니다.

 마스크 작업 후 마무리는 어떻게 하나요?

 기존의 팩 작업 후에 하셨던 최종 마무리를 마스크 작업 후에 하면 됩니다. 팩은 마무리 과정없이 10분 동안, 마스크는 마무리 작업을 포함하여 마스크 전체 과제를 20분 동안 수행하면 됩니다.

 시험 중 마스크 작업으로 추가되는 재료는 정리대의 상단에 보관해야 되나요?

 마스크 작업이 1과제에 해당되므로 정리대의 상단에 보관하는 것이 좋으나 정리대의 상단이 복잡할 경우 필요 시, 하단에 보관해도 됩니다. 다만, 시험 진행 중 정리대의 위생 상태가 청결하도록 유지하여야합니다.

※ 미용사(피부)에 관련된 기본 사항은 본 공단 홈페이지(http://www.q-net) 자료실(공개문제)에 이미 공개되어 있는 미용사(피부) 관련 FAQ를 참고하기 바랍니다.

가맹점모집
- 가맹대상 : 기존피부관리실 및 신규창업예정자
- 혜택 : 공동마케팅, 직원교육 및 지원, 가맹비 면제

Brain Healing Therapy Spa

BHT-SPA 두피, 스트레스 관리전문센타
누워서 관리받는 휴(休) 개념의 고품격두피관리시스템

• BHT(Brain Healing Therapy)
BHT(뇌파촉진마사지)는 BHT-SPA 시스템을 구성하는 핵심 마사지 테크닉으로써 최근 들어 새롭게 활성화되고 있는 자연 치유학인 대체의학의 한 분야인 두개천골요법(CST: Cranial Sacral Therapy)의 수기법을 바탕으로 개발된 두개골의 봉합을 적절히 움직여 그 밑에 흐르는 뇌척수의 흐름을 촉진 시켜주어 항상 긴장속에 생활하는 현대인들의 정신적, 육체적인 스트레스를 해소하여 인체 내, 외적인 건강을 복원 시켜주는 차별화 된 두피마사지 테크닉이다.

• BHT 테크닉의 효능 및 효과

• 탈모, 문제성두피	• 어린이, 학생, 수험생	• 직장인, 일반인, 임산부	• 중년, 노년
탈모(가족력포함), 원형탈모, 비듬, 가려움, 붉음증 등의 예방 및 개선	산만한 성격 완화, 뇌기능 활성화 증진, 학업집중력 상승, 면역력 증강	스트레스, 불면증, 우울증 예방 및 개선, 산후 회복력강화	생애전환기 극복, 치매예방, 심신건강유지

BEST PROGRAM

▶ **BHT-SPA** ANTI STRESS CARE · Basic Spa · Foot Spa · Remedial Spa

▶ **BHT-HEAD SPA** CARE · 두피 스켈링 · 탈모 관리 · 흰머리 염색 관리
· 염증관리 · 천연아로마 헤나모발 관리 · 비듬관리

비에치티스파

080-000-7851
www.BHTSPA.com

S-class 뷰티 창원점

네일재료 도.소매몰

☞ 오픈 창업 상담. 세미나개최.

☞ 네일재료 / 각종아트재료/ 스티커.파츠 /
속눈썹 / 왁싱 / 반영구퍼머넌트 /
네일기계류 / 포크아트재료

www.daitaa.co.kr

경남 창원시 의창구 팔용동 161-1번지 현대빌딩 10층
Tel.055-246-2462   Fex.055-246-2461

MIN KOSABS
오민 코샵스 뷰티 아카데미
ART BEAUTY ACADEMY

넌 방송국 견학가니 -
난 현장에 실습간다!!

대한민국 최고의 패션쇼 SFAA / 서울컬렉션 / 대구컬렉션 / 부산프레타포르테 광고, CF, 방송을 바탕으로 한 오민 코샵스 뷰티 아카데미의 현장실무 교육은 글로벌 멀티뷰티리더를 양성합니다.

"글로벌 멀티뷰티아티스트 양성 명품사관학교"

- Busan 프레타포르테
- Beauty collection
- KOSABS 전경
- 대구 collection
- 이상봉 fashion show
- AD image
- Seoul collection
- SAFF

교육과정(PROGRAM)
방송 스타일리스트 / 헤어 아티스트 / 메이크업 아티스트 / 네일 아티스트 / 피부미용

검색창에 "오민코샵스"를 쳐보세요.
WWW.KOSABS.COM

서울본점 수강문의 02)2677-2230
부산점 수강문의 051)556-1220